纸影寻踪

旷世发明的传奇之旅

[英] 亚历山大·门罗 著　史先涛 译

生活·讀書·新知 三联书店

图书在版编目（CIP）数据

纸影寻踪：旷世发明的传奇之旅 / （英）亚历山大 · 门罗（Alexander Monro）著；史先涛译. —北京：生活 · 读书 · 新知三联书店，2018.1 （2018.11 重印）
（新知文库）
ISBN 978－7－108－06040－2

Ⅰ. ①纸… Ⅱ. ①亚… ②史… Ⅲ. ①造纸工业－技术史－中国－普及读物
Ⅳ. ① TS7-092

中国版本图书馆 CIP 数据核字（2017）第 189892 号

责任编辑　王振峰
装帧设计　陆智昌　薛　宇
责任校对　常高峰
责任印制　董　欢
出版发行　生活 · 讀書 · 新知 三联书店
（北京市东城区美术馆东街 22 号 100010）
网　　址　www.sdxjpc.com
图　　字　01-2015-5807
经　　销　新华书店
排　　版　北京金舵手世纪图文设计有限公司
印　　刷　北京市松源印刷有限公司
版　　次　2018 年 1 月北京第 1 版
2018 年 11 月北京第 2 次印刷
开　　本　635 毫米 × 965 毫米　1/16　印张 23.5
字　　数　282 千字　图 11 幅
印　　数　08,001－13,000 册
定　　价　45.00 元
（印装查询：01064002715；邮购查询：01084010542）

新知文库

出版说明

在今天三联书店的前身——生活书店、读书出版社和新知书店的出版史上，介绍新知识和新观念的图书曾占有很大比重。熟悉三联的读者也都会记得，20世纪80年代后期，我们曾以“新知文库”的名义，出版过一批译介西方现代人文社会科学知识的图书。今年是生活·读书·新知三联书店恢复独立建制20周年，我们再次推出“新知文库”，正是为了接续这一传统。

近半个世纪以来，无论在自然科学方面，还是在人文社会科学方面，知识都在以前所未有的速度更新。涉及自然环境、社会文化等领域的新发现、新探索和新成果层出不穷，并以同样前所未有的深度和广度影响人类的社会和生活。了解这种知识成果的内容，思考其与我们生活的关系，固然是明了社会变迁趋势的必需，但更为重要的，乃是通过知识演进的背景和过程，领悟和体会隐藏其中的理性精神和科学规律。

“新知文库”拟选编一些介绍人文社会科学和自然科学新知识及其如何被发现和传播的图书，陆续出版。希望读者能在愉悦的阅读中获取新知，开阔视野，启迪思维，激发好奇心和想象力。

生活·讀書·新知三联书店

2006 年 3 月

献给挚爱汉娜（Hannah）

目　录

Contents

Tracing Paper

第一章

无所不在的纸

汗八里城内和近郊的各种建筑鳞次栉比，居民熙熙攘攘，繁华程度完全超出世人想象。

——马可·波罗:《马可·波罗游记》

(亨利·玉尔爵士译)

1275年，马可·波罗（Marco Polo）来到了当时世界上疆域最辽阔、繁华程度最令人难以置信的帝国之都。回到家乡后在讲述的故事中，马可·波罗把它称为“汗八里”(Khanbaliq或Cambaluc)，即可汗之城。六年前，在蒙古人攻下这座城市并将它夷为平地之前，这是一座有着汉语名字的汉人城市。当蒙古人给它取名汗八里时，它只是扩张中的大蒙古国中的数个大城市之一。但是当马可·波罗到那里时，它已经成为横跨亚欧大陆大部、东起朝鲜半岛西至东欧的大帝国之都。它就是今天的北京。

在游记中，马可·波罗花了好些篇幅赞叹汗八里规模宏大，巍峨壮丽。他描述说，可汗的宫殿群被四面内城城墙围在中间，这些城墙各有1.6公里长，而最外层的四面城墙，各有13公里长。有八个作为武器库的宫殿环绕在内城城墙之内，在内城城墙和第二层城墙之间坐落着八个同样功用的殿宇。可汗宫殿位于城市中心，宫殿的房顶饰以镀金的龙和鸟兽，可谓雕梁画栋，金碧辉煌。其中的正殿规模庞大，可以举行容纳六千人的宴会。

马可·波罗这个来自威尼斯的商人见多识广，对于奇珍异宝已经见怪不怪，即便如此，他依然被汗八里的奢华和绚丽所折服。他在描述元朝都城时罗列了大量数字，诸如，这座城市的城墙周长约为39公里，建有十六个宫殿和十二座城门，每座城门由一千名士兵把守。他说，作为商业繁盛之城的汗八里，“其方形的严整城市布局像一个棋盘，那无与伦比的精妙设计非语言文字所能形容”。马可·波罗称，这座大都市中生活着两万名娼妓，每天有一千辆装载着丝绸的车辆进城，川流不息。在新年当天，可汗会接受臣下进贡的十万多匹白马，并会检视五千头列队行进的大象。他罗列的这些数字成了旅行者讲故事的素材，汗八里留在他身上的印记已无法抹杀。

与华美宏伟的宫殿相比，远不是那么起眼的皇家印钞厂也吸引了他的注意。他在游记中描述了自己的发现：

> 你可以说皇帝掌握了炼金术这项神奇的技艺……
>
> 他通过以下步骤将树皮，确切来说是桑树（树叶可以用来养蚕）皮“变成”钱：首先，将树皮和木质部之间质地上乘的韧皮纤维从树上扒下来捣碎成糊状，然后将其碾平成为像棉纸一样的薄片，只不过是黑颜色的。待这些纸片做好后，再将它们裁成尺寸不一的长方形……裁切好的纸片上都盖有大汗的印玺。这些纸币的制作过程非常庄重严谨，它们具有官方认可的权威性，就好像是真金白银做的一样……

人们用这种纸币购买和赔付一切，可汗发行的纸币数量之多足以使他买下全世界的珍宝。[1]

这是马可·波罗对中国造纸术和印刷术粗略、不甚精准的描述，但是这种描述迅速传遍文艺复兴之前的欧洲，为人们所熟知。在《马可·波罗游记》出版的头二十年里，它出现了至少五种不同语言的版本。马可·波罗在有生之年就见证了自己的游记广受青睐。在印刷术出现之前的欧洲，这是非同凡响的成功，要知道，所有这些版本都是手抄本。

马可·波罗是到大都游历的最著名的欧洲来客，他叹服于元朝所制造的纸张。中国发明了造纸术，在世界上最早以纸为材料书写文字，也顺理成章地成为率先制造并使用纸币的国家。10 世纪晚期，也就是马可·波罗来中国之前的两三百年，在中国流通的纸币面值总额已多达相当于一百一十三万两银子（一两银子等于一千枚铜钱，也就是一贯钱）。由此可知，在造纸术传到信奉基督教的欧洲之前，在中国流通的纸币总面值就已经数以百万计了。当马可·波罗造访处于元朝统治下的中国时，纸币的发行量已经急剧增加，滥发纸币使得元朝出现了极度的通货膨胀。

在此之前，欧洲的造纸厂大都位于穆斯林统治下的伊比利亚半岛。就算对于事业有成的威尼斯商人马可·波罗来说，13 世纪的大都以及它丰富的物产都是那么独一无二、精美绝伦而又富有魅力。马可·波罗的家乡亚平宁半岛提及造纸的最早记录是 1276 年，即他抵达大都的后一年。[2]

中国元朝的纸币由户部负责印制，它跨越了社会和经济障碍，使用范围远到今天的缅甸、泰国和越南。这种纸币的面额共十二等，从“一十文”到“二贯文”。一张现存的元朝纸币，正面除了印着名字

“元宝交钞”以外，还印有警示内容：伪造纸币者会被斩首，而告发者将得到二百两银子（大概相当于17.5英镑）的奖赏。

蒙古人从汉人那儿学会了运用纸来管理国家。在马可·波罗到大都的几十年前，还不大识字、四处开疆扩土的蒙古人选定汗八里作为元朝的都城，并在现在的天安门广场所在地迅速建立起一整套庞大的官僚体系，其中一个部门占地面积为7.8平方公里，雇用了大约一万名工匠，大部分是汉人。他们的职责是为这个人类历史上的第二大帝国（只有七个世纪以后出现的大英帝国的统治疆域超过它）制作统治工具：印章、卷轴、毛笔、墨汁、砚台和纸。这个帝国的本质就是纸：无论是钞票、外交文件、官方史书、资产登记，还是皇家记事、帝国敕令，都以纸为载体。

本书是关于这种柔韧的材料如何风靡世界，成为推动历史前进的工具和激发大众运动的媒介的故事。两千年来，没有物品像纸那样促进了政策、理念、宗教、消息和哲学的传播。当时世界最辉煌的文明，其思想文化得以广泛传播离不开纸这一媒介。纸不仅有利于这些思想在中华文明的文化圈中传播，而且还有利于异族文化吸收它们。这一角色对纸的发展前景至关重要：在长达一千年的时间里，用黏土和金属为原料做成的货币促进了商品和服务的运输及交换，而纸则促进了思想和信仰的交流。

两千多年前在中国汉朝出现的造纸术，在8世纪的唐朝发展到一个新高度，并传到了哈里发统治下的伊斯兰帝国，以科研和艺术创作见长的巴格达是其当时的首都。最后又漂洋过海传到欧洲，在那里发扬光大，成为这块大陆上兴起的文艺复兴和宗教改革运动的有力武器。纸——这种有着光滑外表的物质——起源于东亚，最终崛起为整个现代世界的书写和印刷媒介。

纸使写作者赢得数量空前的多样化读者群。在这些写作者中，有一批中国思想家在持续数百年的中央政府孱弱的情形下，引领了百花齐放、百家争鸣的新局面，为汉朝的建立做了理论先导；还有一批2—3世纪的译经者，他们渴望把佛教从印度和中亚引入中国，向达官贵人、文人雅士，以及商人、贫民甚至妇女传播法音。此外，还包括历史上第二个伊斯兰帝国阿拔斯王朝（疆域从中亚向西一直延伸到北非的马格里布）的官员，用《古兰经》打造共同宗教信仰以构建帝国特性的神学家，以及该王朝于8世纪后期定都巴格达后涌现出的大量科学家和艺术家。这些写作者中还包括德西德里乌斯·伊拉斯谟（Desiderius Erasmus）、马丁·路德（Martin Luther）及在各自的书桌上掀起文艺复兴和宗教改革运动的学者。便宜的意大利纸让他们如鱼得水，上下求索，不断恢复、再现和翻译希伯来人、古希腊人及古罗马人的伟大作品。他们当中还有18世纪作品屡遭查禁的法国革命思想家，而信奉新教的荷兰出版商为他们的作品出版提供了有益渠道。在他们当中，有一些纸时代的杰出人物，例如，著作等身的约翰·沃尔夫冈·冯·歌德（Johann Wolfgang von Goethe）和列夫·尼古拉耶维奇·托尔斯泰（Lev Nikolayevich Tolstoy），他们的作品分别多达一百三十八卷和一百卷。[3]他们当中还有弗拉基米尔·伊里奇·列宁（Vladimir Ilyich Lenin），1902年他在位于伦敦克拉肯韦尔区格林大街的小书斋中编辑着俄国社会民主工党的喉舌《火星报》（*Iskra*）。待报纸出版后，他的同志们就会把它偷偷带入俄国用于激励共产主义革命。

在进入数字时代之前，纸助推了教育和选举权的普及。世界范围内的思想共同体的出现也要归功于纸。不管是科学家、作曲家、小说家、哲学家还是工程师、政治家，都有自己的共同体，其成员读同样的书，看同样的文章。纸让文坛崛起，它超越民族分歧，缔造了一个以思想和阅读为共同传统和亲密关系纽带的“兄弟会”（成员确实大部分都是男人）。乘着纸足够便宜、方便携带、适合印刷的东风，图书终于可以不必以昂贵的羊皮纸和犊皮纸，稀少的莎草纸，笨重的骨头、石头和木材为书写材料，摆脱了沉重枷锁后，图书在历史上第一次开始大量生产，广泛流传。在知识和思想的传播过程中，纸的出现激起了一场革命。

虽然纸具有煽动性的力量，能使思考和知识更充实、更丰富，我们今天却正在缓步走出“纸时代”，在日常通信、各类信息、百科全书、日历、参考资料和个人日记等领域，纸已经输掉跟虚拟对手的战斗。不论是报纸、杂志、政府官僚体系、广告、宗教和政治辩论，还是火车票、飞机票和公共汽车票，办公室行政管理方式以及宴会邀请函，都在寻求融入不同类型的数字格式。一个时代正在消逝。

正像我们依然在用石头、铁器和青铜一样，告别“纸时代”并不意味着放弃使用纸。毕竟纸的用途如此之多，很难一下子将它彻底废弃，比如，现在企业和政府的行政部门基本上无法做到无纸化办公。虽然亚马逊电子商城卖出的电子书和纸质书一样多，许多读者还是会在浏览商城之后购买纸质书。他们喜欢那种把书拿在手里、翻开阅读、放回书架以及切实拥有的感觉。阅读的感官体验依然吸引着我们，我们也渴望通过书架展示我们的知识、态度和激情。

作为书写和印刷材料而引导历史向前推进的纸，此前一直是凡夫俗子，而非达官贵人。它现在的主要作用是印刷昂贵的请柬、艺术品、光鲜亮丽的商品目录以及图书，以吸引像重视有价值的内容一样重视精美外表的顾客。就这样，纸逐步升级成为优雅和奢华的象征，这也意味着它高贵的退休新时代来临。它会继续作为自由职业者在各种专业领域发挥才能，但是它不会再加班加点地工作了。相反，它会将背负的承载文字和图片的重担分担给电脑、互联网、成千上万个不同的数字设备，还有微软、苹果、谷歌和亚马逊等公司。

除了用于书写，纸依然是日常生活的基础，平日里随处走走就可以看出这点。清晨，床头灯透过纸质灯罩散发出光亮；挂在门厅里的画印在纸上并装裱在纸做的画框里；在卫生间里，马桶旁放着厕纸，而装洗发液的瓶子上贴着纸标签；在厨房，人们吃的谷物早餐和喝的果汁都是装在纸盒里的；看的信件是写在纸上的，而寄信用的邮票也是纸质的；钱包里装的是纸币；上班路上经过的广告栏里裱着用纸印刷的广告；公园还有孩子们在放纸风筝；工厂或办公室的咖啡机中放着纸杯子；另外，人们总会或多或少地处理些纸质文件；午饭时间，会买份报纸和用纸包着的三明治；还会给朋友购买礼物并用精美的包装纸包裹起来；傍晚，有青少年从硬纸盒里取出叠放着的纸传单散发；大家用餐的饭店里悬挂的灯笼和点餐用的菜单都是纸做的；晚饭后，你的朋友会从烟盒里拿出一支香烟给你，它的外层也是纸。

纸既可以是可食用的米纸形式，也可以作为飞机上用来装垃圾的清洁袋。纸既可以用作遮挡物，也能割伤手指。它能让人在乘飞机时携带的行李超重，也会轻到随风起舞，转眼间就飞达数十米高。孩子们经常折纸飞机在教室里面扔着玩，而游行示威者经常烧掉他们所抗议人物的画像。纸可以存放数百年，也可以在几分钟之内消失在液体中或在几天之内被蛀虫啃食殆尽。它既可以做成朴素而实用的公共汽车票，也可以成为世界知名书画作品的载体，备受珍视，价值连城。

纸在生活中被赋予成百上千种形态，而且被人使用了上千年。纸的精巧之处，与其说在于它具有可塑造成纸箱、厕纸、风筝、屏风等形态各异物品的能力，不如说在于它两千年来扮演的手写和印刷文字“搬运工”的角色。在纸的故事中其他东西扮演的都是配角，只有文字才是当之无愧的主角，并且仍主导着在极大范围内产生影响的纸故事，这也正是我要开始讲述的内容。

全世界每年生产出的纸和薄纸板达4亿吨，这相当于一百万节火车车厢或一百万个体量最大的埃及方尖碑的重量。（虽然造纸业在使用新木材的同时越来越多地使用回收再利用的纸和作为边角料的木刨花，但生产这些数量的纸依然需要砍伐数十亿棵树。）这 4 亿吨纸如果做成 A4 大小的办公用纸，足有八十万亿张。造纸业也在不经意间改变了地球的面貌，为满足造纸需求，印度和巴西大面积种植单一树种，对生态多样性造成了威胁。把纸浆加工成纸是人类从事的最具生态毁灭性的制造过程。在这个过程中，每生产 1 吨纸，需要使用数以万计加仑（1 英制加仑约为 4.55 升）的水。随之而来的是地下水位下降。据国际废旧物资利用局统计，利用回收纸而不是新树木生产 1 吨纸可以节约 26000 加仑水。美国新闻署称，纸和纸浆制造工业是美国第四大温室气体排放行业。在最近几个世纪，纸大行其道要归功于生产过程的低成本，现在我们明白了，生产成本从市场转嫁到了自然界。

数个世纪以来，纸主导了包装行业和书写世界。近来，包装业有了一些竞争对手，但是在电视和电脑问世前，纸在它所到之处从来都是所向披靡，以其书写优势轻松击败早期的对手——最重要的是竹子、莎草和羊皮。有些社会接受纸比较缓慢，这点在欧洲大部分地区和印度尤其明显，这其中有文化因素在起作用：当时欧洲误以为纸是穆斯林的物产，而在正统的印度教（不包括印度的佛教和耆那教）中，口头文化居于主导地位。但在所有讲求实际的地区，纸都迅速赢得青睐。

比起竹简、木牍、石头、泥板和龟甲，纸携带方便，易于保存；相对于莎草纸，纸供应量大得多，因为只有埃及和西西里岛适于莎草生长；从成本来说，纸又比羊皮纸和犊皮纸便宜。纸柔韧光滑，具有吸收性，还可以多次折叠。它的主要成分是植物纤维，这些纤维可以来自破旧布料、亚麻、大麻、桑树皮、苎麻、荨麻，可以来自炼丹术士的原料清单里面的任何植物和蔬菜，还可以来自锦葵、贯叶金丝桃、染料木属植物。

在中国，传统的造纸原料是桑树皮、苎麻、荨麻，还有破旧的亚麻布和渔网，其生产过程的高明之处在于程序简单。在社会各领域，纸被广泛使用，它不仅成为历史学家、僧人、诗人、哲学家的创作材料，还成为商店主、算命先生、沿街叫卖的小贩和冒牌医生的谋生工具，直到现在依然装饰着马可·波罗七百五十年前造访过的那座城市的街道。

在北京这座作为首都的古老城市的西北角，有一位八十多岁的退休教授住在城中古老的大学校园里一片老旧的苏联式建筑中。他的名字叫杨辛，他把生计和名誉都系于纸墨。当他开始在纸上运笔写字时，他利用呼吸练习和七十年的书法经验来构思主题。他的书房中，在靠墙的书架上和屋子中间的大桌子下面堆满了卷轴、图书和笔墨。这个房间虽然没什么装饰，但是却打上了勤勉的烙印。杨辛写每一个字都是一气呵成，下笔果断而不机械。当他将要结束书写从纸上收笔时，最初的刚猛气势就会急速退去。这种轻松的表现方式在中国以前的竹简和木牍等书写材料上无法实现。从某种程度上说，由于纸价格低廉，人们可以进行更多练习，可以打草稿，在这个过程中逐渐变得敢于冒险。而且纸的光滑特性，给书写者发挥表现力提供了巨大余地。

杨教授写下的最好的字之一是《春》。朋友们告诉杨教授，他写的这个字像跳舞的年轻女孩儿。杨教授认为这个字轻盈，有活力，甚至是优雅，不同的欣赏者声称从这个字里发现了不同的形象。数个世纪以来，汉字的字体在向标准化和多样化演变，而杨教授的书法作为艺术形式超脱于一般意义的书写；你在他的作品中已经无法辨认出这个字的原本结构，但是你可以体会出他所描绘的作品基调。这种形象化的表达方式跟詹姆斯·乔伊斯（James Joyce）在《芬尼根的守灵夜》(*Finnegans Wake*)一书中所力图表达的言外之意如出一辙。几乎没有读者能够看懂乔伊斯所写的文字,但其含义依然重要。同样,就算受过大学教育的中国人也得经过努力才能辨认出杨教授的书法作品中的汉字,然而,这些汉字的基调却是显而易见的。他们把他的作品视为个性化的语言表达,它更接近于艺术而不是书写。这种表现形式只有在纸和笔的天作之合下才变得可能。

书法是传统中国最卓越的艺术形式之一。从不加修饰的表现形式演进到更加个性化、更富有表现力的风格,中国书法家一直致力于令他们的书写形式更具个性。此外,杨教授在写字时,笔触始终是不离开纸面的,这样写出的每个汉字都不再是一连串独立的笔画,而是变化万千、一气呵成的一笔。一幅书法作品的外形在感情上取决于创作者,允许书法家表达个体意识,而平常的书写只是简单地致力于机械模仿。以连笔字(能够通过毛笔完全不离开纸写成的字)为方向的风潮,在两千多年以前就开始了,它将书写从传统的限制中解放出来,虽然有字体难以辨认的风险,但是它开启了一个表现书写艺术的新途径。

千百年来,北京居民除了将纸用在工作中以外,还用于休闲娱乐。扇子和旗帜制作者、卖灯笼的小贩、纸牌玩家和乞丐都利用纸来消遣或赚钱。到了7世纪,中国人用纸风筝传递军事信号、丈量距离和测试风力风向。写于7世纪的中国官方史书《隋书》,记载了6世纪时北齐文宣帝高洋,下令将一个死刑犯绑在风筝上让他飞上天后摔死,纸就这样成为行刑工具。在欢快的日子里,人们会点上纸灯笼庆祝节日,这些节日中最有名的莫过于元宵节,它标志着中国农历新年庆祝的尾声。在政府里,官方史学家会在纸上做记录,古代中国的大量官僚体系都是依托纸来运作的。

各种思想的翻译者都在这座城市中利用便宜的纸兜售他们的理

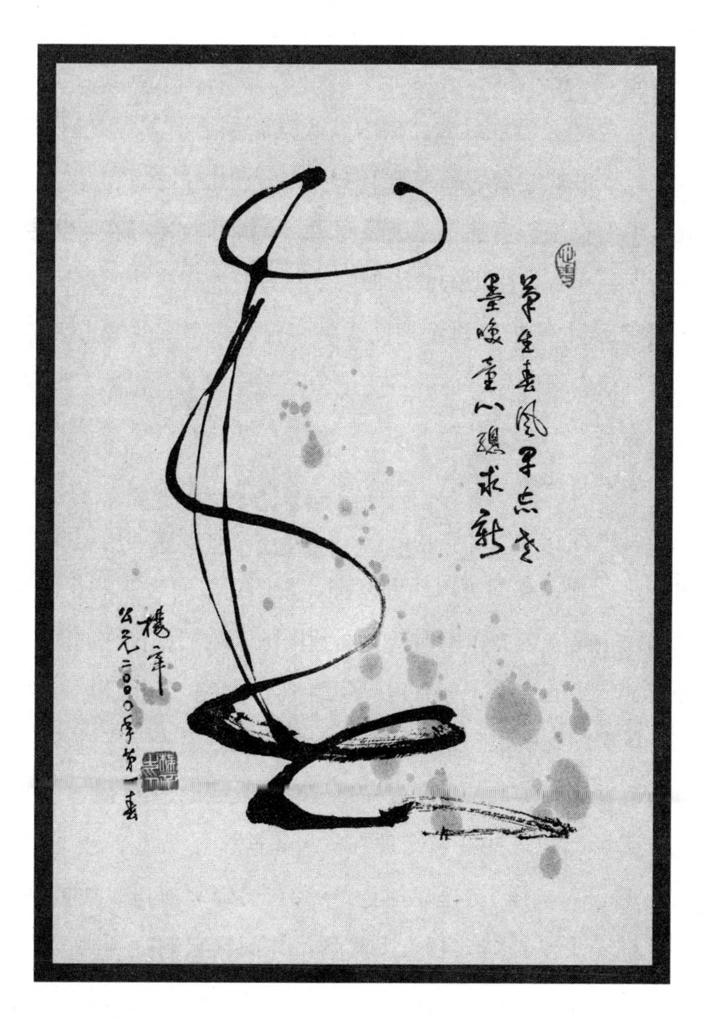

图 1　杨辛的《春》(2000 年)

念。在大众宗教和大众政治观点兴起的时代，纸使得2—3世纪来到中国的佛教传播者更加容易地宣扬他们的信念、传播他们的经典。斗转星移，到了19世纪末，纸为宣扬削弱中国最后一个封建王朝——清朝的思想基础的报纸、杂志和传单提供了便利。纸也成为崭露头角的中国共产党的关键性武器。中国共产党诞生于1921年在上海召开的一次十三人参加的会议，并于1949年成为中国的执政党。

几个世纪以来，清洁工、废品商贩、资源回收者都在收集废旧纸张重新利用。出售再生纸的商店如雨后春笋般涌现，让底层民众也有机会使用它。对于在20世纪期间才决心普及识字率的城市来说，街角的代写书信者很常见，他们备有纸和毛笔或钢笔，根据不识字顾客的口述内容替他们写信。但北京——就是马可·波罗见识了造纸术的城市——并不是纸的诞生地，虽然它已经被纸文化主导了上千年。

人们可以穿越到一个朝代的覆亡之际，同时继续向前追溯到它的兴起之年。同理，我们可以回到欧洲和中国还没有发生联系的年代，回到北京还不是一座城市的时代，回到中国刚刚兴起佛教的时代。你可以循着学徒工的谱系，一直追寻到两千年以前，甚至还可以回到公元前221年秦朝统一中国之前，会发现你正在观看一个工匠、一个园丁，可能还有浣洗女工，会发现在不经意间发明的造纸术。

浣洗工可能把一些亚麻布放在露天下晾晒了太久，或者把一些破旧布料遗忘在水桶里太长时间，导致它们碎裂解体。他或她可能把它们倒在一个平整的大石头上晾晒，并搁置它们直到晾干后缠结在一起形成一个薄片或者只是一些碎片。接下来会有人拿毛笔在这些薄片上写字。毕竟，一个识字的人可能会在丝绸、木牍、竹简、石头、客栈墙上、屏风表面或折扇背面写字作画。就算是在今天，很多中国人还会用大毛笔蘸水后在平整的地面上练字；这些字会在几秒钟内蒸发掉。

为什么不能在亚麻布或旧布料结成的薄片上写字呢？有可能这是一个经过钻研后产生的发明，就像美国著名纸历史学家达尔德·亨特（Dard Hunter）所认为的那样，是某个用丝帛做书的巧手工匠寻求重新利用他剪下来的下脚料时，发明了纸。他所需要的只是想办法把这些下脚料缠结成毡，这样就可以在上面写字了。

这都是想象中的情况。传统上认为蔡伦于105年发明了纸。实际上，在蔡伦之前至少三百年，中国就发明造纸术了。然而，蔡伦确实改进了造纸术，推进了纸的广泛应用，而且大大扩充了造纸的原料来源。

可以想到的场景是：蔡伦于2世纪初站在位于帝国宫廷里的科研工厂中，不断尝试各种原料，完善打浆和干燥技术，用不同的石头做实验，把纸打磨得精细光滑，用各种墨汁和颜料充分检验它的品质，他还会反反复复地考虑它的颜色、外观、厚度、柔韧度、坚韧性和光泽。后来，他的庇护人邓皇后成为帝国实际掌权者，下令在全国推广他精心打造的这种书写材料，寻求这种新材料与这个国家的融合。

纸横穿中国和各大洲的旅程开始了。朝臣用它写信和记事，儒生把他们的理论和政治见解写在上面。想象一下，在2—3世纪，大量生产的纸就像秋天的落叶一样席卷中国。由蔡伦和支持他的皇后开启的这项事业，获得了巨大的成功。人们纷纷用纸将他们的政治理念、宇宙观、家庭观写下来，成为邓皇后用纸这种现代化的材料统一书写江湖的动力。

从2世纪开始，佛教传教者，开始以纸为材料进行书写，他们将佛经和祷文写满了无数纸卷。他们利用经卷向宫廷和官吏，向任何愿意读它的人传教。现在不仅越来越多的人会写字，纸的价格低廉也使更多人买得起阅读材料。

中国的汉字一直传播到这个国家的偏僻角落，和尚和儒生通过著书立说给纸不断积聚影响力，受过教育的人会写信、写诗，民众会买佛经当作护身符，药瓶上会贴着纸做的标签。当中国的邻国开始注意到这种奇怪的现象时，他们也感染了这种“瘟疫”。到6世纪，朝鲜已经开始造纸；7世纪初，朝鲜僧侣将这项技术介绍到了日本。现在的中国纸张遍地，而以前用作书写材料的木牍、龟甲和竹简，已经成为博物馆藏品。

纸穿越走廊将触角伸到了中国西北部，当佛教赢得大量信众并进入许多地区时，纸随之进入中国西北的沙漠绿洲。当穆斯林在7世纪中叶征服波斯后，伊斯兰教传到了中国的家门口。到了9世纪中期，哈里发政权已经将纸用作其官僚机构的办公用品。当时，宗教人士、科学家和哲学家都在来自东方的纸上书写他们的理论、政治理念、艺术和诗歌。几何、天文、伊斯兰教历史甚至菜谱都是写在纸上的。幽默文学和色情作品也开始出现，成书于10—15世纪的《天方夜谭》（*Arabian Nights*）中混合了色情和嬉戏故事，充满了生动的性暗喻和夸张的情节。

后来阿拉伯纸进入欧洲，先是到了西班牙，然后传到意大利和希腊。虽然处于伊斯兰世界的西班牙在11世纪就开始造纸，并从12世纪起大幅提高纸张产量，但是欧洲造纸术的真正突破出现在13世纪末期。当时，信奉天主教的意大利制造的纸开始在整个地中海地区削弱阿拉伯纸的竞争力，这要部分归功于其有大量的水资源可用。

14世纪晚期纸传播到阿尔卑斯山北边。在这里，从15世纪中叶开始，抄写者得以放下他们手中的笔，取而代之的是印刷机，人们将纸放到印刷机中，利用活字印刷术生产出如雪片般涌向市场的廉价、厚实的印刷品，如暴风雨般倾泻而出的这些文字淹没了当时的欧洲，而文艺复兴和宗教改革的诸多理念则滋养了写作。写作的新形式也伴随着新兴趣在欧洲出现。乔尔乔·瓦萨里（Giorgio Vasari）所著《艺苑名人传》（*Lives of the Artists*）最早出版于1550年，他在书中把13世纪末期到16世纪中叶生活在佛罗伦萨的文艺复兴时期的伟大艺术家的生平以编年史的形式呈现出来。此书的出现至少表明，当时的人们已开始关心艺术创造流程以及名人生平。

纸向东最远传到了岛国日本，向西最远传到摩洛哥海岸和爱尔兰。纸承载了无数的希望、信念、发现还有思索。它跨越数千年，遍布几大洲，既给人类提供了有关人性和文化的包罗万象的百科全书，还提供了查询先贤观念的非凡索引以及成文的思想博物馆。纸的旅程并没有到此为止：西班牙跨越大西洋将造纸术带到墨西哥，当地的阿兹特克人原本使用以无花果树皮为原料做成的类似于纸的书写材料——“阿玛特”（amate），随后它基本上被纸取代。就这样，纸传遍了美洲南北，这个人类语言的神奇助产士被美洲土著称为“会说话的叶子”。

这就是纸横跨全球所开拓的伟大道路。它的旅程当然还在继续，从造纸术传播到撒哈拉沙漠以南的非洲（埃及于10世纪开始造纸，马格里布的主要城市于11世纪造纸）到它于13世纪在南亚次大陆被广泛接受，[4]再到随欧洲各大帝国四处殖民，漂洋过海继续前行。正是跨越欧亚大陆和到达马格里布的旅程，促使当时世界上最重要的强权文明转变成纸文化社会。造纸术此后的大部分传播过程，都有赖于这些强权国家的四处征讨，不断扩张其影响力。

纸成了影响历史进程的众多信仰的布道者，它或是将这些信仰带到偏远的岛屿，或是简单灌输给大量无法通过其他渠道接触到这些信仰的民众。纸集宣传家、暴君、民主推动者、傀儡、发明家、魔术师和技术员的角色于一身，它的力量就在于缺乏个性。它并不张扬，依托价格低廉的优势缓慢地渗透到全世界，历史上一系列具有煽动性的观念都搭了它的便车。

现在，纸的踪迹数不胜数。每个读书看报的人，每个阅读办公室报告、传单或标签的人都成了纸踪迹的新分支；现代世界的每位读者都是纸历经两千年旅程的最新终点。这一旅程始于中国。

这就是使你得以手捧这本书阅读的纸的故事，它讲述了你为何接下来阅读的数百页文字是印在纸上的，而非印在竹简、缣帛、羊皮纸或莎草纸上。纸已经成为你沉默的导师，对于在你头脑中不断积累的信息来说，它就像你的父母之口和电脑屏幕一样至关重要。从这个意义上看，也可以说是纸造就了你。

注 释

1. Marco Polo, *The Travels*, trans. Ronald Latham (Harmondsworth: Penguin, 1958), p.147.
2. 马可·波罗到大都的时间存在广泛争论，近年来，最为人们所接受的可能年份是 1274 年或 1275 年。
3. 对托尔斯泰作品数量的估计也差不多，在俄国，他的全集编辑工程依然在继续。Anon, ‘Paperback Q&A: Rosamund Bartlett on Tolstoy’, *Guardian*,6 December 2011, accessed 30 July 2012, http://www.theguardian.co.uk/books/2011/dec/06/paperback-q-a-rosamund-bartlett-tolstoy.
4. 在此之前，纸并没有取代用于书写的树叶（比如贝叶），尽管数百年来，纸一直用于书写外交信件。

第二章

文字的诞生

虽然这些都是空白的草稿纸，但是我有一种神奇的感觉，那些文字就在那儿，用隐形墨水写在那儿，并且叫嚷着，迫不及待地要现形。

——弗拉基米尔·纳博科夫（Vladimir Nabokov）：《文学和常识的艺术》

用于写作是纸得以成功的基础。回顾两千年前，在成为书写世界的媒介之前，纸的早期历史如同一段恢宏故事的前奏。中国的麻纸包装材料从公元前2世纪晚期幸存至今，这是纸用来写作之前的痕迹。在长安（现在的西安）以西大约320公里的放马滩出土的一张区域地图，可追溯到公元前2世纪早期，它显示了纸开始扮演的新角色。目前发现最早的写有文字的纸属于公元前1世纪末期，但是它们非常罕见，而且通常只不过是一些残片。

《马可·波罗游记》中描述，中国人在费力尝试把纸用作书写文字的材料之前，就已经用纸做风筝（它的中国名字纸鸢意为“用纸做的鸟”)、传递军事信号、糊窗户、做装饰材料。在成为书写材料之前，纸在生活中已经占有一席之地。但是，当回溯用纸进行书写的萌芽阶段时，我们就像坐在书桌旁的纳博科夫一样：虽然面对空白纸，但是自信文字就隐藏在它后面并呼之欲出。写作的诞生，是纸扮演的改造世界角色的基础。写作是我们最不可思议和巧妙的发明，因为它保存了最转瞬即逝的东西：语言。

毕竟，语言是我们连接思想和经验以供交流的方式。作为交流工具，它们当然是有瑕疵的；古斯塔夫·福楼拜（Gustave Flaubert）写道：人类的语言“好似裂了缝的破锅。我们击锅而歌，欲以妙音感动星辰，却制出了一片噪音，只能让群熊乱舞”[1]。但那些不完美的工具却具有最广泛的用途，值得我们拥有：语言到现在还是交流的媒介。语言从历史上抢救了我们的思想和经验，使得它们能够长存。

然而语言最大的缺陷并非不精确，而在于它转瞬即逝。语言通常在人们说出口的那一瞬间就已经消失。有些语言可以口口相传几十年，而有些则代代相传。但是语言在传递中会被塞进一些新内容。未经核实的口述历史，本质上是规模更大的传话游戏。

但是，五千年前，当语言巧妙地具备了涂画或雕刻的实体形态，一切都开始发生变化。突然之间，它们可以流传几年、几十年、几百年，就算已经没人记得它们，它们依旧存在。

书写是从创建于美索不达米亚（现在的伊拉克南部）的苏美尔王国开始的。苏美尔人的王国有点像定居文明的典型工厂——这是人类已知最早开始广泛使用车轮、灌溉系统、犁和建造拱形建筑的地方。八千年前，苏美尔人停止了迁徙，可能整体向南搬迁（他们的发祥地存在争议），开始建造城市群，在其中的乌鲁克城（Uruk），人们于公元前 4 千纪开始做记号保存语言。

刻在墙上的野牛和狩猎者的素描可能是在讲述一个故事，这些

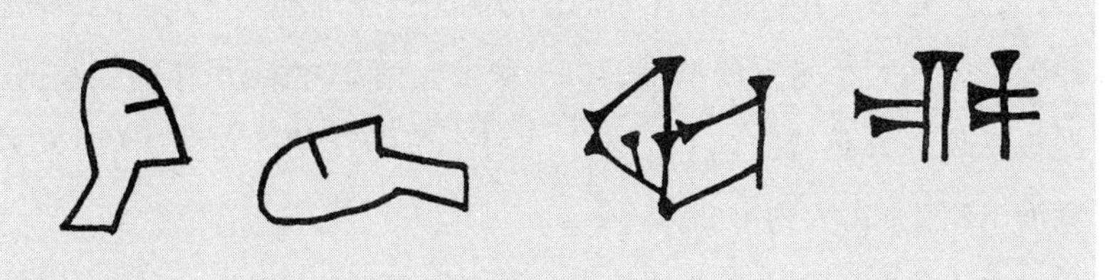

图 2　公元前 3 千纪—前 2 千纪早期，苏美尔符号“头”发展成楔形文字的过程

画面历经三万多年幸存下来。但是随着人口增加，苏美尔的统治者需要对财产所有权、商业贸易和神庙记事做记录。苏美尔社会的错综复杂性催生了符号的诞生，从这些符号中又演变出图形，图形不仅代表物体，还代表这些物体名字的发音。形容词、动词和连词也逐渐出现了，苏美尔人开始书写一种有创造性的字体。这种表音的创造，将一味模仿的图画转化成抽象的声音符号，这被称作“画谜原则”。例如，它允许画一只眼睛（eye）来代表 i 这个读音，而不必考虑它的意思；这种最重要的关联在不晚于公元前 34 世纪，在苏美尔王国的首都乌鲁克被创造出来。关于如何定义“书写”这个概念依然存在争论，有一些人将符号认定为书写，而另外一些人则坚持认为那些符号只有在代表一些种类的音素时才能被认定为书写。但是几乎所有人都同意，向着表音的形式转变在人类交流历史上是一种开天辟地的革新。[2]

但是，这些书写革新并不意味着书写会迅速传播。苏美尔人的文字是用一种尖笔写在用黏土做的泥板上的，他们用这种写作工具在泥板上刻出像楔子形状的文字，这种文字被称为“楔形文字”。苏美尔文字就像一套依次呈直角摆放的高尔夫球座，它是从日常生活用品、代表形状的图形发展而来的，比如表示头部的图形。

泥板通常比较重，多为长方形，间或也有桶形的，甚至还有六面或八面棱柱体，每个面上都刻有字。有些泥板比我们用的信用卡还小，它们通常用作收据：比如，作为购买一些绵羊、一块土地或缴税的凭证，其大小是方便携带的。一块公元前21世纪用作商业收据的泥板（现存大英博物馆）记述了一只小羊的交割，它长2.5厘米多，宽为1.2厘米，大约重28克。

写作诗歌、记述故事都需要大得多的泥板；记载意义重大的历史事件或政治文献的泥板通常有1.2厘米厚，大概长45厘米，宽30厘米——差不多是一张A4纸长度的两倍。作为写作材料，黏土能够保存相当久的时间；当黏土干了以后，写在上面的文字就会固定下来。黏土泥板通常体积大、重量大、易损坏，所以它并没有广泛流通。小型收据虽然易于保存，但基本都是宫廷在使用和保管，只有少部分精英人士能够买得起并拥有写有重要文字的泥板。

即使苏美尔人没有全面利用这项发明，它依然是一项令人震惊的技术。写作不仅改变了治国、交流、讲故事、记住重要事实的方式，还确保这些事项的可信度，让我们得以更轻松应对工作，更清楚地表达自己，并有助于社会中不同团体之间求同存异。在第一批进行“写作”的文明中“写作”是如何开始的，这点令人惊奇，以至于它需要一个具有神性的解释，就像四季变换、万物生长、生命孕育和日出日落需要一个神性解释一样。从斯堪的纳维亚半岛到埃及再到中国，古人对“书写”这种神奇现象给予了充足解释。

在古斯堪的纳维亚半岛（斯堪的纳维亚地区的日耳曼语族文字包含如尼字母）神话中，书写能力是由诸神之王奥丁求得的，这是他连续几天倒悬在树上所获的报偿。W. H. 奥登对这个神话的翻译，追踪了奥丁寻求书面知识的旅程。

> 我拿到了如尼字母；
> 从我摔下来的树上。

卡巴拉（犹太人的神秘主义哲学）将书写视作由神掌管的事项。这一哲学讲述了上帝在创造世界之前是怎样从二十二个字母组成的字母表中挑选了三个辅音字母（Y、H、W）组成了自己的名字：耶和华。上帝后来将这一字母表铭刻在亚伯拉罕的语言中。在古埃及，由将每位法老从死亡引领到天堂的写作之神托特（Thoth）掌管写作。在托特神的生命之宫（帝国最大的图书馆，抄写员在此创作或抄写文章），他们将作为工具的笔或解剖刀称为“拴在舌头上的爪子”。

埃及采纳书写是在公元前33世纪末期，鉴于埃及人生活的区域与苏美尔人在地理上相对临近，他们很可能借鉴了苏美尔人的书写规则。但是埃及人并不只是照搬苏美尔人的楔形文字，他们还使用了色彩丰富而生动的小鸟和太阳等形象，创造出一套直立的、带着厚厚圆边的图像，我们称之为“象形文字”。埃及人书写的最鲜艳的文章饱含成片的蓝色、红色和黄色。这些文章读起来就像纵向的连环画，里面有一连串拿权杖的人、刀剑、鹮、神、波纹、眼睛、鸭子、房屋、种子和大山等图案。它们的人兽组合造型使得这些刻画在石头上的故事几乎像中世纪欧洲“死亡之舞”主题绘画那样接近漫画；而且很多是刻画在棺材上和墓室墙上的。这是一种覆盖了石头陵墓、墙壁、金字塔的文字，但是在公元前3千纪晚期，它们开始出现在莎草纸上（埃及几乎垄断了这种像芦苇一样的植物的种植）。

将莎草纸具有黏性海绵组织的茎部切成薄薄的长条，再将这些长条纵横交错压制成薄片形状，然后用木槌持续敲打直到表面具备光滑质地，这样就可以在上面写字了。莎草纸作为地中海地区的书写材料长达数千年，是古典世界的重要书写媒介：它被用来写作哲学文章、神话、戏剧和诗歌。作为新兴书写文明的媒介，它也成了西方文学经典出现的助产士。的确，希腊用来描述植物内在汁液的词bubloi孕育了biblos这个词，意为“在莎草上书写”。这是“圣经”（Bible）

这个词的词源，它反映了《圣经·新约》刚开始出现时使用的书写材料。虽然教皇通谕直到1057年才出现在莎草纸上，但是莎草纸作为书写材料却在基督教时代早期基本上消失在人们的视野中。

莎草纸不仅是西亚和欧洲书写遗产的组成部分，对于它的认同依然不恰当地保留到今天。来源于莎草纸（papyrus）的纸（paper）这个词属于取名不当，因为在造纸工艺中，重要的步骤是将原料在水中浸软（将原料的纤维打碎并在水中浸泡），而不是像莎草那样只是经过缠结和捶打便可加工成莎草纸。欧洲人很长时间以来都认为是希腊人或阿拉伯人发明了纸，而造纸术通过另外一条路向东传到了中国。当时，欧洲人将paper和papyrus这两个词交替使用，似乎它俩的意思完全相同。

对纸的起源，地理学和年代学方面的混淆仍在继续。《圣经》的2008年“英文标准译本”将《约翰二书》中的最后几句话中的一句翻译成这样：“我还有很多事要写给你们，却不愿意用纸和墨水（paper and ink）写出来。”主要的英语版本都使用了跟这一样的最后三个单词，从1611年出版的英国国王詹姆斯一世的钦定译本到2011年的“新美国圣经”都是如此。但是约翰写信的地方，即现在的土耳其，在大概七百年后才用上纸。“英文标准译本”在保罗的《提摩太后书》中更精确地描述了一幅古代阅读文化的画面，其中保罗要求提摩太：“那件外衣，你来的时候可以带来，那些书（the books）也要带来，更要紧的是那些羊皮卷。”（《提摩太后书》第4章第13节）羊皮卷是用兽皮做的，土耳其西部从公元前3世纪开始使用它写字。但制作羊皮卷很困难，因此非常昂贵，写在它上面的东西通常都是非常重要的。在这封信中，保罗所说的羊皮卷可能是希伯来语《圣经》。有鉴于此，保罗提到的书肯定是写在莎草纸上的，它通常被用来写便条或收据等不是那么重要的东西。晚至390年，圣奥古斯丁因为用莎草纸而不是羊皮纸写信而向对方表示歉意。

与五千年前苏美尔人所制作的黏土泥板相比，莎草纸要便宜得多，也更容易生产，当然也更方便携带，因此它不仅成为古希腊人，也成为古罗马人的书写和阅读材料。在古希腊，它的应用推动了书写大量增加，它被用于借贷、商业、制作公民身份文件、列清单等方面。在上流社会，人们用它表达哲学思想、政治理念以及吟诗作赋。到了公元前 5 世纪，设在雅典市场（市民集合地点）的剧场舞台前的合唱队席（一个半圆形的凹形空间）被分配给了书商。当民主政治从公元前 5 世纪到公元前 4 世纪在雅典扩展时，读写能力成为政府工作人员必不可少的技能。雅典城邦实行的陶片放逐制度需要市民通过写字来投票，当代历史学家据此认为公元前 5 世纪到公元前 4 世纪的阿提卡（Attica）城邦的识字率为 5%—10%。当然，这仅仅指一种基本的、实用的识字率，远远不同于我们今天所指的包含范围那么广泛的识字率。亚历山大大帝所创建的帝国，其希腊化表现之一就是加大教育投入（与之相伴随的是文化水平的提升），在环东地中海的不同城市中建造图书馆，个中翘楚设在埃及的亚历山大港。

在古罗马，图书不仅被运用在教育领域和上流社会，也被运用在军事领域和日常生活的其他方面。希腊人探索知识，罗马人则吸收他们的成果，从征服的土地上获取书籍填充罗马的图书馆。收集的书籍越来越多，这给复制和翻译工程注入了动力，校勘学也在发展。书店集中在罗马的一个特殊区域，当这座城市发展为地中海图书交易中心时，书籍文化还提高了社会阶层的流动性。1 世纪末，在罗马可以买到手抄本、卷轴等不同形式的图书，还可以选择是买罗马作品还是希腊作品，新旧都有。

最终是纸而非莎草纸在书写世界成为赢家。虽然希腊人和罗马人的识字率一直在提高，但普及阅读还是不容易。莎草纸并不便宜（虽然也并非昂贵到让人望而却步），而且古希腊文章的单词之间通常缺少间距（各种名单是一个关键的例外），这一点不利于默读，同时代的文献也证明了默读很罕见。在古希腊，只有精英阶层会写更多文字，而不仅仅是列清单。

罗马城毋庸置疑拥有重要的图书行业，但是罗马帝国其他城市也拥有类似行业的证据相当有限。认为书面语言不准确的观点在罗马帝国广泛传播，西塞罗（Cicero）就曾列举出书籍的不足之处，而许多诗人对于将自己的作品转换成实体形式的价值表示怀疑，尽管这样会引起公众注意。至于奥古斯都时代的罗马文化主要是口头形式的还是建立在书籍基础上的，依然存在争议。阅读能力大大超出认识标志、表单或广告的人仅局限在一小撮人和掌权者之中。手写选票的运用间接表明在2—5世纪的罗马帝国，基本识字率最高可达10%。[3]

此外，在古希腊的城邦国家和古罗马，发表一个新作品始于当众朗诵，如果一个作品被认为适合发表，它就会被大声读出来，私人性质的作品则会选择默读。卷子版式的莎草纸图书也限制了书写长篇文章的可行性，因为卷子需要向前或向后舒展很长才能看到文章的不同部分——一般写在一张卷子上面的文章长度不超过9—10米，但是那只能容纳二十四卷本《伊利亚特》的两到三卷。在古希腊和古罗马，民众还不具备独自阅读的条件。在古希腊和古罗马的文化中，人们书写时，已经在非元音组成的单词之间保留空格，有时还会将元音加入到写作中，但这两种文化都没有被同时运用，虽然这在很大程度上有助于私下默读。中世纪中期，人们开始在单词之间保留间距，使得轻松的默读成为可能，使那些阅读文章不那么流畅的读者能够在没有压力的情况下阅读，并逐渐进步到理解难度更大的作品。[4]

总之，一方面，希腊－罗马世界的文人墨客热衷将文章用于朗诵、演讲和公开的消遣；另一方面，文章的版式也不利于轻松查阅、随身携带和阅读长篇巨著。莎草纸脆弱易损，不可能折叠或装订成册，因此文章只能写在这种材料的其中一面上。尽管莎草并非埃及独有，但它在尼罗河三角洲和尼罗河两岸分布最多，将莎草做成适合书写的平滑材料非常费工夫，而且储存也并不简单，因为莎草纸极易受潮。

莎草纸的确在希腊和罗马助推了文化传播，但是使用它无法制作读写便宜、容易打理、储存相对简单的大篇幅图书，它也因此无法形成颠覆口头文化的书面文化。虽然它在识字历史上的重要地位毋庸置疑，但它终将被取代。

公元前2000年至公元前1000年，在伊朗的埃兰人、印度河谷（现在的巴基斯坦）的哈拉帕人以及中国华北平原的定居者中写作开始流行。当埃兰人和哈拉帕人在泥板和石头上刻字时，同时期的中国人在龟甲上写字——很可能也在竹简和木牍上写字，但是只有龟甲留存下来。这些刻画的图形通常用来标记诸如王朝诞生、战争、旱灾等重大事件。没学习过相关知识的人有时也能在这些图形中辨认出一个婴儿、一棵树或一座房子。龟甲坚硬，又不是特别笨重，但上面容纳不了太多字，因而并没有在更广泛的读者群中传递信息。其被信以为真的“神奇特性”却被应用起来：将烧红的烙铁插进事先准备好的带小洞的龟甲中，裂缝会随之出现，中国的占卜者相信自己能通过观察这种裂缝来预测未来。

新文字出现后，它们被不同的文化借鉴和吸收。从公元前2000年起，很可能是生活在叙利亚的奴隶从埃及借鉴了文字，在此基础上开始锻造迦南语的文字。这种文字从迦南语传到腓尼基语后，腓尼基人给每一个辅音都创造出对应的符号，从而发明了最早的字母表（虽然没有元音）。腓尼基人将字母表传到讲阿拉米语、希伯来语等语言的地区，直到不同种类的字母布满整个西亚，该地区就像由不同颜色的丝线编织而成的七彩锦缎。随着腓尼基人的商船在地中海各处游弋，新的字母继续出现在诸多岛屿，如西西里岛、塞浦路斯岛，还有希腊。

随着亚历山大大帝在公元前 4 世纪四处攻伐，希腊文化吞没了东地中海，它的书写方式也不断传播，希腊字母成为远离父母之乡的那些故事、观念和诗歌的安居之所。而伊特鲁里亚字母成为希腊字母演化为拉丁字母的桥梁。随着拉丁化的基督教在整个欧洲大陆传播，运用拉丁文的写作活动将在遥远的未来塑造出大批写作巨匠。

就这样，写作一波一波地出现，从发源地中国和美索不达米亚穿越亚欧大陆，苏美尔文字和中国文字的后裔成为吸引新的民族认同和文学创作的天然磁石，遍布亚欧。就像中国的汉字催生了朝鲜半岛、日本和越南的新文字，希腊文和拉丁文也给欧洲带去了新字母，其中就包括哥特字母。早在被传播到欧洲的大片地带之前，从 4 世纪起保加利亚就已经使用哥特字母。

最终，在靠近写作诞生地的阿拉伯半岛，一种传承自阿拉米语的新文字在 5 世纪出现后迅速向四面八方传播：向东传到波斯和中国边境，向南传到阿曼和也门的港口，向西传到埃及和马格里布，向北传到土耳其和亚美尼亚。它打垮了遇到的所有对手，成为最强有力的文字；它的字母从天而降，像乐谱中有韵律的符尾、断奏符和休止符一样迅速横扫这些土地，终结了这些地区融合多种文化的历史。此时的阿拉伯文正处于机警灵活的青春期，在传播中受到政治、经济、文化、宗教等各种因素的激励。但是，写在骨头、树皮、石头和羊皮上的阿拉伯文难以完全展现其雄心壮志。

随着文字的巴别塔在全球迅速矗立，以纸为媒介的书写文化开始展露出具有全球性未来的苗头。纸诞生于一种特别的文明：中华文明。直到20世纪后半期，欧洲人还认为所有文字都可以追溯到一个共同的祖先；就像他们相信所有世界文明的根源都在美索不达米亚，因此，他们觉得所有文字，甚至是古代中国汉字，一定能找到它们共同的祖先。认为全球语言只有一个共同的文字母亲，即原始语，这一理论的问题在于忽略了横亘在古代中东文字——最显著的是苏美尔、阿卡得和埃及象形文字——与古代东亚文字即中国汉字之间的地理间隔。有些学者锲而不舍地追根溯源，提出了一些填补间隔的理论。总之，如果书写的开端不是人类历史的开端的话，它至少是人类自传的扉页。

其实，书写至少有三个古老而独立的源头：苏美尔、中国和公元前3世纪的中美洲。甚至埃及人、哈拉帕人和埃兰人可能也分别独立创造了自己的文字，尽管这点尚不明确。就像我们看到的那样，苏美尔人很可能第一个将笔放在刻写板上去应对因为放弃游牧生活所带来的复杂情况：比如管理农业生产盈余、保护土地所有者权益和处理税务事项。在中国，书写被视为在更宏伟层面上管理世界的方式——就算不是能与地球诞生本身意义相当的一项中国发明，那它至少是重建原始和谐、追寻并回归黄金时代的一部分。书写力量的构成要素包括神秘的仪式和对历史的研究；通过准确解读历史，就有可能辨认出实现政治理想以及社会和谐的途径。

即使中国史前的早期篇章也强调中国人对写作的迷恋。不晚于公元前2世纪，人们就开始书写关于黄帝的传说。根据传说（有好几个版本），黄帝的宫廷史官仓颉——一个长有四只眼睛的人，在打猎时注意到一个乌龟壳上相互连接的纹路，他对此印象深刻，开始研究大自然并根据各种自然现象创制了一套符号体系。这些表意汉字的祖先被称为“甲骨文”。这个传说的其他版本认为启发仓颉造字的是其他动物，但是考虑到考古发现，这个关于乌龟的传说更引人注意。

2003年，美国和中国考古学家在发掘位于中原的一个史前遗址贾湖的349座墓葬时，发现了一组龟甲和兽骨。十一个不同的图形刻在这些八千五百年前的龟甲和兽骨上，其中的几个很像中国的汉字，尤其是眼睛和太阳的图形。这十一个图形中的九个刻在乌龟的腹甲和背甲上，即乌龟腹部和背部的硬壳。在其中一座墓葬中，考古学家发现了一个被砍掉头的尸骨（头部一直没有找到）和八件龟甲。这些汉字不是表音的；换言之，这些符号并非完整的书写。这些正在发展中的汉字可能是在其他书写材料上成熟起来的，但是龟甲和兽骨是中国幸存下来的最早书写材料。

在中国，真正的写作诞生于数千年以后。19世纪涌现出大量证据，然而却没人将它们送往博物馆或研究机构，人们把它们用作药材。这个发现之所以能够浮出水面要归功于北京的语言学家王懿荣。1899年，王懿荣在购买的中药包中发现了动物骨头的碎片，它们原本要作为“龙骨”被碾碎，成为治疗跌打损伤的药材。（龟甲的碎片也被碾碎用来治疗疟疾。）他发现了刻画在碎片上的图形。更重要的是，他发现自己认识其中的一些图形，而他的朋友刘鹗运用掌握的古代中国青铜器铭文知识辨认出了这些刻痕。虽然王懿荣于1900年在八国联军占领北京后殉节，刘鹗买下了在北京药铺里能找到的所有龟甲和兽骨碎片，他于1903年出版了《铁云藏龟》，此书用他收集的1058片刻有文字的龟甲兽骨拓印编成。他和王懿荣的发现说明了中国文字是如何诞生的，即通过占卜活动。

中国最古老的图书《易经》可以说是一本占卜指南。它阐释了八卦——代表天、地、火、水、风、雷、山和泽的符号。看似随机的程序（闭着眼睛从一大束蓍草茎秆中取出几根）会向占卜者显示一个特别的数字，然后占卜者会从《易经》中找到这个数字所对应的卦；这个卦会指示他应该采取什么行动。中国有个成语叫“韦编三绝”，说的是孔子废寝忘食地阅读写在竹简上的《易经》，导致编连竹简的皮绳被磨断多次。

在中国安阳一处遗址（王懿荣的知识源头也来自这个遗址）发现的约公元前1200年的一些龟甲上，写有占卜的问题、巫师的答案和事情的发展结果。

三旬又一日甲寅娩，允不嘉，惟女。

虽然问题有固定格式，但是答案通常意味深长；安阳的考古发掘发现了真正意义上的写作，发掘出的龟甲碎片上的卜辞中包括三千个汉字，有一个碎片甚至还提到了写作者。毕竟当写作在中国出现时，符号已经出现并发展了数千年。没有一种语言可以完美表音，但是真正表音的写作能够在表示语言声音的同时表达它的思想，在安阳发掘的龟甲上的商朝书写中的形声字确实做到了这点。

安阳的考古发掘展现了商代人如何祭祀祖先、预测未来和抚慰神灵。但是在不经意间，安阳出土的龟甲上的文字也展示了人类的欲求、抱负和自我克制。在安阳，真正意义上的书写借助象形文字走向成熟，硬而易碎的甲骨不仅承载着汉字，还决定了它的形态。事实证明，在中国几乎没有任何东西能够像汉字那样生生不息。中国文化和民族认同的其他标识——孔子及其经典著作、帝国体系、一夫多妻制、宦官、佛教，甚至还有父母和教师的权威——在20世纪的历史进程中都遭到残酷打击；而汉字虽然被部分简化，但它始终是中华文明的纽带，串联起不同的历史时期。很难想象，没有汉字的中国还是不是中国。

书写在中国是过去和未来的裁决人，是巫师和历史学家的工具。世界其他古代文化视书写为工具，而中国崇敬书写，将它转化为神奇的媒介、历史的阐释者和具有权威性的证据。中国因此进入书写的新时代，将书写摆放在其文化的中心。三千年前，书写在世界任何地方都没有上升到如此高度。

注　释

1．Gustave Flaubert, *Madame Bovary*, trans. Eleanor Marx-Aveling (Ware: Wordsworth Editions,1994), p.146.

2．尽管存在争论，我在本书中使用“书写”指代大体上的表音书写。我所说的字母包括只用来表示音节（不是音素）的书写符号和不表示元音的符号。

3．William V. Harris, *Ancient Literacy* (Cambridge, Mass.: Harvard University Press,1989), pp.114,167-173.

4．Paul Saenger, *Space Between Words: The Origins of Silent Reading* (Stanford, Calif.: Stanford University Press,1997).

第三章

时代的需要

盖文章，经国之大业，不朽之盛事。年寿有时而尽，荣乐止乎其身，二者必至之常期，未若文章之无穷。是以古之作者，寄身于翰墨，见意于篇籍，不假良史之辞，不托飞驰之势，而声名自传于后。

——曹丕:《典论·论文》

写作的出现几乎是必然的。就像我们所看到的，这种人类实践至少有三个诞生地：苏美尔、中国、中美洲，它们都独立发展出了写作。早期的写作跨越诸多不同社会领域发挥作用，在中国用来占卜，在苏美尔用来记录账目，从巫术到量度，范围广泛。无论是在过去还是未来，这些都反映了写作的普遍性。它只能诞生在足够灿烂和发达的文明中，在这个文明中，口语已经无法满足人们的需求。

纸，从另一个方面来说，是机遇之子。在公元前11世纪中期，商朝被推翻，写作在中国已经扩展到巫术之外的领域。应用范围的扩大使书写材料变得更加重要；人们依然继续使用兽骨、龟甲和石头，但实践证明只有竹子能够胜任时代需求。几个世纪之后，正是用竹子写作的文化孕育了纸的发明。并不能自然而然地认为人类必然会发明纸，它其实不像写作那样会必然出现。如果中国人没有发明纸，他们可能会继续在竹子上书写一千年。然而，纸问世后，它作为文字信使的优越性迅速显现。

不管怎样，仅靠便利性并不能推动纸成为写作的主要伙伴。在中国，竹简和它所承载的崇高、古老的智慧密不可分。在纸出现很久以前，孔子就在竹简上写作。竹简是一种宝贵的书写材料，它赋予文章以名望。在成为书写材料初期，中国人认为纸在质量上比竹简差得多，尽管纸更具实用性；后来，正是那些爱好写在竹简上的文章的人创造了有待纸去填充的广阔天地。始于公元前 8 世纪的政治动荡，除了激发中国人壮大军力、研究星象奥秘，还激发他们提出有关天地宇宙、政府管理、社会关系及和平基础的新思想。竹简成为这场通过文字展开的思想之战的主战场。

在前后相继的三个朝代中——周（公元前 1046—前 256 年），秦（公元前 221—前 206 年）和汉（公元前 206—220 年），写作在中国转变成权力和统治的媒介。

在商朝，文字不仅出现在龟甲、牛肩胛骨和其他兽骨上，还出现在向神献祭的宗教仪式中所用的贵重青铜鼎表面。商朝定都安阳，其全盛时期的统治疆域很难精准确定，但是它的影响波及远在安阳东北数百公里、如今叫作北京的地区。商朝不仅将书写用作语言符号，还用来表示神秘力量。

不管怎样，周朝对于书写在中国的传播来说居功至伟，这是因为它的统治疆域比前代远为辽阔。从公元前 11 世纪开始，它从位于黄河附近的都城镐京发号施令，统治着一个具有明确政治等级和强大军队的王朝。周朝的统治时间比它的前朝商朝长二百多年，而且统治疆域更大，同时它还采用了先进得多的政治体系和官僚制度，为帝国体制奠定了基础。周是诸侯国同盟的居首者，它容许联盟成员保持相对独立，作为回报，诸侯国要保证忠诚和定期进贡。

每个诸侯国都作为王室封地独立运作，它们之间缔结的盟约会写在竹简上，然后将竹简放在宰杀的牲畜身上埋于盟约之地，通过这个过程赋予条约以效力。周通过扩展官僚体系缔造了中华帝国统治的开端，这一体系还用于监管各诸侯国。周的统治者在政府机构中安置了大量士大夫，他们不仅精通内政外交，还精通历史和诗歌。周朝歌颂尚武德行和各种仪式的诗作，反映了当时以政治秩序和礼仪为中心的生活方式。这些诗歌题材不仅涉及农时，还涉及汉族创始祖先的神话故事。周朝已有铁器及青铜器冶炼技术，采用灌溉系统来提高农作物产量。周王室将所有可耕作土地产出的九分之一作为储备。伴随着强大武力和多产农业而来的是和平。

周朝的统治者具有复古怀旧情结，为了巩固政治遗产并使之永续，他们在竹简和装饰性青铜器表面将自己的历史沉淀下来。周朝共有六千多件刻有铭文的青铜器幸存于世，其中最精美的是用来祭祀祖先的，上面铭刻了英雄事迹。相比在占卜用的甲骨上刻字，在青铜器上铭刻文字更加容易谋篇布局。铭刻的文字会以列的形式分布，第一列会铭刻在最右边（尽管有些甲骨文也以这种方式排列），有些铭文以可观的篇幅讲述王朝掌故式神话传说，有些铭文是法律文件，有七十多件幸存至今的青铜器上铭刻着诗歌。少数青铜器上刻有装饰性字体，最有名的当属“鸟篆”。青铜器可能是中国书写者用来书写艺术字体的第一种载体。

不管怎样，王朝日常事务的复杂性决定了需要书写的内容比以前要庞杂得多。公元前 11 世纪，周朝的文书要将天子的旨意写下来，政府文件还得归档。周朝早期就设有太史、小史、内史、外史、御史等，书写有助于保存王朝历史。周朝推出的一种标准化字体提升了书写的统一性，从而加强了这个多语言帝国的凝聚力。这种字体成为中华文明的黏合剂，成为遍布华北平原的士大夫的工具。

写作依然主要是统治阶层的活动，西周（公元前1046—前771年）的精英人士发现了写作的新用途，比如，有时候在青铜器铭文中提到的古代“任命书”、国王命令起草的嘉奖令。将写作用于政府管理和礼仪领域，显示了文化知识渊博的精英不断增加。写作确实在地方层面一直在发挥管理职能，生意往来、法律诉讼、军事管理和土地使用特许权都涉及基本的书写记录。[1] book这个词在汉语中的表达方式是“图书”，字面意思为“地图和书籍”，这个词出现在周朝。

周朝的缓慢衰落持续了五百年，始于公元前770年遭围困后被迫迁都。眼看王朝灭亡越来越迫在眉睫，周朝统治者谋划拯救自己生命的同时也在挽救图书馆。公元前516年，争夺天子之位失败的王子朝在侍从的护卫下被迫逃离首都。逃亡时他带走了周朝的档案，可见拥有历史书籍是多么重要。在西周时期，统治者凭借统治优势将阅读和书写深深嵌入中华文明的中心，而东周（公元前770—前256年）衰落时期的混乱，则塑造出一个探求知识的时代，并将写作者的地位提升到远超统治者预料的高度。

周朝的书籍同我们今天买到的图书外观完全不同：它不是宽幅的页面，而是由窄条的竹简组成；不同于我们将书页在一侧粘住，周朝人用绳子将竹简编连成连续的、可以展开像垫子般的长方块。不过，它们依然是书籍。竹子价格低廉、用途多样，而且与同时期其他材料（尤其是兽骨、青铜器和石头）相比，在竹简表面写字更容易。总之，兽骨和青铜器的用途特殊且有限。竹简对书籍时代来说是一个适宜的伙伴，它作为书写材料从公元前11世纪一直持续到4世纪，甚至比

图 3　2009 年，位于秦岭山麓小丘上的楼观台上的道士。道观所在的地方传统上被认为是老子写作《道德经》的地方。2009 年，这个道观里最年长的道士至少有七十岁，他住在附近一座山的山顶，上面有专门为他安排的隐蔽之处

纸使用的时间都长。

这个时期有两位圣贤全方位主导了思想界。对数百年之后的人们来说，叹服于他们的影响力和思想境界，比探求他们被神话所忽略和模糊的生活及个性细节要容易得多。我们对老子和孔子的了解是有限的，况且关于老子的传说是否属实一直存在争论。据生活在公元前 2 世纪的中国伟大的史学家之父司马迁记载，老子是公元前 6 世纪管理周朝王室图书的史官。当他见到孔子时，他让孔子戒除言行举止中的骄气和欲念；孔子则告诉弟子们，老子是一个神秘莫测的人物，就像一条神奇的龙腾云驾雾，直上九天。

虽然老子和孔子笼罩着神秘光环，他们各自都创建了新学说。并

不寻求革命的孔子花了很多年努力寻找愿意采纳他的社会和政治哲学的君王。老子和孔子都是在没有政治资助人的情况下，在传统上保管历史档案的机构之外，将自己的思想写了下来。写作史书在中国古代是被统治者所垄断的。从周朝早期开始，历史记录者就作为宫廷文书、宣传员为王室工作。但是老子和孔子却在不经意间松动了统治者束缚在写作者身上的枷锁，这标志着写作者掌握了新权力，这一权力有助于缔造未来受教育的中国士大夫阶层。

“以儒为表，以道为里，以释为归”这一说法，阐明了中国的发展方向：即朝着变成一个热衷写作和酷爱书籍的帝国前进，尤其是道教、儒教和后来传入的佛教写作日渐兴盛。以写作为运转基础的政府官僚机构已经在中国站稳脚跟，老子和孔子已立于中国图书新时代的潮头。

据帝国官方史书记载，老子在大概两千五百年前于西安西部的一座辽阔大山中第一次写下了他的思想，如今，低矮的纪念性道观——楼观台就建在秀美的秦岭山脊之上。从秦岭放眼望去，会看到竹林和桃林布满附近山丘，绿荫遮天，稀疏的玉米株星星点点洒落山谷。在中国历史上，秦岭山脉是不得志的廷臣、隐士、诗人和流浪者钟爱的隐居之地。

生活在公元前6世纪的老子对周朝的前景比他大多数同侪都悲观。当这个国家指望通过宗教仪式和宗法礼制重现王朝的太平盛世时，老子悲叹一味强迫人们遵守规则和律令已然证明这个世界丧失了仁慈的元气。司马迁写道，最终老子骑着他的青牛从都城跨越中国旅行，向西南的大山进发。他到了中国的边关函谷关，这也是当时定居文明的终点；出关后，他可能会在西方找到极乐世界——这可能不过是“天堂”的一种委婉说法，毕竟当时离开中国基本等于放弃生命。守关人一眼就认出了老子，并跟他达成一个协议：如果老子将他的智慧书写成文，就开门放他出关。结果，老子写出了他五千言的《道德经》。

> 故失道而后德，失德而后仁，失仁而后义，失义而后礼。夫礼者，忠信之薄而乱之首。

老子的《道德经》是一部集合了箴言警句的文集，目的是将信徒与世界的自然秩序统一起来，不单是凭借知识，还凭借直觉和经验。它们使得信徒能在自然中发现和谐，并且能根据自己的需求驾驭它。尽管人们在无休无止地争论作者的身份和真实的生活年代，但《道德经》是除了《圣经》外世界上译本最多的书。[2] 老子认为他发现了道，虽然他关于如何发现道的描述在富有启发性的同时又很隐晦。道教在几百年中对城市生活持续产生影响，为官员从感到束缚的僵化宫廷生活中逃离提供了一条道路。但是老子希望逃离的礼制对孔子的门徒来说却是异常宝贵的。只有孔子对中华帝国的思想和书写的影响力可以与老子匹敌。

孔子身高六尺，可能休过妻，而且经常意见与众不同。他作为圣人，对于人类本性持有人文主义信念，对当时的统治者心怀不满。他对于忠诚、古代社会、礼节、谦逊和稳定社会结构的垂青使他具有社会保守主义倾向。他竭力宣扬一个大同社会，每个人都了解自己所处的地位并且泰然处之，这个大同社会是从神话和历史的模糊地带提炼出来的。

但是，他的政治观点不仅仅是寻求恢复周礼。孔子相信选拔政府官员应该依据他们的品德和能力而不是出身，善治政府的核心是注重民众的福祉。他教导称，偏私、暴虐的统治者会丧失天命，即天赐予他的统治权，因为统治者因其统治的民众而存在。

作为鲁国的大司寇，孔子对轻微的罪行实施宽厚的惩罚，废除了因鸡鸣狗盗之举削掉鼻子的惯常做法。但是在公元前 498 年，他显然被国王不奉行礼制的做法激怒了，辞官离国。在信徒的簇拥下，他周游列国十四年。他对于周朝道德的堕落感到愤慨，笃信只有最杰出的帝王才能重建王朝的道德体系，而道德和政治统一是天然盟友。然而他看到的却是王朝毁灭已初露端倪。

作为儒家典籍的四书之一，人们传统上认为《论语》是记载孔子语录的文集。此外，孔子还创作了“五经”之一的《春秋》。世人认为《春秋》是四书五经中最伟大的作品，因为只有它可以惩恶扬善，拨乱反正，明帝王之道。这本书是孔子信仰体系的奠基之作、儒学的原始经典，后人因此书将孔子生活的时代命名为“春秋”。

虽然地位举足轻重，但《春秋》这部编年体史书可谓微言大义，文笔精练，没有华章藻句。此书记载了二百四十二年之中的朝聘、洪灾、祭祀、婚姻、侵伐、城筑、弑君，甚至还有虫患。孔子用了一万六千多字粗笔勾勒了两个半世纪。在对公元前 715 年的记叙中，有一条记事只有一个字：螟。然而，后世学者认为《春秋》立义至精，辞极简严而不赘，关于如何阐释它的争论急剧增加，诠释之作不断涌现，直到五本解释性著作占据主导地位。其中一本著作的字数是《春秋》的十一倍，但是所有这些解释性著作都赞同《春秋》概述了周朝的衰亡。在对周朝的大体判断上，虽然孔子和老子观点不同，但 1993 年中国北部的一项考古发现表明，他们在其他方面有很多共同观点。

刻有 1.3 万字的竹简被一位参与此次考古发掘的研究人员誉为“中国死海古卷”，里面包括一部内容繁杂的《道德经》和几部孔子的著作，它们不仅表明当时宗教文化繁荣、宗教写作兴盛，还表明儒家和道家存在部分相同思想，二者可能还进行过有效对话。这些作品可以追溯到公元前 4 世纪，但是这些对话此后仍在继续。孔子和老子的继承者在政治、哲学、伦理和宗教领域发展出新观点，把竹简变为在帝国内辩论的主要载体。

此时发生了一个重大转变：能够识文断字的臣民不再指望只有国家来塑造历史，因而建立在著书立说和阐释这些作品基础上的新权威诞生了。撰写历史的权力不再被政府垄断，历史学家的影响力和独立性开始增加。孔子在没有庇护人的情况下撰写《春秋》标志着重大变革的发生，也因此挑战了政府控制历史的权力。公元前4世纪20年代，在临淄（齐国的都城）的一所官办高等学府中，官员和解经学者深入探讨孔子的理念，争论人类自我反省、自我批评的能力究竟证明了人性本善还是道德体系违反了人类天性。在争论过程中，他们还进一步审视了宇宙和国家。

随着政治统一在中国的瓦解，尤其注重原则的旧式道德伦理辩论被现实政治研究所取代，这标志着新的实用主义和经验主义开始在政治领域占据优势。临淄的高等学府也在公元前3世纪中期关门，成为政治重点转移的牺牲品，但是它却凭着自身的影响将文字提升至权威地位。在解释经典的过程中，书页成为思想博弈的战场和争论未来政治发展方向的论坛。

公元前3世纪中期，围绕辩论进行的写作随着中国中部秦国的丞相吕不韦主持出版的一部百科全书到达顶峰。官方历史记载，吕不韦邀请了三千名学者到他门下帮他写作此书。他“乃极简册，攻笔墨”才写出这部杂采诸家的著作《吕氏春秋》；它论证说，帝国的存在是为了被统治者的利益，并非为了统治者。它浓缩了公元前5世纪持续到公元前3世纪的“百家争鸣”时代的各种思想。这一具有时代特色的别称是它所酝酿出众多学术流派的确切证明，而所有这些学术思想都是通过写在竹简上来表达的。

然而，在这位编纂鸿篇巨制的丞相死后仅仅二十年，他所有的著作都被毁掉了。公元前221年，他所效力的这个王国灭掉了其他所有诸侯国，将中国统一成为真正的帝国并且推崇法家思想。（法家主张以法律为基础的政府管理体系，但是缺少公共服务理念。）一个具有破坏性的王朝出现了，这个崇信法家的强大政权藐视孔子，相信政府是为统治者而非被统治者而存在的。它着手进行巩固中央集权的伟大工程，对中国的汉字、度量衡和官僚体系进行标准化。它的名字叫秦朝。

秦朝的新丞相李斯作为最声名狼藉的文化破坏者被载入史册。根据司马迁的记载，李斯向秦始皇建议将民间所有图书交由官府烧毁，并对任何胆敢藏书者施黥面之刑，这是法家哲学重视等级制度和秩序胜过学习（尤其是对儒家经典的学习）的结果。从周朝开始，罪犯和土匪就经常被施黥面之刑。敢于谈论《尚书》和《诗经》者要被斩首示众，以儆效尤；敢于借古讽今者，要被灭族。司马迁写道，一年后，秦始皇活埋了四百六十多个儒生。虽然在开创统治帝国的集权模式方面取得巨大成功，秦朝却没能让中国远离图书，一些对抗秦朝的好学之士逐渐成为传奇。

伏生是熟读孔子经典的儒生，他尤其精通《尚书》。焚书坑儒政策确立后，伏生弄瞎了自己的眼睛，装成疯子，而且还逃亡异乡。当秦朝的后继朝代汉朝开始复兴古代学问时，汉文帝派时任太常掌故之职的晁错去拜访耄耋之年的伏生。伏生靠着记忆口述《尚书》，晁错将古旧的文体转换成新的语言用法写下来。伏生的方言很难理解，晁错请伏生的女儿羲娥为其翻译。这是秦朝灭亡后出现的故事，表达了对秦毁灭文化的谴责。

其实，秦朝为宫廷学者保存了很多典籍。为了管理疆域辽阔的帝国，秦朝将字体统一标准化后在全国范围内推广，使之成为通行全国的汉字宝库，推动了写在竹简上的文章的传播。此外，秦将国家分成三十一个郡，郡守可以向皇帝递交书面报告。一个中央集权政府就此

图 4　将典籍尊为文化鼻祖：盲人学者伏生凭记忆向同为学者的女儿羲娥口述《尚书》，她将伏生的方言翻译成官话再讲给跪地伏案整理的晁错。（这幅画最异想天开之处就是晁错用纸写字，因为纸在一两百年后才成为经典书籍的载体。）这幅作品或许创作于 15 世纪晚期，在伏生授经大概一千七百年之后。明朝画家杜堇运用适宜的形式主义艺术手法表现这一场景，有力地阐明了传统中国文明的头等大事——保存经典（©2014，图片版权属于美国大都会博物馆 / 艺术之源数据库 / 佛罗伦萨斯卡拉图片库）

产生，统治范围从首都向四面八方成百上千公里延伸，统治着四千余万人。它的统治媒介就是书写。

虽然秦朝在严格管控之下鼓励学者使用竹简写作以进行学术研究，但是识文断字的能力还是逐渐从统治精英向较低的社会阶层渗透，例如有些士兵也识字，而且不光会读还会写。在南方参加战役的一个秦国士兵于公元前 3 世纪在木牍上写了两封信。信中他请母亲给他往前线寄些钱和衣物，他还问了母亲的健康状况以及妻子是否孝顺父亲。这些书信证明识字率已经普及到较低的社会阶层，同时说明当时即使不是所有平民都能使用邮政系统，至少士兵可以。甚至有证据证明女性也识字。中华帝国最受欢迎的帝国史书之一——《汉书》，就是由班固和他妹妹班昭[3]所著。

但是秦朝统治并不长久。始皇帝死后，秦在农民起义的汹涌浪潮中迅速崩溃。这个短命王朝只存在了十五年。对图书和纸尤为重要的是代秦而兴的汉朝，这是由一位揭竿而起的农民领袖所创立的王朝，它的学者在书桌前仔细探究秦朝历史，借鉴了前朝暴政的恐怖史实，并将其灭亡视为恶政后果的警示。同时，新王朝虽然继承了秦朝的官僚体系、统治疆域和部分法律，但是它却以中华帝国的真正缔造者自居。在汉朝的统治下，大量古代书籍成为中国教育、政府管理和哲学思想的启明星。汉朝的创立者刘邦最初对于帝国复苏的读书之风并不怎么热心。《汉书》中记载了他与顾问陆贾的一段早期对话，清楚表明了他的态度。

> 刘邦：（天下）乃公居马上而得之，安事《诗》《书》！
> 陆贾：居马上得之，宁可以马上治之乎？

其实，刘邦日后的作为显示出他是一位有为的帝王和优秀学生：

他在精神层面是领导力出众的农民，在实践中是孔子的门生。他保护了一些弱势的统治对象（比如农民）少受剥削，并且将秦朝繁杂的法律精简为三条明白易懂的基本原则。他同时还创建了在整个帝国范围内招募政府官员的体制，这种体制以个人才干为标准选拔官员，而不是依据家庭出身或社会关系。

刘邦的继任者将儒家思想塑造成新的治国必备才能，并广收图书（大部分是写在竹简上的，还有一些写在木牍上，只有少数精品是写在缣帛上的），据说多到“书积如丘山”。政府建起一座国家图书馆，并制作完成了每本书的摘要。分类体系不久后就需要创造出数十个分支：仅阴阳学派（强调超自然力至高无上的学派）就有 16 部著作，共 249 篇。图书馆共藏有 6 种典籍的 70 部不同著作，共 2690 篇。列在图书馆目录中的 667 部著作的三分之二已经失传，近年来考古发掘出的一些汉朝作品甚至没有列在这个目录中。文献学和新的分类方式出现，将书籍分为六大类：六艺、诸子、诗赋、兵书、术数、方技。其中一类文献目录列出了包含 13000 卷的 600 种书籍（图书编辑完毕后，国家图书馆会把文章誊写到价格昂贵的缣帛上加以保存）。除了宫廷和政府机构，富人也会购买和收集书籍建起私人图书馆。

随着阅读的传播，有一些社会地位低但有才干的政府官员候选人开始努力向宫廷进发。（大部分官员都接受了基础教育，他们的人数也在增加，在公元前 5 世纪达到了 130285 人。）例如，在公元前 140 年，汉武帝对受到举荐的一百多名青年才俊进行策问时，其中一些人出身贫寒。候选人在面见皇帝之前，会将事先写在竹简上的治国之策呈递上去。当年有一个来自广川的寒门候选人，名叫董仲舒。他提供给皇帝的答案以及撰写的其他文章论证了如何建立一个儒教国家，这为他在政府赢得了一个高级职位。

正是在董仲舒的建议下，公元前136年设置五经博士，并在十二年后设立太学。太学成立之初只有一百名学生，但是到了140年，这个数字扩大到了三万。在这一历史时期，举行了一场接一场的讨论以决定哪些经典有资格成为“官学”（给予相关文献特别突出的官方地位）。书写、学习和收集图书成为国家重点关注的事项。即使在董仲舒时代，《春秋》也有五种学派，每一个学派都有自己的独特注解作为支撑。但是用竹简书写的文化也带来了运输方面的问题。25年，政府需要用两千多辆车运输帝国藏书，其中有数千卷写在竹简上的著作在运送途中丢失。（即使是在秦朝，据说皇帝每天都会收到五十多斤重的官方文件。）

董仲舒认为写文章是一件神圣的事情。他觉得拿龟甲、兽骨或蓍草并不能预测未来，正确解读过去才是可靠途径。秦朝让董仲舒感到厌恶，他认为秦朝的遗毒依然为祸汉朝，他主张通过革新扫除遗毒，因为“腐朽之木不可雕，粪土之墙不可圬”。董仲舒希望把经典减少到五部，在公元前2世纪30年代中期，他如愿以偿。汉朝一位历史学家写道，从这一时期直到1年，关于一部典籍的研究性论著长达百万字是很平常的。

但是有些人认为这种表达观点的文章过于冗长。1世纪期间，伟大的哲学家王充出身贫寒，买不起书籍，只能在书肆翻看，趁机背诵。在他后来的研究生涯中，他抱怨说学者只能在经学的窠臼中追寻学问。当时，有学者对儒家经典之一《尚书》第一句话的注解就长达两万字，对《周易》和《尚书》的注解都分别多达三十万字。（到了18世纪，各类解经著作足有五万卷之多，且篇幅宏大，字数至少为经典本身数百倍。）就算在1世纪的中国，这种写得过长的注解也招致批评，这其中就有声名卓著的官方历史学家班固，他悲叹这些作者注解经典时实在是文辞泛滥。

安其所习，毁所不见，终以自蔽，此学者之大患也。

在西安以北16公里，一个鬼斧神工的夯土台在这个世界上最古老的一块农田上隆起，高达30米。它平整的顶部近方形，每边长约80米，从顶部向下眺望，可以看到葡萄园、苹果园和松树林。山间有被树梢遮蔽、薄雾笼罩的老人在放风筝。在夯土台基下方，一些交错的平台向南通向两侧种满树的马路，在路边有两只绵羊拴在其中一棵树上。这个并不引人注目的夯土台是西汉未央宫的遗迹，汉朝学者曾经聚集在这儿讨论儒家典籍，打磨中国未来应该遵从的基本准则，他们在石渠阁开始的辩论持续了两年。在公元前1世纪50年代，更多辩论随之而来。到了79年，学者召集了决定性会议，确定哪些经典能够成为传统文化的中心。

他们讨论了祭祀、礼制、嫁娶、天地、皇帝和神明。他们探寻了诸如文质、蓍龟、五行、八风（与节气相关）、三正（跟设定历法有关）之类的问题。他们考虑了性情、礼乐、三纲（君臣、父子、夫妻）六纪、商贾和封公侯。学者希望能将重要原则一览无余地汇集到一套篇幅短小的经典文集中，并用这些原则来规范中国人的生活。官员通过对儒家典籍进行辩论来制定政策。在2世纪和3世纪初期，即汉朝末年，一些文人开始挑战朝廷的权威，尤其是人们认为朝政是掌握在宫廷中的女人和宦官手中时。

周朝的思想家、秦朝的统治者和汉朝的学者将中国转变成以少量难懂的经典文献为中心的帝国。阅读、做学问和书写得到蓬勃发展，培育和扶助中华帝国学者的自然土壤——政府机构已经增加到数万个。这不仅是中国历史上，也是人类历史上一个前所未有的大变局。对于笔、墨和竹子等撰著、制作书籍的用具或原料的需求量从来没有如此之大。

竹子从植物转化成知识的载体，直到数字时代，都没有打破植物做成的纸作为知识载体的主导地位。对汉字（对字母亦然）至关重要的，不仅是它们用墨写出来的形态，还包括容纳这些笔触的空间。在至少一千五百年的时间里，竹子是构成这些空间的主要材料。竹子在管理官方档案的同时也见证着历史写作的井喷。从公元前8世纪晚期起到中华帝国于1911年改弦更张，官方记载了中国几乎每一年的历史。

竹子见证并参与了一个新的强权帝国在东亚的诞生。这个新帝国的力量并不仅仅仰仗军力或财富，还有赖于图书和文学文化对政治权力的支撑作用。中国诗人对竹子大加赞颂，早在约三千年前，就有诗歌将它比作高贵的君子："绿竹猗猗。有匪君子……瑟兮僩兮！赫兮咺兮！"竹子还扮演了改革角色，最明确的证据隐藏在少数中国汉字的形象演化中。

竹子生长迅速，尤其是在具有亚热带气候的中国南部，周朝人热切地收获它并加以利用。到了汉朝，人们用它建房子、造吊桥、做车子和弓箭。要将竹子做成书写材料，需要仔细处理，首先将它削成条形，然后在火上烤干蒸发掉"汗青"，以免腐烂和招来虫子。大部分竹简宽不到0.025米，长0.3米多一点，使得抄写员可以双膝跪地，将它放在腹部和左手之间用于书写。这种受垂青的书写方式是沿窄条形的竹简自上而下书写，这种竖向书写方式在中国一直持续到20世纪50年代。（中国传统从右向左而非从左向右书写的标准，可能起源于书写员将竹简一条一条放在左边，从最右边那条开始依次写起的方式。）将竹简用绳子编连在一起形成一篇长文锻造了汉字"册"，现在它依然意味着"书本"或"书卷"。

在竹简上写错字令写作变得异常耗时，因为一整支制作好的竹简都会被丢弃。为了补救这个问题，中国人发明了书刀。东汉文人李尤写道，一些书刀制作精巧，"黄文错镂，兼勒工名"。汉字的一组词语

"删除"，反映了其词义的起源。第一个汉字"删"，右边的偏旁表明了这个字的大概意思。这个偏旁，看起来就像两条一长一短的竖线，意为"刀"。"删"字左边的部首指的是写作用的竹简。

但是在实际应用中重量、版式和体积成为竹简的软肋。竹简做成的书籍翻看和搬运起来都不太方便，因此它们更多的是存放在精英人士的图书馆里，而不是进入市场流通渠道。如果将《圣经》写在竹简上并一支接一支地展开，会伸展超过 183 米长，可能需要一辆车来运送。在竹简时代，人们夸赞一个知识渊博的人时常用"学富五车"一词，可见通过阅读竹简学习知识不会太轻松。

此外，虽然书刀能够刮掉偶尔在竹简上写错的字，这并不意味着可以大量打草稿，因此创作者，尤其是为宫廷从事写作的人，可能得事先在头脑中把文章创作好，以确保长度正确，而且不能写错字。因此，著名诗人扬雄（公元前 53 年—18 年）描述了自己在皇帝命令下创作一首诗的痛苦：

> 诏令作赋，为之卒暴。思精苦，赋成，遂困倦小卧，梦其五脏出在地，以手收而内之。及觉，病喘悸，大少气，病一岁。由此言之，尽思虑，伤精神也。

当然，这不能完全归咎于竹简，还有许多写在竹简上的著作长达数万字。但当奉皇帝诏令写作，作品需要完美无瑕时，竹简的缺陷就显露无遗了。

183 年，当数千辆车挤撞着争相向太学赶去时，首都洛阳的交通一时瘫痪。四十多块刻有中国典籍的石碑以 U 字形排列，立在太学外面的草地上，关于哪些著作成为中国典籍定本这一长达一个多世纪的争论终结了。成为中国典籍定本的篇章被刻在这些石碑上，长达两

图 5　杨辛写的“乐”字，意为“高兴”。他写的那幅“春”字中，空白占据了纸面的大部分。而这幅字中，大片浓墨遮蔽了页面的中心。这种几乎不受任何压力束缚的笔触，表达了一种欣喜若狂或无拘无束的心境

万多字，这是中国历史上一个里程碑时刻，因为此前只有坟墓和战争纪念馆才能树碑。这些拥挤的人群，无论是步行，还是坐车、骑马而来，都不只是为了一睹这些石碑的风采或试图背下刻在上面的文字，他们还要将这些文字摹写下来。

不到十年，首都洛阳被彻底洗劫，付之一炬，藏书之地当然也在劫难逃。一车又一车的竹简从图书馆被运往遥远的西部。根据官方史书记载，在这一过程中竹简大量丢失，缣帛书籍被用作帐幕或囊袋。书籍的旅程充满了劫难。

肯定书籍的价值，认为它在兵荒马乱中值得搬运，这要归功于从周朝至秦汉以来书籍地位的不断提升。周朝的崛起将书写深深嵌入政府，这个朝代随后分崩离析也提出了怎样治理国家的问题，一批又一批学者前赴后继将建议作为答案写在竹简或木牍上。周朝对中国的贡献在于圣贤辈出，而秦朝通过将整个帝国标准化为统一实体激发了政府机构的书写热情，催生了以竹简书写为基础的庞大官僚体系和统一的文字。最终，汉朝为中国提供了编校者、图书馆学专家和注经家，还丰富了汉语词汇，将汉字增加到将近一万个。此外，还巩固了孔子的地位，从此以后，所有政府官员都要研习他的著作。在这段历史中青铜器以及竹简一直是书写最重要的搭档，在它们的推动下写作不断迈步向前，但写作终将摆脱它们的掌控奔向自己最伟大的恩主——纸。

注　释

1. Li Feng, 'Literacy and the social contexts of writing in the Western Zhou', in *Writing and Literacy in Early China*, ed. Li Feng and David Prager Branner

(Seattle: University of Washington Press,2011), pp.271-301.

2. Alan Chan, 'Laozi', *Stanford Encyclopedia of Philosophy*, 2 May 2013, accessed 20 September 2013, http://plato.stanford.edu/entries/laozi/.

3. Robin D. S. Yates, 'Soldiers, scribes and women: literacy among the lower orders in China', in *Writing and Literacy in Early China*, ed. Li Feng and David Prager Branner (Seattle: University of Washington Press,2011), pp.339-69.

第四章

应运而生

如果我出生在中国，我会成为一个书法家而不是画家。

——巴勃罗·毕加索与中国书法家张仃在 1956 年的谈话

4 世纪中叶，即汉朝灭亡一个半世纪后，书法大师王羲之正在他的书房习字。孩提时代，他说话结巴且含混不清，但是当他长大后，他发现自己在创新方面和学术领域富有天赋；当他将同样的字在条幅上写第二遍时，他不是墨守成规、机械模仿，而是通过书写带有个人特色的欹侧之风的字体[1]，赋予它们新的形态。成年后，他成为政府官员，一度在朝中担任礼部尚书，后来他称病辞官，退隐后居住在浙江绍兴，此处在长江以南不远，是一片沿河的平原地区。

他的七个儿子后来也都成为书法家。王羲之在家养了一些鹅，人们说他在观察鹅曲颈时受到启发。当在纸上运笔时他能够灵活转动手腕，从而创作了中国最具传奇色彩的书法作品。他写字并不仅仅是为了传递知识或记录历史——就像汉朝所做的那样，他写字就是为了书写本身。他的行书，每一个字写起来都是笔尖和纸面若即若离，每一个字都线条流畅，苍劲有力。他在纸面上任意挥洒，不拘传统，就像他在社会生活中所做的一样。

王羲之被尊为书圣，他将书法本身作为追求目标，作为“笔歌墨舞的无声之乐”，书法逐渐为人所知。书写不是简单地将语言从一个人的头脑中写下来传播给更多人的手段，这只会将书写纡尊降贵到只是一种便利的工具；相反，书写这门技艺之所以被珍视凭借的是自身实力。相比硬笔的笔尖，毛笔在表达方面赋予书写者相当大的自由度。汉朝后期兴起了行书和草书，书写者书写这两种字体时，笔尖几乎不离开纸面，也因此拥有前所未有的自由度和灵活度，提升了书写者的艺术水准。10 世纪，一群中国的士大夫甚至走得更远。他们主张绘画（与西方相比，中国的绘画与书法区别没那么大，二者都是用毛笔来完成的）的目的不是再现已经存在的东西，而是表达艺术家自己。这种强调自我表现的观点在中国视觉艺术中始于书法。

王羲之的书桌上定然摆满了书写用的文具：象牙或竹子雕刻的臂搁、石印、玉石笔洗、桦木或瓷器笔筒、玉石镇纸、笔架和四川产的书刀。在林林总总的文具中有四样对他来说不可或缺：笔、墨、纸、砚。文房四宝是古老中华文明传统写作活动的象征，王羲之这样描述它们之间的关系：

> 夫纸者，阵也；笔者，刀矟也；墨者，鍪甲也；水砚者，城池也；心意者，将军也。[2]

与中国其他学者一样，王羲之珍爱文房四宝是因为它们令人倾心。有一套盛放在竹盒中的文房四宝，从两千多年前流传至今，足见其历史悠久。到2世纪，政府每月都向高级官员供应笔墨。一个世纪以后，任命皇太子的盛典都少不了文房四宝。文具对中国的士大夫、政府官员和统治者来说是必不可少的工具。对政府官员来说，只有如簧巧舌才被认为与生花妙笔同等重要，东汉学者王充写道："智能满胸之人，宜在王阙，须三寸之舌，一尺之笔，然后自动。"

王羲之用的墨由燃烧松木产生的烟灰制成。在5世纪的制作方法中，青松木的烟灰捣细后还要经细绢过筛。王羲之可能会在烟灰中再加入用鱼骨熬的胶水，目的是充分融合烟灰。松木烟灰和胶是制墨的基本原料，后来油烟墨（用动物、植物或矿物油做成）变得更加流行。为制作上好的墨，要在每一斤烟灰中加入五两胶搅拌，然后再分别加入五个鸡蛋的蛋清、细筛过的朱砂和麝香各一两。还可以添加珍珠粉、桂皮和猪胆等贵重成分，它们可以使墨在纸面上干透后更有光泽。混合调匀的原料会被放在铁制的臼中不停杵捣至少三万次，直到成为干硬的泥状。王羲之可能会使用重二到三两的墨锭书写，它们通常是纯黑的，像玉一样坚硬，像漆器一样光彩夺目，可能还会散发出香味。

墨在中国受到特殊推崇。英国汉学家李约瑟（Joseph Needham，他可能是在书写中国方面着墨最多的西方人）在他的《中国科学技术史》（*Science and Civilisation in China*）中评论说，中国文献记载了数百位墨工的名字，而中华帝国的造纸匠或印刷工却几乎没有人留下名字。在西方历史上，墨以印度墨为名逐渐为人所知，古罗马历史学家老普林尼（Pliny the Elder）对此赞誉有加。然而，考虑到以下几点：在中国发现的前基督教时代用墨书写的作品数量；古老的梵文文献对书写表达出的模棱两可（或者完全嘲讽）的态度；在公元前几个世纪和1世纪时，中国商品通常途经印度运至欧洲，墨更像是一项中国发明。

墨的寿命是以月来衡量的，而书房中第三样宝贝——砚台却可以代代相传。（文人墨客甚至给有特色的砚台取了形象的名字，比如“猕猴捧桃”和“丹凤朝阳”。[3]）王羲之会将清水注入砚台的水槽，然后在砚中间的磨墨池研磨墨锭，墨在水中溶解逐渐呈黏稠状。当一汪浓稠的墨出现在砚台上时，王羲之就会拿起笔。

> 削文竹以为管，
> 加漆丝之缠束。[4]

这是对毛笔笔杆的描写，中国人从公元前4000年到公元前3000年起就开始用毛笔在陶器上勾勒花纹。笔毫最初的原料是鸡、鹅或雉鸟的羽毛，羊毫，猪鬃或虎毫，可能还包括人的胡须。甚至有一些古代文献记载，用新生儿的头发做笔毫。到公元前3世纪，兔毛成了做笔尖的重要原料，笔尖内里是一束短毛，外面用长而坚硬的毛包裹起来。

在砚台上研磨墨锭，然后将毛笔蘸上研磨后形成的墨，这在王羲之生活的时代没有什么新奇的，人们可能在五百年前就这么做了。但是自王羲之时代起，写作者和书法家大量增加，他们在日常实践中为书写这门艺术增添了有技术含量的新文具。当王羲之拿起饱含墨汁而笔尖坚挺的毛笔时，他会将字写在书房的第四样宝贝——纸上。

纸的踪迹开始于在中华大地出土的少量零星残片。在公元前最后几个世纪，一种厚的丝织品被用作书写材料，并在它的基础上产生了另一种用桑蚕丝下脚料做的缣帛。这种新的书写材料被称为“赫蹏”。

图 6　浸解：在中国中部，蒸煮竹纤维是造纸流程中的一个环节。盛有竹料和水的大桶下面是燃烧着熊熊火苗的灶膛。这种“蒸汽浴”（照片拍摄者在日记中如此描述）能够将竹子煮软，有利于竹纤维分解。这张照片由罗马天主教传教士南怀谦（Leone Nani）拍摄于 20 世纪初，这张非同寻常的照片展现了他 1904—1914 年在中国农村地区所看到的景象。南怀谦在华期间，统治中国的帝国（这一体系在两千多年前建起，同纸出现的时代几乎处于同一时期）最终灭亡（版权所属：宗座米兰外方传教会档案馆）

“赫蹏”是由动物纤维制成的，它可算纸的近亲，但绝对不是纸，因为严格来讲，它不是用木本或草本植物的纤维做成的，也没有经过浸解这个流程。以植物为制作原料是纸的第一个明确特性，但是“纸”的中国汉字却不是来源于纸本身的特性，而是来自丝。“纸”这个字的左半边是一个意为“丝”的偏旁，偏旁是汉字意思的指示者。在这个例子中，它看上去像是底部画线的大写字母 E，这个汉字右边的部分只是用来表音。这个中国汉字就是“纸”，它的声调先落后起，就像一个翻转的斗笠。

与丝织品的混淆让纸的早期历史变得扑朔迷离，但是“纸”这个字似乎从来都只是用来表示“纸”。[5]在王朝的官方史书记载中，纸和丝都作为书写材料出现过。公元前 12 年，汉成帝的皇后、能歌善舞的赵飞燕给一个刚为皇帝生了儿子的宫女在赫蹏上写了一封信。(这封信要求这名宫女自杀，那个新生的男婴后来被杀。) 公元前 93 年，当太子去见就快驾崩的父亲汉武帝时，皇帝的特务头目江充建议太子用一张纸遮蔽住鼻子，因为“上恶大鼻”。在学者许慎于 100 年前后编写的《说文解字》中，“纸”被描述为“絮一苫也”，这种清晰描述表明“纸”这个字不表示丝织品。文房四宝至此进入官方词典。

1975 年，在中国湖北省云梦县睡虎地发掘了一个坟墓。它可以追溯到公元前 3 世纪，在其中发现的秦简中，“纸”这个字在历史上第一次露面。

> 人毋故而发挢，若虫及须眉，是是恙气处之，乃煮贲屦以纸，即止矣。[6]

在同一个世纪，一个奔马雕塑被安置在中国南部的一个坟墓中，马背上驮着的东西是被宣称为世界上已知最古老的纸残片，虽然它的年代从没有被独立测验过。大部分发掘出的纸片属于公元前 2 世纪到公元前 1 世纪，它们大都出土于中国西北部，那里干旱的气候使古代垃圾场到了现代成为文物陈列馆。其中一些纸片是包装用的，它们褶皱的表面写有所包裹中药的名字。

纸碎片首次出土是在贫困和偏远的中国西北部，而不是在黄河和长江流域的富庶城市附近，这不是巧合。竹简和缣帛是富人用的书写材料，地位尊贵，完全配得上生活在中国东部和中部的贵族、高官、诗人和皇帝的毛笔。而纸只是一种便宜物件，只有那些买不起竹简的人才会用。竹简在很久之前就已经和书写密不可分，并逐渐取得高贵地位。况且，尽管竹子在广袤的中国大地多有生长，但在中国最远的北部或西北不适合种植。另外，气候干旱的西北部比湿润的南部更适合保存纸。

纸的发明很可能出于偶然。例如，根据从 3 世纪起留下的历史记录，为重新利用旧的丝织品，浣洗妇人会先将它们进行清洗，洗完后，再花二三十天漂白。用这种方式处理旧丝织品在公元前 3 世纪和公元前 4 世纪就已经很普遍了。洗净漂白的旧丝织品在平坦之处晾晒久了，会形成平滑的薄片，可以拿来做上好的书写材料。许多中国学者和显贵此前很久就在缣帛上写字作画，因此这种新发明在当时看起来并非重大革新。不过由于缺乏证据，这只是推测。也可能是寻求出售新奇珍品的商人发明了纸，用它制作装饰品、服装、家具、窗户、风筝、打扫用具、模型或玩具。在一个不乏能工巧匠和写作者的国度，纸可能被重复发明了好多次。如今，没有历史学家认定纸是作为书写材料被发明的，但纸张第一次被用于书写的意义远大于它被发明出来的那一刻。历史学家至少向我们提供了一位象征性人物去回顾纸的历史。将纸放在毛笔下写字并不是蔡伦的主意，但可能是蔡伦和他效劳的皇后在历史上首次意识到纸的这一潜能。历史公正地确认了他们对普及纸所做的贡献。

蔡伦于 1 世纪晚期成长于耒阳——位于中国长江以南，是湖南省的一个小城。从公元前 4 世纪起，随着成群结队的汉族人迁移到湖南砍伐森林、开垦田地、种植水稻，那儿成为汉族的移民中心。

蔡伦作为政府官员在 75 年之后平步青云，这一年他入宫为宦官，这项工作的一部分职能是当皇室成员的内侍管家。他在汉和帝登基两年后成为皇帝的私人顾问，之后出任尚方令（置办和掌管宫廷器物），管理帝国工匠，负责制造家具、刀剑和其他皇室所用诸器物。正是在这个时期，他开始研究如何高效率地造纸。

在89年或90年，汉和帝视察了洛阳的国家图书馆，在此碰到了蔡伦——一个在先帝当政晚期入宫的太监。[7]后来，一位学者被召入宫，这名学者对于图书有异乎寻常的热情，命令各郡国向皇帝进贡纸，很难想象他们没有讨论过将造纸这项技术和书写融合起来。97年，蔡伦成为宫廷作坊的头目，并提议对乐器和武器重新设计。皇帝看到帝国图书馆混乱不堪，竹简木牍杂乱成堆，书籍内容混乱不清，他要求蔡伦深入研究并仔细整理。但是蔡伦需要一种更合适的书写材料做记录。

蔡伦成长的南部温暖小城耒阳气候湿润，比干旱的北方更适合造纸。苎麻是一种东亚本土的荨麻科植物，在湖南北部十分常见，如今棉纺厂在纺织过程中产生的苎麻下脚料依然用来造纸。在蔡伦出生以前，苎麻就用来制作布料，可能是像苎麻这类植物纤维的毡合（毡合是指将纤维捣碎，紧压和凝结的处理过程）过程使蔡伦想到可以将它用于造纸。在蔡伦生活的时代，当地人会用楮树皮做衣服、毯子和包装材料。通过加水，树皮可以被捶打成原来的十倍大，碎片可以首尾相连地黏结在一起，形成像纸一样的平面。一个工人一天只能生产出两到三张这样的平面——这是一项费时费力的工作。

蔡伦认为毡合比捶打高效。他创制了一种植物纤维纸，原料繁多：桑树皮、大麻、破布、亚麻、旧衣服和渔网。虽然蔡伦最开始造纸时利用了他南方老家随处可见的楮树，但此后，为数众多的树皮、植物的韧皮纤维、草和其他植物纤维都被用来造纸，仅举几例：桑树、竹子、苎麻、大麻、稻草、卷心菜的茎、蓟、金丝桃、草皮、锦葵、椴树皮、玉米苞叶、金雀花、松果、马铃薯、芦苇、七叶树树叶、胡桃树皮和黄麻等。

蔡伦将树皮、大麻、破布和亚麻用水浸泡，很可能会再加以漂白，然后将这些原料捣碎加水后做成纸浆，这很快成为造纸过程中盛行的浸解手法（在水中浸泡纤维成为纸浆的过程）。将一片纱布绷紧固定在竹子框架上做成抄纸器，把它插入纸浆再提起滤水后便得到一张纸，将纸揭起晒干后即可使用。可见，造纸有两个关键因素：它的原料必须是植物纤维，必须经过浸解这一流程。其他地区的一些书写材料，工序看起来相似，实质却不同。例如，中美洲的造“纸”术，诞生时间不晚于5世纪，可能还要早数个世纪。虽然也是将原料放在水中浸泡备用，但是中美洲人浸泡原料是为了便于捶打并缠结成片，而不是为了做成纸浆。只有后者才是真正的浸解，这是极端重要而又难以逾越的技术界限——与波利尼西亚人后来用的书写材料类似，中美洲人写字用的“阿玛特”表面粗糙，不适合快速、复杂和全面的书写。在西班牙征服者到达新世界以后，西班牙国王的宫廷医生弗朗西斯科·埃尔南德斯·托莱多（Francisco Hernández de Toledo，1514—1587年）准确指出，与表面平滑的欧洲纸相比，“阿玛特”质量低劣。蔡伦生产的纸，不仅适合书写，而且生产效率也很高。同一个工人通过捶打树皮一天只能生产两到三张纸，但是用蔡伦的方法一天却可以制造两千张纸。如果说蔡伦是使得纸广泛应用于书写具有可行性的工程师，那高瞻远瞩的邓皇后则是促进纸和书写结合的媒人。

邓绥是汉朝太傅高密侯邓禹的孙女。她于81年出生在南阳的养牛之乡。据官方传记记载，她六岁就开始读《尚书》，十二岁时读《诗经》和《论语》。她的母亲批评她不管居家之事后，她白天做家务，夜里则读书不倦，被家人称为“诸生”。父亲认为邓绥比任何一个兄弟都要出色，经常同她商议事情。她甚至还得到了超自然力量的赞许：一个相面术士告诉邓绥，她脸部的骨相同传说中的商王朝创建者汤是一样的。

95年，她进入后宫，并成为后宫中姿色最出众的女子之一。热忱的汉朝历史学家写道，邓绥身高七尺二寸，谦恭端庄，每次参加宴会都衣着朴素。她深得汉和帝宠幸，当和帝的皇后于102年被废黜后，邓绥被皇帝选中成为母仪天下的皇后。

106年的中国处于财政危机中，汉和帝驾崩，邓绥临朝听政，她在接下来的十五年中是中华帝国的实际掌权人，当然她面临着明显的权力挑战，因为女性最高统治者在中华帝国很罕见。她两次打开帝国粮仓赈济饥民，兴修水利，削减皇家祭祀大典的名目并俭省膳食。她一天只吃一餐，减少宫廷御马的食料，削减了侯爵封地收益，削减了土木营造，裁撤官署，削减官爵。她平定了西部和南部的严重叛乱，治理了帝国多个地区的洪水、旱灾、冰雹和风暴。她在政治谋略方面拥有特殊天资，不过她的遗产首先是在艺术领域。她始终保持了书卷气，反对陈腐的官方教学方式。她注重提拔“方正”“敦朴”“仁贤”之士。即使作为太后，她依然保持了对儒家典籍、历史、数学和天文学的兴趣。她甚至命令邓氏家族约七十名成员和皇室成员一起学习经史，并亲自监督他们的考试。她在统治期间赞助的一项主要事业是校订五经，她选定蔡伦在藏书阁监督这项工作的进行。藏书阁位于帝国宫殿的东观。

114年，邓太后裁撤了蔡伦所领导的部门后，给他加官晋爵并赐予封地。蔡伦成了邓绥的私人顾问，而且可能为她管理家务事。根据《资治通鉴》（这本书多达二百多万字，记载了跨越中国近14个世纪的历史）记载，邓绥拒绝了当时四方郡国（例如，今天的中国西南地区，越南和朝鲜）的其他各种贡品，要求它们每年只进贡笔墨就可以。官方的《后汉书》也记载了此事。（另有史料记载，3 世纪以后东南亚开始向中国进贡纸。[8]）

她鼓励蔡伦进行造纸实验，资助他的研究工作，密切关注相关进展。当蔡伦取得成功后，邓绥在宫廷中推广“蔡侯纸”，这标志着纸在帝国高层的第一次露面。在此之前，用纸写字被认为有损精英人士的尊严。（例如，现存的一封写于邓绥去世后几十年的信件中，一名官员对于用纸写信向对方表示歉意。）

蔡伦通过仔细钻研和一系列实验改进了纸的质量；他的前辈没有制造出如此适合笔墨的书写材料。在蔡伦和邓绥所做工作的基础上，9 世纪，中华帝国在首都长安建起隶属于皇家图书馆的造纸厂。这个造纸厂在四个造纸专家组成的委员会（有一些历史学家将它比作行会）的指导下生产。

邓绥在 121 年去世，这一年，蔡伦的纸获得官方认可，虽然政府在以后几十年中继续使用竹简，但纸的应用愈发广泛。邓绥去世后，她在朝廷上的对手迫害了她的家人及亲属，指控他们谋反，还令蔡伦接受廷尉传讯。蔡伦沐浴后穿上朝服，饮毒药自尽。

蔡伦的遗产是一种新型纸，造纸原料采用的是遍及中国南北、生长迅速的多种植物。在 2 世纪余下的时日，纸的质量不断改进，价格逐渐下降。纸在历史上第一次成为被广泛运用的书写材料要感谢蔡伦的工艺和邓绥的先见之明。

纸还需要同竹简的稳固地位竞争。竹简毕竟同中国最受崇敬的写作——从典籍到政府历史记载再到个人诗文写作——密不可分。竹简的特有形状（将竹子削成长条形）很优雅地符合文学习俗，从而滋生了纸并不适合严肃书写的意识。在同一历史时期，人们认为缣帛是一种更加可敬的书写材料，部分是因为它质量好，与精英人士的生活息息相关。在蔡伦改进纸二十年后，学者崔瑗在一封写给友人葛龚的信

（无疑是由首创于周朝的政府邮政系统递送的）中说道："并送《许子》十卷，贫不及素，但以纸耳。"

在190年汉朝首都迁回长安以后，这个王朝的最后三十年混乱无序，前景难测。政治和社会秩序的瓦解给纸带来了巨大机会：它引导精英再次质疑这个朝代的根基，包括它的正统儒家信仰。在极端混乱的社会状况下，以竹简和缣帛为基础的书写体系很难维持，这一体系被书写的传统习惯（遵循简洁又语焉不详的书写方式）和汉朝的政治秩序所束缚。竹简数百年来被天然地等同于它表面的书写内容所呈现的价值，然而，就其尺寸来说，它限制了作者表达内容的篇幅。另外，在社会动荡时期，收藏竹简文献的藏书阁易受攻击，而且想要妥善运输书籍也很困难。

然而，与竹简相比，纸易于生产，能容纳更多文字；用途的多样性减少了它书写体例方面的限制，增加了自由发挥的余地。纸是一张张空白页面，它允许作者无拘束地书写，如其所愿地充分表达自己的感情和思想。作者能比以前更多次地修改草稿。他甚至能够把单张的纸折叠成数页，然后将一部长篇作品写在这张纸上。总之，纸能使作者恪守叙述准绳，紧紧抓住写作主线，令中心点贯穿文章始终，当然不是说作者以前无法做到这些，但是纸能将这一切都更为迅捷地呈现在作者眼前。作者不必事先在大脑中把所有文字都筹划好，他有更多空间更细腻地去表达感情，并且可以探索新的书写体例。纸让他对作品有了更大的掌控力。

纸能够使朋友之间超越空间的限制进行交流。在纸与竹简并用的年代，知识分子继续用竹简书写正式的政府公文，但是他们在给别人写信时最开始是用竹简和木牍，从2世纪初期起开始用纸（由于书信这种文体在文学史上地位平凡，这种转变相当顺利，而被奉为圭臬的《论语》并没有用纸书写）。一些2世纪的用纸书写的信件中，很多知识分子惊叹于能够以这种方式如此容易（而且便宜）地与相隔千里的朋友交流。生活在2世纪的马融和窦章，就是这样两位好友，虽然相隔两地，他们却通过频传书信保持密切友谊。官方的《后汉书》记载了他们的交流：

> 融集与窦伯向书曰："孟陵奴来，赐书，见手迹，欢喜何量见于面也。"

对于像马融和窦章这样的士大夫，纸有助于他们同其他艺术家和学者进行更便捷、更深入的交流，因为他们阅读和撰写文章更加容易。纸推动书写者发出更加独立的声音，写出更多字数，它还帮助他们聆听到更多其他书写者的声音，即使他们远在数百里之外。据官方史书《晋书》记载，著名文学家陆机（261—303年）因很久没有收到家书感到不安，陆机问他养的狗"黄耳"能否为他送信，"黄耳"边摇尾巴边吠叫以示回应。陆机于是将信放入竹筒中系在"黄耳"脖子上，后来，他惊喜地发现"黄耳"带着回信从他的家乡凯旋。《晋书》大胆宣称，陆机用狗送信"其后因以为常"[9]。

紧随书信出现在纸上的是赋，这两种文体在东汉灭亡后都变得欣欣向荣。此时纸已赢得儒家典籍的青睐，不过在这之前纸已将不那么高贵的题材拖入文学的聚光灯下，使得一度被认为并不高雅的作品赢得了新的赏识，其中包括不那么传统的诗文体裁，人们发现这种不太严肃的体裁更加具有表现力。

虽然2世纪起，纸本书籍就越来越流行，不过纸相对于竹简的优势从3世纪中期才开始体现，因为规模化生产降低了它的成本，有助于它社会地位的提升。即使蔡伦所发明的纸的价格还有大幅下降的余地，当时已经显出相对于竹简的成本优势。当然，学者和政府官员早在 2 世纪就已经使用了纸，尤其是在写作私人性质的文章时，这大概是因为他们要自己出资购买用于书写这种文章的媒介。在 3 世纪早期，就有了纸成为政府官员文具事例的相关记载。由此可见，在蔡伦和邓绥去世后一个多世纪，中国便已经进入纸时代。

4 世纪，伴随王羲之的成长，中国形成了一种纸文化。正是在这种文化中，他得以学习技艺。353 年，这位书法家五十岁，他邀请了四十一位包括诗人和书法家在内的朋友，在绍兴的兰亭参加年度春季消灾仪式（举行洗濯祭礼以祛病祈福）。这群人坐在亭子旁边的溪水畔，洗濯自己以免除厄运。仆人们将装满酒的小荷叶杯放入溪水，杯子顺着水流的方向朝他们漂来。当杯子停下时，面前的宾客要么喝了这杯酒，要么就写一首诗。到这天结束时，王羲之和他的朋友总共作了三十七首诗。

王羲之决定写诗时已经半醉。他拿起用鼠须做的毛笔，在缣帛上泼墨写下《兰亭集序》，从此行书作为流畅、飘逸的字体流行开来。王羲之创造了一种有韵律的字体流派。这是他最出色的得意之作，到现在也依然被视为中国历史上最优秀的书法作品。这幅作品问世后，对它的研究就没有停止；尽管从 7 世纪中叶起，对它的研究要靠摹本，因为原作已经不存于世。王羲之随后又写了超过一百幅《兰亭集序》，但是没有一幅比得上原作雅致、有生气。在流传了数百年后，唐太宗李世民最终通过诡计得到了《兰亭集序》，649 年他去世时作为陪葬品埋入墓地。

纸和书写的成功结合对于知识的传播具有孕育作用。到了 4 世纪，书卷再也不像以前那样是奢侈品了，它的平价使得人们对纸本书籍司空见惯。伴随着这种转变，知识不再被精英阶层所垄断；随着知识的释放，纸迎来令人惊叹的大规模生产。语言史学家顾立雅（Herrlee Creel）估计，从公元前1500—前1000年，即书写在中国充分发展起到18世纪中叶止，在中国出版的书籍数量超过世界其他地区所有语种的书籍总和。[10]这个帝国的辽阔疆域和好学之风是原因之一，但是，若没有纸的兴起，这不会成为现实。

王羲之去世后，他的很多幅书法作品作为随葬品埋入坟墓。他写下的文字是他留下的最大遗产。他通过毛笔字的形体和特性来表达文字的意义，从某种意义上讲，就如同辞典能给文字释义一般。中国书法将文字的意义和书写者的心境相融合，这标志着书写者的地位不断提高——他们再也不仅仅是一个抄写员。王羲之的书法饱含热情，别具一格，略带忧伤，他当之无愧是新的纸时代的奠基者之一。

注　释

1. Gordon Barrass, *The Art of Calligraphy in Modern China* (Berkeley and Los Angeles: University of California Press, 2002), p.20.
2. Tsuen-Hsuin Tsien, *Written on Bamboo and Silk* (Chicago and London: University of Chicago Press, 2004).
3. Richard Kurt Kraus, *Brushes With Power: Modern Politics and the Chinese Art of Calligraphy* (Berkeley and Los Angeles: University of California Press,1991), p.41.
4. Tsuen-Hsuin Tsien, *Collected Writings on Chinese Culture* (Hong Kong: The Chinese University of Hong Kong,2011), p.54.
5. 6. Tsuen-Hsuin Tsien, *Written on Bamboo and Silk*, op. cit., p.145.
7. 从周朝起，太监就是中国宫廷生活的重要元素。他们通常在年幼时就被强制阉割，从而可以在宫廷中为皇室服务。他们有可能被提升至手握重权的职位，官方史书通常将他们描述为反面人物。

8．Tsuen-Hsuin Tsien, *Written on Bamboo and Silk*，op. cit., p.152.

9．转引自 Antje Richter, *Letters and Epistolary Culture in Early Medieval China* (Seattle: University of Washington Press,2013), p.31。

10．Herrlee Creel, *Studies in Early Chinese Culture* (London: Johnson Press,1938).

第五章

敦煌经卷

我不喜欢卷成筒的手稿，它们中的一些很沉闷，还被时间所玷污，就好像天使长的号角。[1]

——奥西普·曼德尔施塔姆（Osip Mandelstam）：

《埃及邮票》

1907年，在中国偏远的西北部，一个道士和一个匈牙利考古学家最终揭开了中国纸时代最初几个世纪的秘密。

七年前，这个名为王圆箓的道士无意间发现了一个密封洞窟的入口。他发现洞窟中有很多卷古老的字画，王圆箓从中拿了几卷送给当地县令严泽，但严泽没有认识到它们的价值。三年后，新任的县令造访了王圆箓发现的洞窟并带走一些经卷，但他只是建议王圆箓保管好这一洞窟，并没有做更多事情。王圆箓多次努力试图获得更多资助来保存这些经卷，但都无果而终。

1907年，考古学家奥莱尔·斯坦因（Aurel Stein）在翻译的陪同下到达敦煌，与王圆箓结识，二人成为朋友。斯坦因曾作为大学教授、考古学家和语言文献学家在南亚和中亚工作了将近二十年。当王圆箓最终带斯坦因和他的翻译进入洞窟后，斯坦因努力抑制自己的惊愕：

> 这个道士在昏暗的油灯光线下展现的景象让我大吃一惊。地面上堆满了杂乱无章、层层叠叠的经卷，这些密密麻麻的手写经卷足有三米多高，随后的测量显示，它们占据的空间达 14 立方米。[2]

展现在他面前的是超过四万两千份经卷，堆积成垛靠在墙上，它们大部分都是纸本。超过三万卷是佛经和伪经，其中也有道教和儒家典籍，还有一些哲学家的宣传册子。（伪经通常是指真经以外的经文，不过佛教典籍比较开放，被称为伪经是因为它们谎称是从印度真经翻译而来。）其中还有一些短篇故事、商业合同、诗文、历书和政府文件。斯坦因进入的是佛教和公元 1 千纪的中国最伟大的时间储藏室。这个洞窟从 1056 年起就被封闭了，原因不得而知。斯坦因就这样与证实纸的第一次大繁荣的堆积如山的证据正面相遇。

1862 年，马尔克·奥莱尔·斯坦因出生在一个匈牙利犹太家庭，受洗为路德会教友，马尔克·奥莱尔（Marc Aurel）这个名字取自马可·奥勒留（Marcus Aurelius），很明显是在向这位古罗马皇帝的宗教宽容政策致敬。[3] 他家住佩斯（佩斯 1873 年才与布达正式合并），离多瑙河咫尺之遥，当地犹太人把那里发展成了中产阶级住宅区。他的父亲内森在 1848—1849 年参加了独立战争，不过斯坦因的未来更多跟他的伯父伊格纳茨有关。

伊格纳茨·希尔赫施勒（Ignac Hircschler）是一个古典学者，是匈牙利犹太人委员会主席，还是布达佩斯的第一个眼科医生。虽然没有取过匈牙利语名字，但是作为启蒙运动中乐观的理想主义者，他强烈主张生活在匈牙利的犹太人必须通过同化融入该国。布达佩斯横跨多瑙河两岸，但布达拥有古老的城堡和保守主义特质，而商业、民族主义和匈牙利科学院则属于佩斯。伊格纳茨的世界大同思想、学识和理想主义感染了他年轻的侄子斯坦因。

十岁时，家人将斯坦因送到德累斯顿（Dresden）学习德语，此前，斯坦因已经学习过拉丁语、希腊语和他最喜欢的匈牙利语。在德累斯顿孤单成长的他热切阅读有关亚历山大大帝的书籍。亚历山大大帝在公元前4世纪将希腊文化传播到了亚洲。1887年，他返回已经合并成一个城市的布达佩斯学习东方语言，后来他拿到奖学金得以赴欧洲多国学习。他的求学足迹遍及图宾根、维也纳、剑桥、牛津和伦敦。在大英博物馆，他研究了波斯和中亚的钱币，并决心搞清楚印度、中国、伊朗和西方在古代是如何发生冲突和相互影响的。

在拉合尔、克什米尔和加尔各答作为语言文献学家工作了十年（1888—1899年）后，求知欲将他引领到中亚。此时，他要感谢自己于1885年在布达军队中的服役经历，他在军中学会的地形测量终于派上了用场，因为在考古探险生涯中，他必须要在地图上标记路线和各种发现。在中亚，斯坦因有了重大发现，这一发现讲述了纸的第一次宗教性兴盛，这个故事在别处是见不到的。

并非只有斯坦因寻求在中亚发掘宝藏，德国考古学家阿尔伯特·冯·勒柯克（Albert von le Coq）展开探险活动的消息激发了斯坦因异乎寻常的斗志。1903年，冯·勒柯克打算前往中国西部的一个绿洲城镇敦煌。他出身于德国的富贵之家，代表柏林民族人类学博物馆展开探险活动。他对敦煌的兴趣源于一个令人向往的传言：在这个城镇的某个地方隐藏着一个满是古代手稿的宝库。然而，冯·勒柯克却被派往喀什——位于敦煌以西两座山脉交会的隘口。虽然斯坦因对那个宝藏传言一无所知，但当他听说冯·勒柯克计划有变时，便决定去敦煌。他这么做无疑是希望能赶在别人之前找到藏在那儿的珍宝，无论它们是什么。

1906年4月，斯坦因到达莎车，他在喀什雇了一个当地的翻译和一个勘测员，买了八头骆驼和十二头骡子，另外还有一匹被他取名为“巴达赫尚尼”的马。他随身携带的护照上盖有印度政府“高级官员”的印章。这虽然不是斯坦因在这个地区展开的第一次旅程，但是他所面临的最严酷的磨难即将到来。1908年，在海拔6096米的地方探寻和阗河源头时，他遭遇恶劣天气，导致右脚严重冻伤。为了去最近的医院治疗，他不得不下山奔赴印度最北部的列城地区，在那儿将右脚所有脚趾切除。

到了1906年10月，斯坦因的牲口死了五头，而且他获悉一个名为伯希和（Paul Pelliot）的法国探险家已经到了喀什，并且目标也是敦煌。一场竞赛开始了，虽然没人知道摆在前方的奖品到底是什么。斯坦因开始穿越沙漠，不过他一直没有碰到那两位来自法国和德国的探险家。在古楼兰遗址，他给科珀斯克里斯蒂学院的院长珀西·斯塔福德·艾伦（Percy Stafford Allen）写了一封信，讲述了自己如何启程穿越沙漠。他们二人是通信三十多年的老友。他告诉艾伦，他从喀什以东434公里的和阗开始这次旅程，“在这场从和阗开始的一千六百多公里的竞赛中，到目前为止，我处在领先地位”。

在楼兰废墟，斯坦因发现了写在白色丝绸残片上的文字。这是用佉卢文写的，这种文字从公元前3世纪到3世纪流行于南亚最北部。这一残片比现存任何写在纸上的手稿都要年代久远，因此成为丝绸比纸更早用于书写的第一份证据。他同时也发掘出一个纸残片，上面写有一种无法辨认的文字，有点像阿拉米文字，但是斯坦因没能当场辨认出到底是什么文字。

斯坦因在去往敦煌途中发现了更多罕见的珍品。在楼兰以东约八百多公里的米兰古城（3世纪被废弃）中的一处绿洲遗址中，斯坦因发现了一个用灰泥做的塑像的头部，它的宽度为0.43米，还有一幅绘有经典希腊天使形象的壁画。这是在方圆数百公里内最东部发现的犍陀罗（Gandharan）艺术品，是一种在公元前最后几个世纪和1—6世纪盛行的希腊式佛教风格艺术。同时，他认出其中一个艺术家写在壁画上的名字。这个名字是蒂塔（Tita），它是从罗马名字提图斯（Titus）演化而来，这是罗马影响力超乎想象之远的证据。

他和随从人员从米兰继续向前，多半是在沙漠中穿行，走了十七天后终于到达敦煌。斯坦因写道，这一路出现的仅有的人类痕迹是偶尔见到的散乱白骨。

一到敦煌，斯坦因就出城去了千佛洞并进入精美的洞窟。在壁画中，犍陀罗和中国风格的佛像结跏趺坐，穿着赭色衣服，衬以绿色、浅蓝和浅紫色的背景，其中有些壁画作于一千五百年前。此时，斯坦因在敦煌获悉了冯·勒柯克几年前听到的那个传言。

当斯坦因到来时，敦煌圣地的看守人王圆箓正在这片绿洲周围开展他的定期化缘之旅。王圆箓不在，斯坦因进不了佛龛，便调头返回沙漠。在之前的旅程中，他在沙漠中看到了一些约有两千年历史的碉楼。当他再次探索这儿时，他发现了公元前1世纪的写在木牍上的文字，其中一些是驻扎在这附近的要塞中患病士兵的名单。他还发现了八封折叠起来的信件，这些信件的字体同在楼兰发现的纸残片上的字体一样。他后来发现，这是失传的粟特（Sogdiana）语。粟特是波斯帝国一个幅员辽阔的省份。

回到敦煌，斯坦因见到了王圆箓，这个身材矮小的士兵退役后在敦煌做了道士。19世纪90年代王圆箓来到敦煌，花费时日对千佛洞进行清理、修复并重绘壁画，他通过周游募捐来资助这一修复工程。

斯坦因从他们接连不断的谈话中得知，王圆箓非常钦佩玄奘，这位7世纪的佛教高僧，跋涉四千多公里从印度取来经卷。一天晚上，斯坦因在跟王圆箓愉快地讨论玄奘之后，斯坦因的翻译拿着王圆箓给的几捆经卷出现在斯坦因的帐篷中。据王圆箓说，这其中的一些经卷就是玄奘亲自从印度取回来的。即使事先听闻如此惊人的说法，斯坦因还是没有对洞窟中的藏品做好心理准备。在他拿到的手稿中，有三百八十卷标有写作日期，为406—995年之物；还有很多并没有标明日期的卷子，后来证实它们更加古老，大约写于3—4世纪。大部分手稿是用汉字书写的，还有一些是粟特语、梵语、东伊朗语、回鹘语和藏语写本。共有二十多种语言呈现在这个佛窟中的手稿堆里，其中一些语言，比如和阗塞语，以前不为人知。此外，还有在缣帛、亚麻布和旗幡上精心绘制的图画，更多的图画是画在纸上的。

经卷可谓包罗万象：这里面有道教典籍、佛经、景教文献，甚至还有犹太教经典；有商业借贷凭证、军事通行证、医疗记录、账目、政府未履行职责的相关记录；还有人口调查结果、信件和民间故事。

王圆箓答应让斯坦因研究这些手稿，前提是他离开中国前不能让其他人知道这件事。连续七天晚上，在夜幕掩盖下，斯坦因的翻译将几捆手稿拿到他的帐篷中。与此同时，王圆箓在敦煌巡游以确定没有关于他们活动的传言散布出去。在确定斯坦因没有向敦煌其他人泄露关于佛窟的秘密后，王圆箓表示满意。他巡游回来后，同意向斯坦因转让二十多捆手稿。斯坦因指着一幅描绘玄奘从南亚次大陆取回真经的壁画告诉王圆箓，在玄奘取经13个世纪以后的今天，他会将这些经卷归还印度。

王圆箓总共卖给斯坦因七大箱经卷，包括一万多卷手稿和五箱画作、刺绣及其他物品，作为回报王圆箓收到了三百两银子。在那个年代，这相当于大概200美元或75英镑。[4]在斯坦因有所发现后，接下来几年，其他考古学家争相模仿他。1910年，法国历史学家兼考古学家伯希和花了五百两银子（约340美元）买了六千份手稿。这些来自敦煌佛窟里的手稿现在存放于伦敦、德里、巴黎、圣彼得堡、布达佩斯、东京和北京的博物馆中。最终，斯坦因在中国成为被憎恨的人物，他被描述为强盗和小偷。王圆箓在跟斯坦因做交易时，当然要价过低，但是即使承认斯坦因是个窃贼，也不能忽视他帮助保存中国历史这一点。虽然王圆箓发现了这些经卷，甚至确定了它们的大致年代，但斯坦因是第一个意识到它们的重要价值的人。

由于数量太多，斯坦因无法将他看中的所有手稿都带走，即使是这样，他从敦煌运走的手稿数量也相当惊人。他购买的第一批手稿于1909年运抵伦敦。1920年，斯坦因藏品的五分之三被运抵印度，按照他最初的承诺，它们现在被新德里国家博物馆收藏。斯坦因的考察活动主要由印度政府资助，此外大英博物馆也提供了部分资金。因此，他的探险所得也相应归属两地。

在分割之前，斯坦因的藏品包括两万多件中国手稿，其中一万四千件来自敦煌，大约四千件是木牍，还有来自敦煌以外遗址的五千多份纸残片。另外，还有一批元代纸币，就是马可·波罗声称见过其印制过程的那种。在敦煌发现的藏品展示了中国书写文化的博大精深：敦煌位于当时被称为长安的西安以西大约一千七百多公里。西安在中国多个历史时期曾为都城，同时也是中国政治和文化生活的中心。

斯坦因也发现了写有其他文字的纸。藏文手稿的数量仅次于汉字手稿。斯坦因发现了七千多件藏文手稿，包括三千份书卷和从敦煌获

图7　1908年，法国考古学家伯希和正在查看敦煌郊外的莫高窟17号洞窟藏品。他身旁堆积的经卷已经大量减少，因为前一年斯坦因从此处取走了很多。伯希和的语言学功底异常深厚，他声称在洞窟中每天都能仔细查看多达一千卷手稿。他后来得到大量珍贵的纸本卷子：4174份藏文手稿和大约3900份汉语文献，还有数以百计的粟特文、回鹘文和梵文的稀世手稿。他于1909年返回巴黎，被公开指控试图用赝品冒充原件。在1912年，奥莱尔·斯坦因出版了《沙漠契丹废址记》（*Ruins of Desert Cathay*）后，最终证明他是清白的（版权所属：吉梅博物馆，法国国家博物馆联合会—大皇宫 / 蒂埃里·奥利维耶）

得的各式各样的祈祷书。还有从其他两处遗址获得的一千份纸残片，这些都反映了 7—9 世纪西藏地区的繁荣。

藏品中还包括更往北和往西地区文化的书写残余，比如用西夏文写的五千张残破的纸片，这是在 10 世纪迁移到中国西北的西夏人所用的文字，还有用吐火罗语书写的一千三百张残片，这是生活在中国西北的另外一群人使用的语言。此外还有更远的中亚文字：用和阗塞语书写的两千张纸片，一百五十件粟特语文献。另有七千件梵语或巴利语文献，它们都是南亚次大陆的古代语言，是早期印度教和佛教文献的主要语言。

总之，斯坦因发现了他一直在寻找的十字路口。从隐藏在神秘绿洲洞窟中的一批纸中，他揭开了来自各个地区和文化的不同文字及信仰相互交叠、相互影响的秘密。这些地区覆盖了波斯、中国和南亚次大陆，以及位于它们之间的很多地区。此外，还有来自更加遥远地区的显著影响，包括一部摘自犹太教经典《塔纳赫》（*Tanakh*）中的《以斯帖记》（*Esther*，用希伯来语写成的）。

不过，文化交流只是这些书卷所记录的时代潮流之一。这些洞窟资料也证实了纸在中国人的生活中传播和应用范围之广，这种趋势至少贯穿了公元 1 千纪的后三分之二时期。在 1000 年，当基督教欧洲对纸依然陌生之时，中国的纸已经根据不同用途在颜色和质量上分为不同种类。随着新的书写形式（其中许多关乎宗教）崭露头角以及新受众的出现，纸成为它们蓬勃发展的首要媒介。

佛经（通常以经卷形式出现）成了在纸上出现最多的内容，这也展示了中国佛教在纸的运用上的显著活力。伦敦的英国图书馆存有一部写于 6 世纪的佛经，前面的内容写在棕黄色的纸上，而后面却换成了脆的白色纸（这部经卷由这两种纸构成），同时写作者的水平也在下降。可能随着经费减少，抄经人不得不用便宜纸。时间（或耐心）

应该也在损耗，这或许可以解释书写水平为什么走下坡路。另外一种可能是别的抄经人接手了后面的工作。这类问题都是古文献学的未解之谜。

黄色的纸质量上乘，而且可能经过抛光处理。一种特殊的黄色染料经常被添加在抄经用的纸上，原因或许是黄色在佛教教义中跟苦难相关，而苦难通常是佛教教义和佛经中突出的主题。不过这种颜料也可能是用来驱虫的，以利于保存纸。相比西北部的沙漠来说，驱虫这一点对于潮湿的中国南部非常重要。

当你迎光举起抄佛经的纸时，纸面上宽间距的帘条纹（这是在造纸过程中，在抄纸这一流程中，纸浆压在抄纸器的帘条上形成的条纹）清晰可见，它们呈现出轻微的弯曲。编织纹（线条较细，间距较小，与帘条纹垂直，也是纸浆压在抄纸帘上形成的）也较为明显。这种纸没有经过精细加工，表面粗糙，但并不厚，质量优良，异常结实。

现代寻常所见的纸在生产过程中会将原料中的纤维精细地粉碎，因此，我们所用的纸已经不再是许慎在《说文解字》中所定义的“絮一苫”了，而更像由微小颗粒组成的纵横交错的网状结构。因此，当你在空中来回晃动今天最常见的纸时，它可以发出尖利的声音。但中国早期的纸，就像这种六尺经卷所用的质地精良的黄色纸，由于纤维束较长，厚度大，当你在空中晃动它时，它发出的是低沉的声音。现在依然能生产这种纸，大都用来写作，或用在其他奢华场合。

这种6世纪的经卷在当时相当常见，上面只有大概一千五百字，它的读者不是富贵之人。这也是纸的应用从曾经垂青竹简的精英圈子向社会较低阶层蔓延的证据。斯坦因的藏品中有一部更早的经卷，写于513年，整体质量更好：它的纸更柔软，书写也别具一格。

敦煌佛经中最华美的书法作品，布局均衡，节奏感强，部分原因是抄写员的书写水平高，态度认真。这类经卷沿着连接中国和中亚的贸易走廊传播，令纸以前所未有的势头随之普及。佛经还不能撼动写在竹简上主导中国文化的儒家学说（或者说刚开始时还不能），因为儒家权威典籍依然限制着学者和宫廷的行为，同时也塑造了政府的施政风格。然而，边陲地带给纸和佛教的革新提供了更多余地。在这些地方，佛教和纸结合在一起共同崛起，交织进入一个阅读和书写遍及帝国的新时代。

洞窟中的许多佛经写在报告、合同、法律文书或采购订单的背面，这在发现的四万份书卷和文献中占五分之四还多。这座城市只是丝绸之路上一个贸易中转站，汇集了从西方传来的佛教，还有丝绸、艺术品、食品、药品和衣物；这些驮在骆驼背上的商品在如今的印度西北、中国、波斯和中亚诸王国之间的市场上流转。佛教很可能于1世纪左右从中亚传到敦煌。在敦煌的一幅画中，一个外国流浪说书者站在最显眼的位置，他的背包中装满了书卷，他可能正在兜售他的书卷，洞窟里的藏品表明他卖的很可能是佛经。

像他这样的人是佛教的新信使，同时也是中国第一次造纸革命的推动者。中国是在佛教传教途中接受了它，译经者很快就来到中国，一小群语言学家将佛教传播到中国市场。这种传教方式竟然行之有效，这点完全出人意料，因为当时中国人的书架上摆满了儒家和道家典籍，以及一连串与这些典籍相关的评注。但在政治动荡中，佛教通过一些游商和译经者找到了进入中国的途径。首先，佛教吸收了中国的本地神灵和传说（很多来自道教），然后，它开始跟道教打典籍拉锯战，以便召唤信众并打入一个新的宗教读者市场，它甚至令帝王支持自己的事业。而且，佛教并不只是供精英知识分子研究的一套思想体系；相反，它传播到与其相互作用的社会环境中，既回应了社会需求又反过来参与了对这个社会的塑造。就连它的经文也不仅是作为阐释世界的理论而传入中国，更是作为附带（或呈现）社会价值观和社会组织形式的物质实体传入。确实，根据20世纪50年代一项对中国佛教的权威研究，它在中国是作为一种“生活方式”兴盛起来（甚至是作为多种不同的生活方式兴盛起来）。鉴于佛教信众涵盖了不同社会阶层，其文化水平可谓参差不齐。[5]

公元前138年，汉武帝派遣张骞踏上向西三千二百多公里的行程。汉武帝希望他穿过西方游牧民族匈奴的地盘，去寻找盟友共同抗击匈奴。

张骞从甘肃走廊（呈弧形穿过西北延伸到世界上最干旱的地区之一）离开广袤的中国平原，穿过沙漠和连绵的山脉，每一步行程都更新了中国关于异域的知识。（在前往目的地途中及后来回国途中他被匈奴抓获。）他的足迹远至费尔干纳（Ferghana）和巴克特里亚(Bactria)（这两个地区是现在的塔吉克斯坦和阿富汗的一部分），但是他没能完成结盟任务。十多年后他返回中国，才又建议汉武帝与这些西边的国家建立联系。

张骞出使西域为中国同波斯开辟关系播下了种子，两国间的贸易关系逐渐形成。丝绸之路实际上并不是横跨中亚的第一条贸易通道，但至少就交通流量来说，它是一个由交通干道组成的网络；而在此前这儿只有较小的街道。中国此时开始对沿甘肃走廊向西北延伸很远的土地提出主权要求，中国的丝绸开始抵达阿姆河流域、波斯、印度，从1世纪开始已抵达罗马。当时的中国向西边的多个王国和地区派出使节：费尔干纳、月氏、巴克特里亚、吐火罗（Tocharia）、帕提亚(Parthia)、于阗和南亚次大陆。敦煌从沙漠里的一个绿洲小镇壮大为一个兴盛的帝国军事要塞和贸易之城。

从西方来的商人也带着骆驼、商品和文化开始穿过中国西部的沙漠之路。很多人来自贵霜帝国，这个国家将佛陀的形象铸在钱币上。我们对存在于1—3世纪、称雄中亚的贵霜帝国的了解大多来源于中国文献，那些武士、王子和菩萨的雕塑激起了中国对贵霜的兴趣。利用希腊理念雕刻的佛陀形象在丝绸之路上很受欢迎，他们在雕刻中使用了经过改造的希腊字母，将希腊风格和佛教主题融合在一起。这种希腊风格的佛教艺术发源于离印度河源头不远的犍陀罗。正是在这儿，雕刻家第一次将佛陀塑造成人的形象。

佛教在人口更多的中国东部和中部是如何开始传播的，流传于世的只是一些神话传说和半真半假的故事。中国佛教的官方历史说，在1世纪，汉明帝梦到了一个巨大的金人，当他描述这个梦境时，他的幕僚回答说这个大金人就是佛陀。于是皇帝就派了一个使团去中亚求取这个圣贤的学说。他们带回来了写在贝多罗叶上的《四十二章经》，此外还有几捆画卷。几匹白马将经书驮到了都城洛阳西门外1.6公里，他们就此在那儿建了白马寺。（据说在寺中焚香膜拜这些取来的经卷，它们会发出独特的光芒。）鉴于不断增加的贸易联系，汉明帝向西方派遣使团实地考察的可能性很大。关于佛教在中国的早期历史，有一个最不可信的故事：公元前3世纪时，有人从秦朝的“焚书坑儒”中抢救出一些梵文佛经。虽然一部7世纪的佛教参考文献提及十八罗汉于公元前3世纪来到中国，但这种说法仍难以置信。

无论如何，首次联系已经建立，骆驼和马匹将佛教从中亚带到了中国。同时，随着贸易和文化好奇心的不断增长，不光佛经在传播，还有一些僧人也来到中国。敦煌经卷的分量说明正是这些商人首先传播了这些新教义。此时中国外交机构的翻译者可能已经做好了准备，这一致力于救赎和启蒙的信仰作为外来者从此开始了中国之旅。

在南亚次大陆，佛教徒要努力在由国王和婆罗门塑造的社会中生存，他们对于生命的态度给自己提供了解脱之道。在 2 世纪的中国，达官贵人在巨大华美的豪宅中过着与世隔绝的奢靡生活，皇帝正在失去对权力的掌控，僧人对于物质享受的摒弃更加凸显朝廷的腐败和骄奢淫逸，佛教因此具有广泛的吸引力。剃了光头的僧人鼓吹摆脱社会束缚和压力，并向人描绘了死后的愿景。在帝国宫廷政治问题不断增长、权力开始分裂之际，佛教的启示对于广大群众具有很大吸引力。

在这种背景下，当宫廷里的太监在都城中激起党派纷争时，宫墙之外的宗教叛乱已开始削弱帝国权威。184 年，黄河沿岸的农民起来造反，他们被贪得无厌的地主、欠佳的农业收成和苛捐杂税所激怒。他们通过秘密的道教团体发起了黄巾起义（这得名于起义者头裹黄巾）。儒家也提出了消弭社会不满的建议，不过他们的讨论太过深奥晦涩，他们引经据典，相互诘难，并被自己所擅长的简练、浮夸的诗歌和散文束缚了思想。同时，新颖的观点和创新的写作形式逐渐在纸上而不是竹简上呈现出活力。佛教可以通过中亚的群山和沙漠开辟通道传播，但是如果它始终保持外来宗教的身份，那情况就有所不同了，它会在开辟的新疆土中孤立无援。

佛教在初创阶段就展现出成为多语言宗教的雄心壮志，这点很像基督教而不像儒教或伊斯兰教。佛陀曾对信徒说，要用信众自己的语言对民众进行教化。佛经很快就出现在贝多罗叶上，传到中国后，佛经最重大的变化就是从贝多罗叶走向纸。

佛教逐渐发展成为非精英宗教，通过自身调整适应了汉字和中国各地方言。它主要通过纸而不是竹简在中国传播，吸引了社会中层和底层人士，部分原因在于它对于社会阶层永恒不变这一理论表示怀疑。其实在中国，人们买佛经通常并不是要读它，而是将它作为护身符、辟邪法宝，后来它还成为社会地位的象征。因此，目不识丁者也会买佛经。由此可见，虽然不识字在一定程度上阻碍了底层民众深入参与宗教活动，但这并没能妨碍佛教（甚至是佛经）传播到没有文化的阶层。

这个时期的中国史书并没有记载这种惊人的社会变化。当时的都城洛阳是一座世界性城市，位于丝绸之路东端，外国面孔在这儿随处可见。2 世纪，从四面八方汇集到洛阳的人中，有一些开始把佛经翻译成汉语。译经者中有波斯人、月氏人、印度人等，他们将巴利语、普拉克利特语、梵语和犍陀罗语翻译成汉语。其中一名译经者是景教徒，他于 148 年在洛阳定居。虽然他们的翻译远非信达雅，仍吸引了一些好奇的中国学者加入他们的队伍。

60—220 年的佛经翻译者中，不足十五人有史料记载存世，但这些人至少翻译了 409 部佛经。在汉朝于 220 年灭亡后的一百年间，出现了至少 744 部佛经，其中大部分是翻译过来的（或声称是翻译过来的）。[6]

一个小型翻译团队翻译了这些经书，例如，来自帕提亚（位于波斯东部）的安世高和他来自贵霜帝国的朋友支娄迦谶（Lokaksema）。他们或是受内心的传教热情所驱使或是被家乡的资助人所派遣，都于 2 世纪到洛阳定居。安世高是一个神异之人，据说能够解读各种自然现象（闪电、风暴、雷鸣、地震），他在 2 世纪 50—60 年代将大概三十五部佛经翻译成中文。他的朋友支娄迦谶翻译了至少十四部佛经，支娄迦谶在翻出经文意思的同时力图进行音译，尤其是名字和佛学术语。

到了 3 世纪 20 年代，在远至长江上游几百公里处的武昌，都有译经者在翻译佛经。还有一些中国人前往中亚取经，其中包括生活在 3 世纪中叶的朱士行。他可能是中国第一个受戒的僧人，他抄写了二万五千颂《大品般若经》的一部分，是最早将抄经视为神圣行为的佛教信徒楷模。这部佛经在其中一段解释说，如果抄写《大品般若经》并受持诵读，无论是人还是神灵都不会无故伤害抄经者。291 年，一个名叫无罗叉（Moksala）的译经者将《放光般若经》翻译成中文，它成为中国佛教的核心典籍之一。

这些译经者多半被官方史书所忽略，但他们创造了一种新的文学形式—— 一种饱含中外术语的大杂烩。通过这些译经者，大量南亚词汇涌入汉语，为汉语佛经这种用更通俗手法书写且更容易理解的文学形式的诞生创造了条件。这种文学形式志在争取范围异常广泛的读者。译经者对目标语言密切关注，甚至第一次明确注意到汉字的声调(有四种)。这个以汉字为媒介的新宗教可谓语言学的混血儿：涉猎广泛，驳杂不纯，兼收并蓄。

随着佛经持续不断地从竹简被抄写到纸上，佛教也在伪佛经的基础上茁壮成长。这点无须大惊小怪。伪造的佛经通常声称从梵文原典翻译而来，做假是为了进入日益繁荣的佛教写作市场。很少有什么现象能比赝品逐渐充斥更清晰地表明市场因消费需求旺盛而欣欣向荣。

佛教在中国找到了一个理想的伙伴——纸。当然，佛教确实也通过竹简进行了传播，至少最初进入中国时是这样。但是竹简对所承载的内容并非一视同仁，它更加钟情于高贵的传统中国典籍。由于制作时间和成本远超纸张，竹简逐渐因为稀少而显得珍贵。它通常承载的是儒家典籍，但它们通常艰深晦涩，难以被大多数中国人轻易理解。而对于需要传播的外来宗教来说，纸是理想的亲民渠道。佛经从写作风格到内容所瞄准的中国读者群是超出精英阶层的，与纸的结合也使更多人能够买得起它。

随着佛经在中国传播，它发展出本土特性，吸收了中国神仙鬼怪故事，借鉴了儒家美德、礼仪以及道家清谈传统（一种哲学辩论形式）。有时佛陀甚至被等同于神话中的西王母（据说她在位于中国新疆的昆仑山统治仙界），她被汉族奉为救世主。中国佛教是一个混搭的创造，它的适应能力引领它走向巨大的成功。到3世纪末期，在中国两个主要城市长安和洛阳，共有佛寺一百八十座，拥有僧尼三千七百名。

佛教不仅有纸这个得宜载体，还有心怀传教使命的译经者劝说他人皈依。不过，除了自身的传统外，中国佛教的主要理论来源是道教。模仿道教经典的方法促使佛经成为中国宗教的主流典籍，佛教首先借鉴了道教对于经书的特殊迷恋。道教的这一特点可能会令老子感到不安，他曾经主张语言具有不可救药的缺陷。但现在，即老子去后五百年，道家对于经书的垂青已经成为推动纸张发展壮大的后盾了。

有些道士认为信众无论在哪儿发现经文，都应该把这个地方打扫干净并设立祭坛。中国有很多得道者在名山大川找到隐藏的经书的故事。道藏——最重要的是《道德经》——就像元气所散发出的光和热，代表诸神本身，被灵魂所环绕。一部4世纪的道家典籍命令读者在阅读之前要向它鞠躬致敬，还要净手，焚香；一位5世纪的道教信徒甚至为了道教经卷而牺牲生命；中国最长的编年史书之一记载了名为“丹书吞字”的道教故事。

3世纪，魏、蜀、吴三个政权分立，刘备在夷陵之战前向一位道教术士李意求教。李道士只是要了些纸和笔，在十多张纸上画了一些士兵、战马和器杖并将它们撕碎，又在另一张纸上画了一个高大的人，在地上挖了个坑，将它们都埋进去。以这种方式预言皇帝此战的胜负后，李意便离开了。（事实上，这将是刘备的最后一战，他再次输给了吴国，223年，刘备去世。）可见，道教已将爱书之风带入精神领域，并赋予经文巨大的力量和权威。

在中国，佛教徒受这种爱书风气的熏陶，发展出一种新的经文迷恋。将类似《妙法莲华经》和《金刚经》这样的重要佛经翻译成中文令这一氛围更加浓厚。这些佛经讲述了信徒通过抄经得到福报，即使这些手抄经书的读者极少。在中国，这些经文非常流行；斯坦因就从敦煌的洞窟中拿走了不少于五百卷《金刚经》。（他并不认识汉字。）

《妙法莲华经》主张信徒应该将该经视为“佛陀本人”。在中国流传的很多抄经带来福报的故事中，具体的经文内容并非重点，经文的精神力量（同它们赖以存在的物质实体笔和墨不可分割）将为抄写者、佛经拥有者和信奉者带来福报。抄经被奉为神圣之事，因此会偶尔有人用自己的鲜血抄经，希望以此为他刚刚故去的父亲或母亲增加功德（也可能只是为他自己）。

中国佛教徒不仅模仿道教经典的观点，同时也抄袭它的具体内容。这两种宗教走上了互相模仿之路，借鉴甚至剽窃对方的经文，并最终展开了论战。佛教的真理“法”，最初被佛教徒翻译成“道”，即老子认为难以言说的自然规律。道教在佛教观音菩萨基础上塑造了自己的救苦天尊，提升了他的地位，完善了他的品格，改造了他的名字和形象。但与中国佛教不同，道教通常将救苦天尊定位为男性。佛教从道教借鉴了超度和祈福的理念，二者都宣扬恶魔会带来疾病和未来的祸患。

剽窃是为了创造真实性光环，赢得声誉。佛教有《佛说三厨经》，但道教用《老子说五厨经》来迂回包抄它。道教《太上老君说长生益算妙经》催生了佛教《佛说七千佛神符益算经》，这两部经典几乎一模一样。在敦煌发现的佛教伪经是成体系的，而道教也以牙还牙地撰写出相对应的伪经。与剽窃相伴而生的是竞争和所谓的“老子化胡之争”，这持续了大概一千年。

这场争论始于《老子化胡经》（在斯坦因之后到敦煌的伯希和在佛窟中发现了一部《老子化胡经》卷子），此书宣称老子向西旅行至印度，教化当地野蛮人学习礼仪和规矩，为使他的教化适应印度人智慧不足的状况而化身佛陀。道教的《太上老君说解释咒诅经》不仅模仿佛教与恶魔对抗的内容，还将老子印度之行的时间确定为公元前9世纪，明显早于佛陀出生的时间。而佛经中的主张刚好相反——老子是佛陀的信徒，佛陀曾到过中国，老子其实是印度人。最终，二者的争论需要一个裁判。

570年，一名对道教不满的佛教徒撰写了列举道教典籍抄袭之处的《笑道论》呈交给皇帝。有时，佛道间的这种争论白热化后皇帝也会主动介入。705年，唐中宗下诏禁止道观中展示老子教化“西方胡人”的画像。

虽然纸咒符、雕像、画像与佛道两教都融合在一起，但正是笔、墨和纸结成的联盟成了佛教与道教论战的媒介。随着写作量的增加，僧人也开始造纸。大约650年，在都城附近的一座寺庙，一名新皈依的僧人受命种植大量桑树，以便生产质量上乘的宣纸作为抄经之用。随着印度佛经原典源源不断流入中国以及伪经层出不穷，王公贵族资助了各寺庙庞大的翻译和抄经工程，他们希望借此为此生和来世赢得福报。经书数量越来越多，一些寺院不得不想出新的收藏方案。

隆兴寺的转轮藏安放在位于庭院侧翼的方形朱红色大殿中，从6世纪起这里就有一座寺庙。这个建造于12世纪的转轮藏就像一个用老旧管风琴轴支撑起来的木头柜子，外观比较像旋转木马，它的顶部每隔一段距离就会伸出一个向上翘起的飞檐。转轮藏的藏座被安放在地坑中，人们可以推动木柱转动这个高3.6米的木橱。八角形的藏身设有经屉存放佛经，经屉内部有木梁架支撑。数百卷经文可以稳稳当当地存放在里面。推动转轮藏，放在经屉中的这些经卷就会随之转动，这是获得功德的一种方式，转的圈数越多，福报增加就越多。转经这项运动循环往复，对于佛教徒来说很神圣。经书不仅用来阅读、吟诵或者拥有——它们还可以用来转动。

文献学之争表明佛道双方都试图借经文击溃对手，用自家经书的影响力、权威性和优越性向帝国精英和社会大众证明自己的价值。经书的创作速度让这场战争变得史无前例。纵观历史，以宗教、政治和宇宙为主题的著作出现在竹简、缣帛和石头上的几百年间，读者始终很少，而且写作过程通常是循序渐进的。但是大约从 4 世纪起，中国佛教和道教的典籍写作者需要尽可能地广泛接触读者群，争夺思想、心灵和市场份额。随之而来的是一场特别适合在纸上开打的宗教“冷战”，因为纸具有成本低廉、易于获得、书写自如的特性。人们有史以来首次大规模抄写并努力推动经文在整个帝国传播，以此填满受过教育的读者的头脑（通过阅读和背诵），或作为咒语和护身符祈福消灾。

随着抄写人寻求更加精确的经文，经书数量大幅增加，但越来越多的正统主义者抱怨经文不准确。在这种背景下，同其他佛土之间的交流更加频繁，来自库车县的僧人鸠摩罗什（Kumarajiva）于 401 年到达长安。头脑中装备了丰富佛经和汉语知识（有传言说他是在监狱中习得的）的鸠摩罗什认为中国佛教已被道教的语言和教义玷污了。他引领了一场准确翻译和解读佛经的潮流。

鸠摩罗什负笈东来，中国僧人法显则西天取经，他的足迹远至阿富汗的加兹尼和坎大哈、印度中部的巴连弗邑，甚至还有斯里兰卡。在旅居异国期间，他得到了新经书，并在归国后进行了翻译。法显和鸠摩罗什两人都译经直到生命尽头。对精确性的关注孕育了更多取经举动，激励了抄经和译经运动的蓬勃发展。此时，学者型译经家开始主导中国佛教。记载中国佛教大师名录的《高僧传》列举了 257 位著名僧尼。（鉴于中国传统社会父权至上，将女性也归为大师和善人可以说是意义深远的一步。）在这 257 人中，35 人是译经大师，101 人是解义高僧，13 人是精通戒律的大德，21 人是诵读佛经有成就的高僧，11 人是经师。比起儒家传统，中国佛教虽然鼓励广泛阅读，但它首先是一个推崇书写的宗教，抄经是积累功德的善业，正如受持佛经本身就是一种福德。相形之下，念经在佛教中通常是第二位的。

佛教最初兴起于中国社会的边缘。因此，回头看 279 年，统治中国北部的晋朝只拥有十六卷佛经。（多张纸可以首尾相接粘连在一起组成一个纸本卷子，根据文章内容多寡，每一卷可容纳数百到数千个汉字不等。）不过，佛教和佛经都终将成为中国人生活中的重要部分。纸本卷子是一种足够方便的形式，能够确保经文更容易被广泛阅读，尤其是在从头至尾诵读整卷经文可以获得更多福报的理念下。这一时期，和尚念经的场景为中国大众熟知，中国人据此创造出一个习语：猫儿念经。后来中国佛教还吸引了王权的兴趣，并给予巨额财富。

5 世纪中叶，南朝宋的藏书阁拥有 438 卷佛经，共计数十万汉字。6 世纪早期，阮孝绪记录了梁朝的书籍名录，他列出两千四百一十种佛教经书和四百二十五种道教经书。中国最早的一批佛经目录撰写于几年前，收录了四千三百二十八卷两千一百六十一部作品。

不断扩展的佛经种类多到任何一个读者都无法读完，但佛教界还源源不断译出新经，纸的影响力也由此增强。到了 6 世纪末，隋文帝（为增加统治合法性，他可能皈依了佛教）发布敕令，在大都市中“官写一切经，置于寺内，而有别写，藏于密阁”。在他统治期间，抄写了超过十三万卷佛经。

历经三百多年的分裂后，中国南北方于 589 年统一，这也进一步证明佛教对于皇帝的庇佑意义重大。一份597年的帝国书目收录了两千一百四十六种佛经共计六千二百三十五卷。据当时一位历史学家记载，民间佛经数量是儒家典籍的数十倍；官修《隋书》宣称佛经抄本数量是儒家经典的数千倍。和尚和道士中出现了精英知识分子，儒家精英并没有把他们太当回事。然而在他们涌现后不久，寺庙就成为广占田宅、财力雄厚的大地主，阅读和书写也进一步走向繁盛。佛教为了自身利益与文字结盟，却在现实中令中国激荡。如果只是在竹简、木牍或石头上抄写佛经，佛教作为外来宗教便无法在中国取得如此成就——造就大量读者购买经书的广阔市场。当然，佛教也给纸带来突破性发展，纸将大行于世的前景首次露出迹象。

王圆箓向斯坦因所展示的佛窟中的藏品主要是佛经，但是他也发现了古人将纸用在其他领域的证据：比如由升斗小民写的中药药方，还有地位高贵之人写的书信和诗词。这些藏品体现出纸用途广泛，显示了它渗入各个社会阶层的能力，它经过转化进入文学、医学、宗教等各个领域。

敦煌佛窟藏品中有一篇写于9—10世纪的名为《茶酒论》的文章，为“茶”和“酒”谁更胜一筹争得不可开交。最后，水的介入终结了这场争论，它指出，二者离了水都没有意义。敦煌藏品中另一种重要文献是“书仪”，作者提供了一系列适合不同场合的书信范例，包括姓名、地址、结束语和各种转折词的恰当书写格式。其中一份“书仪”的写作时间为856年10月13日（换算成公历）。信函的惯常用语有一套正规格式，尤其因为唐朝于7世纪立国之初就接受了儒家的等级制度和礼仪规范。这封信写在一张灰白色纸上，手感像糖果包装袋，很厚重；没有经过抛光处理，很粗糙。这是一种实用、廉价的纸，是一种远离儒家典籍但在市场上大受追捧的主流商品。在这些书信范本中，作者提供了一封名为《醉后失礼谢书》的信件。翟林奈（Lionel Giles）于20世纪初将斯坦因送到大英博物馆的文献进行了编目分类，他是做这项工作的第一人。翟林奈将这封信形象地翻译成了英文。

> 昨日多饮，醉甚过度，粗疏言词，都不醒觉。朝来见诸人说，方知其由，无地容身，惭悚犹积。本缘少器，致此满盈，深深反责。伏望仁明，不赐罪责，续当面谢，先状谘申。伏惟鉴察。不宣，谨状。[7]

醉酒引发的难以抑制的负面后果被几句懊悔之词和精心准备的妙语所弥补，这封卷轴装书信虽短，但大部分卷轴长达数十英尺。卷轴制作方便，规格多样，长度从1.5米、3米到6米不一，而且12米的也很常见，还有一些甚至更长。翻阅卷轴后面的章节比较费事，速度也会放慢，因为读者或他的仆从要一边顺着阅读的方向摊开卷轴，一边卷合看完的部分。

敦煌藏品中一大进步是从卷轴装向手抄本方向发展，这种册页版式的图书，将纸的一侧黏合起来装订成册，这种装订方法今天依然在用。手抄本在中东也盛行了数百年，不过主要是羊皮纸做的，因为莎草纸不适合折叠。中国古代采取各种装订形式将书捆扎在一起：一种是“经折装”，书本的打开方式就像拉开手风琴一样；一种是被误称为“蝴蝶装”的形式，将每页纸对折后沿折缝相叠后粘在一起；此外，还有其他方式，如“线装”“旋风装”及“包背装”等。可能是印度人将贝叶经绑在一起的装帧方法，给中国书写者、造纸者和书商提供了要将图书装订成册的灵感。

在斯坦因的藏品中，这些装订技术是在年代较近的文献中才明显出现的，而且此时纸的质量已经下降，部分原因在于唐朝的书籍总量大幅增加，造纸业提高了生产效率，纸价也随之降低，但代价就是制作水准下降。另外，纸的质量下滑，与10—11世纪上好的桑皮纸向整个敦煌地区供应减少有关。

斯坦因发现并研究过的纸大部分是用大麻、桑树皮或楮树皮做的，其中一少部分是苎麻、荨麻做的。在这些纸中，比较古老的那些通常较薄——当时制作和切割恐怕都得小心翼翼，并染了黄色或褐色颜料以防虫蛀。稍后时代的纸比较粗糙，由十到二十八张不等的纸（每张0.3米宽，0.6米长）黏结到一起组成一些长卷子。我们不知道这些文献为什么最终进了佛窟，就此有人提出过多种解释，比如在寺庙翻修时将经卷存放在佛窟中；妥善保存它们以免因政治原因或兵荒马乱被毁；打算重复利用纸。这个地区在历史上属于边陲，因此经历了被多个帝国武力争抢的多舛命运，可能正是这种不稳定的局面促使人们秘密保存经卷。

虽说保存书籍面临非常严峻的问题，但据说在中国，人们应当"敬惜字纸"——字面意思是"尊敬爱惜有字的纸"，这个成语也可以意译为"尊重和爱惜写作和纸"或者"尊重和珍惜在纸上写字"。人们不会轻易丢弃写有汉字的纸。历史学家杰弗里·伍德指出，在敦煌佛窟里发现的很多经卷都被用小纸片补丁修补过，这是对纸恭敬呵护的表现。

这是中国人珍视汉字的表现，这种态度或许不足以解释为何将包罗万象的文献放进佛窟进行有计划的保护，但是它揭示了一种思维模式：受到战乱威胁时，人们谋求将书籍封闭在洞窟中保护和存放以留给后人。然而，正是战争和社会动荡帮助人们将作为高贵书写材料的竹简赶下神坛。随着新材料的出现，新作品、新思想层出不穷。生活在3世纪的诗人傅咸，已经意识到这种新材料会激励新文体的创作。傅咸在《纸赋》中最早提出纸会取代竹简：

盖世有质文，则治有损益。

故礼随时变，而器与事易。

既作契以代绳兮，又造纸以当策。

犹纯俭之从宜，亦惟变而是适。

夫其为物，厥美可珍；

廉方有则，体洁性贞；

含章蕴藻，实好斯文。

取彼之弊，以为此新；

揽之则舒，舍之则卷；

可屈可伸，能幽能显。

若乃六亲乖方，离群索居；

鳞鸿附便，援笔飞书。

写情于万里，精思于一隅。[8]

傅咸对纸的优势理解深刻。竹子削成竹简很费事，缣帛又太昂贵，而纸给作者提供了前所未有的自由，他们可以随性写作。在宴会中，宾客经常临场发挥，在纸上挥毫泼墨，比赛诗文。在2世纪90年代的一场此类宴会中，大家要求客人祢衡作一首诗，主题是另一名宾客送给主人黄射的鹦鹉。黄射是中国湖北一个地方军阀的儿子。祢衡一挥而就的《鹦鹉赋》广为传诵，这多亏了在纸上创作的便捷。

绀趾丹觜，

绿衣翠衿。

采采丽容，

咬咬好音。[9]

书法家王羲之在饮酒集会中挥笔写下《兰亭集序》时也做过这种游戏。写作从竹简的局限中解放出来后，找到了一种富于表现力的崭新媒介。文学家和文学批评家陆机曾写道，诗“缘情而绮靡”。在纸兴起之前，他不可能发出这种感慨。

多亏了纸释放的这种新自由，一些可能因胆怯或贫穷无法在竹简时代成为作家的人，现在可以拿起笔放胆去写了。正如傅咸指出的那样，一个身处僻陋之所的人，即便职微阶低，借纸抄的传写，也可以名扬天下。越来越多的男男女女认为将自己的思想、观念和经验写下来理所应当，新的写作形式随之出现。书信、日记和回忆录变得越来越常见。纸既造就了广泛的写作群体，也造就了覆盖面更广的写作主题和体裁。写作从宫廷向外扩散，随着汉族向中国南部迁移，从古老的大都市向各地开枝散叶。写作以诗词歌赋等形式开创出新的发展局面。

220年东汉灭亡后进入动乱时期，这个时代的许多著名作家探索的问题比儒家曾经讨论过的层次更深。他们的思潮以“玄学”著称，他们研究宇宙的同时还研究人类语言和社会，给儒家天下观中严格的道德等级制度提供了一种替代方案。[10]“玄学”在3世纪中期经历了它的第一次繁荣，引领这些作家探索世界之本和人类理解力的限度。新思想在这些人中萌发，比如“玄学”的代表人物王弼认为“无”是万物之本。

此时，文学批评日趋发达并形成一个高潮。用较大的竹简书写典籍，小型竹简书写注文，曾经是很平常的做法。但是自3世纪起，新的文体出现了，其中一些更加适合在纸上书写。文学评论家陆机甚至写了赞扬文体多元的理论作品《文赋》：

碑披文以相质，诔缠绵而凄怆。铭博约而温润，箴顿挫而清壮。颂优游以彬蔚，论精微而朗畅。奏平彻以闲雅，说炜晔而谲诳。[11]

三十年后，一个名叫挚虞的学者写了《文章流别论》以确定不同文体的界限。在论述中，他甚至认为纸在文体分类中发挥着重要作用，指出文体变化与书写材料的演变息息相关，纸将作者从简洁的写作风格中解放出来。[12] 他描述的是句子创作的解放，因为更多书写空间不仅使表达更加丰富还使描述更加精确。纸不是这些进步背后的唯一因素，比如，东汉灭亡后在政治领域和社会精英中，非汉族势力影响的增加也鼓励了新书写形式。但纸是促进这些变化的关键因素，在新型文体产生和普及过程中发挥着不可替代的作用。

中国学者查屏球在 2007 年的一篇文章中，描述了简册向纸本过渡是怎样引发文学写作和文学批评走向兴盛的。[13] 著名爱书者阮孝绪于 536 年去世之前撰写的专著中收集了大量图书目录，还介绍了魏晋时期宫廷藏书机构迅速发展的情况。另有学者在图书分类著作中首次将个人诗文集单独列为一类，这反映了个体表达在文学创作中日益增长的重要性，也确保更多知识分子严肃对待这种写作。后来，纸甚至促使师生在教学活动中不必那么依赖记忆和口头传达，教师得以在教学时向学生提供更多信息和参照。

这一历史时期，许多新作品被收录进国家图书馆或被个人收藏。在魏开国初年，掌管国家藏书的官员王象编著了《皇览》，该类书分为四十余部，共八百多万字。[14] 如此皇皇巨著在竹简时代是无法想象的。虽然应用范围不断扩大，但纸并不便宜，它的价格在波动中可能会迅速暴涨。官方史书《晋书》记载，3 世纪末的诗人左思花了十年构思《三都赋》，赋成后受到广泛欢迎，人们争相传抄，一时之间，洛阳纸贵。一千多年后的清朝诗人袁枚在写给朋友的信中说，左思作

《三都赋》最大的受益者是卖纸人。[15]

人们根据左思的经历创作了“洛阳纸贵”这个赞扬文学作品优秀的成语，中国人一直到今天还在使用它。像左思这样的学者创作私人化作品，为更多独立作者表达思想开辟了道路，越来越多的人开始阅读纸本作品。曾经被认为不登大雅之堂的文体也逐步走向公开。艳情诗赋和小说故事（在简牍时代通常是用口头形式，被认为不值得在昂贵的竹简上书写）此时变得流行，地位有所提高。汉学家魏根深（Endymion Wilkinson）简明扼要地指出，在纸出现之前，中国的书籍是“一种沉重的东西”[16]。但是纸的出现意味着书籍首次可以方便携带。纸本卷子在中国开始取代竹简，卷子能够随身携带，因此流通更加便利，可以被更多人拥有，而且拿它创作（或抄写）文章也更方便。

越来越多的人将简牍文本抄录成纸质文本，导致了伪造的书籍和不准确的版本快速增加；就像我们前面看到的，宗教领域的伪书增加得尤其多，但是从汉代以来就被错误归于儒家典籍的版本也流传下来。新出现的纸本书籍缺乏标准化的、易于辨认的设计和版面编排，因此很容易成为伪造者的目标。虽然在新型爱书文化氛围中出现以上种种问题，但人们创作速度加快，成本也在降低。在竹简时代，由于书籍昂贵、笨重，读者最大的问题是很难拥有它们。而如今，托名之作和伪书的盛行从一个侧面展现出中国文化是何等繁荣。

与此同时，中东地区的书籍正在逐渐从莎草纸抄本向羊皮纸抄本过渡，制造莎草纸最主要的原料莎草在尼罗河三角洲和西西里岛大量生长；羊皮纸虽然比莎草纸贵得多，但是在任何地方都可以制作，因为它的原料牛羊皮随处可见。羊皮纸（parchment）是以帕加马王国（Pergamum）来命名的，现在它的遗址位于土耳其西部，根据老普林尼的记载，羊皮纸就是在这儿首先被大批量生产的。希腊人用羊皮纸书写了几百年，但是它到3世纪末才在地中海地区司空见惯，广泛运用。（希波的奥古斯丁抱怨说缺乏莎草纸让他只能用羊皮纸代替。）现存最古老的完整《旧约》是4世纪的羊皮卷手抄本。在欧洲，莎草纸文献在碎裂之前能够存放两百年就已经很幸运了，即使是在气候干燥有利于保存的埃及，也只有不多的莎草纸《圣经·新约》残片存世。

中国保存和传播书籍的能力举世无双。因此，记载中国3—7世纪历史的官方史书提到了多个纸价飞涨的瞬间。比如，僧尼在寺庙中抄写一个特别受欢迎的僧人的作品导致纸价上升；顾问建议政府发布禁止抄写佛经的命令以抑制纸张和毛笔价格。道家典籍于8世纪最终编纂完成，共三千四百卷。8世纪和9世纪时老子所作的五千言《道德经》全文被多次刻在石碑上。7世纪，一个名叫静琬的和尚发愿在石碑上刻写佛经，他开创的刻经事业在五个多世纪以后才完成，这些佛经刻满了7137块石碑的正反面。（如果印成书的话，会多达五十万页。）2009年，在北京西南部的山上，我造访了依然存放着这其中数千块经版的几个山洞。从山洞外面俯瞰山下远处的谷地，可以看到被称为曝经台的一片连绵的青草地，数百年来，僧人们在此处将纸本佛经展开晾晒以去掉积聚的潮气。与纸相融合的宗教以前所未有的力度传播着书写文化。

政治分裂和战争推动纸张成为论战阵地，人们在纸上争论中国未来的前进方向。403年，晋安帝被大将桓玄篡位，还不到一年他就被迫放弃皇位向西方逃亡。他在任期间发布了一道诏令。[17]

> 古无纸，故用简，非主于敬也。今诸用简者，皆以黄纸代之。[18]

但是，当时大部分书籍已经是纸本了。

注 释

1. Osip Mandelstam, 'The Egyptian Stamp', in *The Noise of Time* (Princeton: Princeton University Press,1965), p.133.
2. Aurel Stein, *On Ancient Central Asian Tracks* (London: Pantheon,1941), p.179.
3. Jeannette Mirsky, *Sir Aurel Stein: Archaeological Explorer* (Chicago: University of Chicago Press,1998), pp.4-5.
4. WestEgg 通货膨胀计算网 (www.westegg.com/inflation), 运用美国官方居民消费价格指数数据作出这种估算，该网站表示 1910 年 200 美元的购买力相当于 2010 年 4620.52 美元。
5. Eric Zurcher, *The Buddhist Conquest of China: The Spread and Adaptation of Buddhism in Early Medieval China* (Leiden: Brill,1959).
6. Tokiwa Daijo, in *Studies in Chinese Buddhism*, ed. Arthur F. Wright and Robert M. Somers (New Haven, Conn.: Yale University Press,1990).
7. Lionel Giles, 'Dated Chinese Manuscripts in the Stein Collection', *Bulletin of the School of Oriental and African Studies* 9(4), 1939, pp.1023-1045.
8. 查屏球，《纸简替代与汉魏晋初文学新变》，《中国文学研究前沿》I(I)，2007，第 26—49 页，DOI 10.1007/SII702-007-0002。
9. William T. Graham, 'Mi Heng's "Rhapsody on a Parrot" , *Harvard Journal of Asiatic Studies* 31(9),1979, pp.39-54.
10. Mark Edward Lewis, *China Between Empires* (Cambridge, Mass.: Belknap Press, 2009), pp.196-247.
11. 12. 13. 14. 查屏球，《纸简替代与汉魏晋初文学新变》，《中国文学研究前沿》I(I)，2007，第 40 页。
15. J. D. Schmidt, *Harmony Garden* (London: Routledge-Curzon, 2003), p.98.
16. Endymion Wilkinson, *Chinese History: A Manual* (Cambridge, Mass.: Harvard University Press,2000), p.445.
17. 该诏令发布的时间存在争议，但是不晚于 404 年。Endymion Wilkinson (*Chinese History: A Manual*, p.448) 认为是 404 年。《剑桥中国文学史》认为是 402 年，另外一种观点则认为是在 4 世纪。
18. Kang I Sun Chang and Stephen Owen, *The Cambridge History of Chinese Literature:to 1375* (Cambridge: Cambridge University Press,2010), p.201.

第六章

播传近邻

"一本没有图画和对话的书有什么用？"爱丽丝想。

——路易斯·卡罗尔（Lewis Carroll）：《爱丽丝漫游奇境记》

中国第一批发明家是它最初的统治者。在神话故事中，他们创立了农业，建立了家庭，终结了原始的混乱。他们是农夫而不是游牧者，随着耕作和定居，他们缔造了一种模范的生活方式。中国用来表示"文明"的汉字，发音是"won"，有至少三千年的历史。在最古老的用法中，"文"的意思是"交错的花纹"或"秩序"。

从公元前 8 世纪起，随着政治分裂，秩序开始逐渐消失。政治中心无力掌控全局，人们寻求解决因礼崩乐坏产生的社会不满，孔子和老子只是诸多谋求用自己的作品重建文明者中的两位。在一个有人曾经力主用军事力量解决问题的国家，"文"作为治理世界的替代方案出现了。事实上，这些人列出的书面方案甚至会重新定义用来表示文明的汉字，“文”这个汉字不久之后就有了“文学”的意思。

孔子和老子这样的学者用高雅汉语进行写作，他们的用词大都是单音节的，他们写的句子大多简约不加修饰，正如我们所见，他们在竹简、木牍和缣帛上书写——这些材料适合简练的书写。此类文章不可能是在田地里耕作的农民的说话方式，口语在随后数百年中不断演变，而书面文字则相对停滞，与日常交谈方式越来越疏远。这种精英模式的写作成为跨越中国、朝鲜、日本、越南及更远地方的官员共同使用的书面语，没有紧随汉语口语演化，最终将会成为这种文章的弱点。

在汉朝统治秩序于 3 世纪瓦解后，游牧民族统治了中国北方。他们一直力图摆脱汉朝传统政治秩序的影响，并认识到文化及儒家学者与那个秩序密不可分。游牧民族统治者察觉出一个用佛经同汉朝过去切断联系的机会。佛经在 2 世纪大量来到中国，作为四处传播的外来宗教，佛教带来了新版本的天堂——极乐世界，它可以取代儒家在现世没能实现的乌托邦。达官贵人无力掌控变幻莫测的现实世界，他们在来世版本的天堂中找到了慰藉，而农民也在佛教中看到一种新的解脱方式。

这种新信仰最初靠口口相传形成，它的经文是对口语的整理记录，而不是对古体书面语言的复制。虽然后来展示在中国的纸面上，但佛教继续赞美这种口头遗产：它的单词是多音节的，经常采用对话体形式。它通过将通俗口语用笔墨写下来宣扬教义，很多语法和词语甚至继承自梵语。而将佛经带到中国的外国僧人对中国书籍了解不多，并没有对其保持尊崇。

这种新的书写形式此时还不只是用笔墨写下的口头语言，它选择汉字主要出于语音原因，这与为儒家经籍结集的作者和编辑者不同，他们没有随着口语的演化而改变这些典籍的行文。因注重抄经，如今佛教用的书面语保留了书写这些文字时的口头发音。和尚唱颂的经文来源于古典手抄本，它是在儒家等级制度和父权社会下被划归为社会最底层的外乡人和流离失所者专属的歌曲。深奥和高雅的文本不会在妇孺之间流通，佛经成了聚集在佛教大旗下群体的最新通用语。

这种将通俗口语落实在纸面上的转变，不仅使阅读变得浅显易懂，促使它在中国进一步向中下社会阶层扩展；还将佛教和纸张嵌入东亚多国，这一变动始于朝鲜、日本和越南。纸在东方开始了漫长而惊险的旅程，这是纸在全球崛起时迈出的关键一步，这是关于东亚新王朝、新文化和新入侵者主动接受用纸书写的故事。在这个过程中，这些不同文明都发现纸通过永久保存语言发挥着凝聚政治认同的作用，而语言通常建构着民族身份。与纸合作的旗帜鲜明的改革推动者越来越多：书写、佛教、经卷买卖、文化交流、中国典籍以及新发明的本地文字等，但纸所发挥的作用容易被它们遮蔽，不论是中国边境以外的国家还是非汉族王朝统治下的中国自身（4—5 世纪的北魏政权、10—12 世纪的辽、紧随辽之后的金、13—14 世纪的元、17—20 世纪的大清王朝），概莫能外。

纸对所有这些新文化来说是沉默的提供便利者。在公元后最初几个世纪，写在竹简上的中国典籍毫无疑问完全属于汉族文化，这决定了竹简不会成为加强少数民族身份认同的赞助者。与儒家经典不同，写在纸这种相对廉价载体上的佛经，不仅使用口头俗语，而且借用了多种语言的词语。在整个东亚地区，多种文字或被独立创造出来或者脱胎于中国汉字母体，纸和新盟友佛教是这项造字运动的激励因素。如果纸只是向国外提供了机械模仿中国的手段，这种转变可能会很平庸。

相反，纸穿越东亚的旅程标志着一种变革。这些旅程依然发生在中国文化圈内（在特定时期，朝鲜、日本和越南被中国视为“大中华”圈的一部分，或至少是藩属国），但是采纳中国造纸术并没有引导它们模仿中国所有的书写活动，它们用不同的方式使用这项技术来提升自己独立的身份认同。有时文本的具体形式，或者是纸的质量或者是文章在纸面上的布局，会有所变化。更重要的是，文本内容也会变化。这些国家最初引进中国著作，但是本地写作活动在中国影响下也开始迅速发展。从此，纸不再只是用来表达中国意图和思想的中国物品，它正肩负起一种宏大得多的使命。

这种步伐始于朝鲜半岛，中国的影响在那里尤其强烈。1931 年，考古学家发掘了一座朝鲜在“汉四郡”时期（公元前 108—313 年）的坟墓，他们在里面发现了一片纸，这是迄今在朝鲜半岛发现的最古老的纸。看起来，4 世纪初这个半岛就已开始造纸。如此早的日期并不令人惊讶：公元前 108 年，汉武帝征服朝鲜，四个军事指挥中心随之建立，其中一个直到 4 世纪还保留在中国人手中。贸易和文化影响也因此冲破了边界。

朝鲜纸是用大麻、藤条、桑树皮、竹子、稻草、海草和楮树皮做的，抄纸器是用竹子或结缕草做的。造纸者发明了更粗糙的纸用来做雨衣、帘子、裱褙。有时朝鲜人会把几张纸压在一块，用油浸泡后做成地垫。单张的纸可以用来糊窗格，更坚韧一些的可以做帐篷。

将几张桑皮纸粘在一起后放在菜籽油或芝麻油中浸泡便可做成“温突”纸，朝鲜传统家庭如今依然用这种纸做地垫，将泥灶烧火加热后，升起的烟会穿过地板下面与灶相连接的细管道，放在地板上的垫子就这样被烤热。温突（意思是“烤热的石头”）纸具有防水防潮的作用，使用寿命可达数十年。朝鲜最精良的纸是用楮树内皮制作的高丽纸，人们至今仍然用它做灯笼、模型花，当然还用来写字。

推动朝鲜造纸的首要因素是从中国传来的佛教。这种技术转移产生的诸多结果都是震撼性的，其中最伟大者当属朝鲜文字的最终创制和发展。这种文字可能就像我们将要看到的那样，是淬炼朝鲜人身份认同的熔炉，也是这种认同的体现。造纸术对书写文化在整个半岛的发展意义重大，当朝鲜半岛在 10 世纪走向统一时，用纸书写已经成为官僚治国的工具和一种流行文化。

公元前 108 年，汉武帝向朝鲜半岛派兵并在北部建立了军事哨所，中国移民随之而来。毫无疑问，他们也带来了写在竹简和木牍上的中国典籍，甚至还有一些可能写在缣帛上。1 世纪，中国语言和文字在半岛广为流传。到了 75 年，朝鲜本地军队拔除了中国四个军事哨所中的三个（最后一个一直坚守到 313 年），但是中国在此留下了难以磨灭的印记，朝鲜半岛上早期刻有文字的石碑便是例证。转折点在 372 年，东晋十六国时期的政权前秦的统治者向朝鲜半岛派去了一个佛教僧人。

一个叫顺道的传法使者在 372 年来到朝鲜半岛北部，他带去了佛像和佛经。当时在朝鲜半岛的社会边缘可能已经有一些造纸业者，但顺道和尚提供了将造纸业引领至社会主流的动力。除了礼物以外，顺道和尚还从前秦统治者那儿带来了这样的消息：佛教可以保护国家免受外国军队的侵略和国内叛乱的折磨。

结果，朝鲜半岛北部接受了盛行于中国北部、融合了多种思想的佛教，它在中国已经驯化成为本土宗教。中国给佛教贡献了杂糅的佛经和一个叫佛图澄的具有神力的术士。朝鲜人以前信奉的神灵在佛教的万神殿中也找到了新家园。中国僧人昙始带着大量佛经在 4 世纪末期来到朝鲜半岛北部，更多人紧随其后，而且这种交流是双向的：6 世纪，为学习中国佛教宗派三论宗的佛法，朝鲜佛学大师僧朗（Sungnang）穿越两千四百多公里来到敦煌。

印度僧人摩罗难陀（Marananta）于 384 年来到百济，此后不久佛教也在朝鲜半岛西南部繁盛起来。第二年，有僧十人的寺庙在百济的都城拔地而起。到了 6 世纪，僧人也开始向西旅行寻求更多佛经，在他们的队伍中，谦益（Kyomik）于 526 年从印度回到百济，带来了五部佛律，它们属于最古老的巴利三藏之一——律藏。（“藏”原意为佛经储存方式，等同于现在所说的“卷”。）他和二十八个和尚组成一个译经团队，他自己翻译出十七卷佛律。在他之后，有两位百济僧人写了三十六卷律疏。百济僧人开始更加频繁地前往中国都城，同时，中国的画师、工匠和僧人也沿相反的路线进入百济。

朝鲜半岛的统一是由偏安半岛东南角的小国新罗完成的。527 年，新罗政府在朝鲜半岛三国中最晚接受佛教，它直到 545 年才开始有文字记录。显然，在和国王达成协议后，信奉佛教的新罗国王顾问异次顿同意被处决。他在有奇迹出现的期待中被斩首，他死后，像“他流出的血变成鲜乳”“他的头飞到一座山顶”这样的消息四处流传。

异次顿的罪名是未经国王同意擅自修建寺庙，但这只是托词。国王喜欢佛法，但面对众多反对佛教的大臣的压力，他要为改变国家宗教提供正当性——此时佛陀成为国王的化身。在 551 年举行的第一届“百座讲经会”上，和尚诵读了具有神力的《金光明最胜王经》和《仁王护国般若波罗蜜多经》用来支持他们的统治者。这种被设计来念诵、解释佛经的政治性讲经会要举行多场。

佛教像汹涌的洪水般涌入新罗。565 年，一个叫明观（Myonggwan）的僧人带着一千七百卷经文来到新罗，随后，一尊青铜佛像也被从国外请入新罗；576 年，一个由中国和印度僧人组成的团体带着大乘佛教典籍和舍利来到新罗；他们将一批又一批的珍品托付给“新罗”这个学生。佛经不光是用来念的，许多佛经用黄金加以装饰，还配有被称为极乐净土的佛教天堂的彩画。精美的佛教饰品和伞盖也从国外传来了。佛教的艺术、雕像和思想成为民众可以拥有和享受的民族性传家宝。权贵阶层中的许多人被统一信仰这种想法所吸引，佛教带来了秩序、学问、美好的愿景和文明的希望，它可以替代在半岛上密布的陈腐的古老神话和萨满教。

朝鲜最伟大的研究中国经籍的大师薛聪（Sol Chong）曾是一个僧人。他的父亲是翻译大师，杜撰了一种朝鲜佛教教义；与其他佛学大师一样，他也了解中国典籍。朝鲜人认为薛聪参与创造了一种书面文字，能更好地表达已成为本民族信仰的佛教。他规范了新生的“吏读”和“口诀”等文字体系，这是借用汉字的音和义标记朝鲜语的第一套体系。薛聪不仅根据汉字的意思选用它们，他在很多情况下也选用汉字的发音。新罗于668年统一朝鲜半岛后，薛聪整理的文字体系在整个半岛通用。

佛教为纸的盛行开辟了道路，但是儒家和道家典籍在朝鲜权贵中依然流行。682年，新罗设国学教授儒家、佛教和道教经籍。阅读中国经典文献既是朝鲜人的爱好，更是他们热衷高雅文化的表现，这持续了数百年。（甚至迟至19世纪，朝鲜仍拥有一万种汉语书籍，共二十万册。）朝鲜人相信一个人的中国文学知识和中文写作能力决定了他真正的知识水平。

新罗将纸作为服务国家的工具。朝鲜对纸的专注异常坚定。新罗的统治在8世纪走到尽头，但是在创立于918年的高丽王朝统治下，书写文化继续繁盛。佛教在朝鲜半岛迎来第二春，编纂了成文的法典。在朝鲜半岛，儒家的本性依旧是中国式的和保守的，而佛教可以为了本地民众进行变革；到14世纪，朝鲜语的介词、连词和助动词都已经在纸面上出现了，有的来自汉字，有的是把汉字改造成朝鲜文字来替代，有些朝鲜语文章中还使用了标点符号。这些书写的细节能够出现是拜纸的形制和成本所赐。

当一个新王朝于1392年开始执政时，朝鲜关注的中心从佛教转向新儒学。人们抄写儒家经典，对其研习和评论，在纸上书写的文化因之继续繁荣（虽然与此前原因完全不同）。

15世纪早期，朝鲜人在都城建立了一个官营造纸署，雇用了造纸工、抄纸帘制造工、木匠等共计约二百名，由三名宫廷官员监造。政治家也认识到大众阅读的功用，15世纪的一位国王甚至写道，政府要高效运行，就必须在全国范围内大兴阅读之风。（毋庸置疑，他的头脑中依旧是儒家思想。）在整个国家兴起阅读之风的梦想是纸时代特有的，在简牍时代，这种梦想遥不可及。不言而喻，正是纸赋予大众轻易获取知识的能力。

15世纪中期，李氏朝鲜的国王世宗，创造了一种被称为“谚文”的朝鲜字母系统。由于它的字母简单、明确，到现在依然是世界上最有效率的文字。字母系统的出现是一个关键性进展；纸作为一种更易携带、更方便阅读的形式将书籍散布到半岛。随着谚文的发明，朝鲜人有了一套字母表，不仅书写效率大大提高（从书写所耗费的时间来讲），而且因为简单易学，适合大范围推广。谚文的每个音节都聚拢组成一个单独的方块字，组成字的字母可以水平排列也可以上下排列，使得它甚至比罗马字母读起来都快。这些字母的源头甚至可能是朝鲜人发音时，展示嘴的形状和舌头位置的示意图。每一个谚文符号都组成一个方块，就像中国典籍中的汉字那样，但是它们更为简单；与其说是自由流动的字符，不如说更像一些散落在纸面上的螺栓和螺母，或者像学步婴儿游戏围栏中的积木。

朝鲜谚文文字

한글

世宗希望用本国语言来书写从中国订购的新儒家著作，他使用了一种蒙古文字——八思巴文，作为朝鲜新文字的出发点。迄今为止，在朝鲜没有发现比谚文更古老的字母文字。15 世纪是朝鲜半岛探究真理和发明创造的黄金时代。

民族感情推动了新文字的发展，使得它摆脱了具有儒家思想的官僚的非难，这些人更喜欢将写作和阅读保留为精英人士的特权活动。谚文是一种便于学习和书写的文字，在满足佛教和农业需要方面使用起来比政府官僚部门和儒学的传统惯用工具汉字容易得多。随着纸本作品不断进入朝鲜，佛教经书也越来越多：从 730 年的五千零四十八卷到 1027 年的六千一百九十七卷。1087 年，朝鲜出版了六千卷的《大藏经》(佛教经典)。早在 946 年，朝鲜的高丽王朝就施谷五万袋赞助佛教的振兴和传播，而且要求每一座寺庙都建一个藏经阁。

佛教为朝鲜半岛开辟了道路，而 19 世纪后半期传教士翻译的《圣经》进入朝鲜，纸再次扮演了重塑半岛书写的渠道。

除了作为简朴的书写材料，纸的用途五花八门。在中国，高雅的儒学和高贵的汉语青睐竹简，而大量生产的纸与包罗万象的事物有关，如一种外来宗教、广泛的读者群、更加广泛的日常应用（像开药方），此外还有非写作用途，如厕纸。纸进入了竹简和缣帛曾经备受尊崇的书写世界，尽管数百年来它在中国的地位得到提升，但中国几乎从来没有成为世界上质量最好的纸张的制造商。

纸和制造它必需的秘诀很可能是在 5 世纪初期经由朝鲜传到日本的。中国的官方史书最早在 57 年提到日本人，《后汉书》称他们为“倭人”，并且记载称，他们定期越海来中国向皇帝朝贡。这些来访者持续朝贡到 3 世纪早期，汉朝灭亡之前，中国人也前往日本，他们在那儿发现了一类人：他们吃生鱼，用拍掌作为神庙祭祀仪式的一部分。日本也很热心地采纳了造纸术；同样，纸在日本也成为本民族文字诞生的助产士。

日本人不仅在纸上写字，他们也使用被称为“木简”的木板，这可能来源于中国的竹简。但木简主要是政府官员写文件用的，而不是用来写哲理文章、散文或诗歌等高雅作品的。这或许能够回答日本为何成百上千年来醉心于纸，在造纸方面投入举世罕有的热情，在制作工艺上力求尽善尽美，其他国家在任何时代都望尘莫及。认为纸只是用来承载文章（不论书写的或印刷的）的空白页面，其影响力依附于所搬运的字句，这种观点是错误的。日本就是一个非常贴切的例证，这个国家的造纸者一直对纸的形制、质量和品相有一种特殊的迷恋。

1919 年，围绕用什么纸作为《凡尔赛和约》的定本发生了一场争论，日本纸最终胜出。中国发明并使用纸，日本滋养并崇拜纸。在日本大部分历史时期，手工造纸普遍存在，20 世纪也是如此。在日本的大滝町仍建有供奉着纸祖神“川上御前”的神社，这是为纪念她在很久以前显灵将造纸术传给日本。此后，日本纸雄心勃勃，遍布全球。

1944 年末，在多个地方，三三两两的美国人都在自己家上空发现了热气球，这些热气球在全国各地着陆——从阿留申群岛、新墨西哥到密歇根。热气球是白色的，宽 9 米，在本该安装吊篮的部位只有一包炸药。在俄勒冈州的布莱（Bly）附近，当一个十三岁的女孩将一个热气球从树上拽下来时，六人被炸死。此外，没有其他人死亡。这些热气球是一个难解之谜，是未知发射器发射的从天而降的纸张炸弹。在《新闻周刊》的一篇报道中，记者推测这些热气球可能是从太平洋海岸外的敌军潜艇上放飞的。还有一些人认为是美国战俘营里关押的德国人放飞了它们，或者是日裔美国人放飞自“战争再安置营”。热气球继续在全美多个州着陆，从南部得克萨斯州到加拿大不列颠哥伦比亚省再到密歇根州底特律近郊。

有一些沙袋从飘荡在空中的热气球中掉落。美军地质部将这些沙袋拿走以研究沙子的矿物成分。他们成功地分析出悬挂在氢气球沙袋中的沙子来自哪片海滩。这些沙子和这些用来制造气球的纸都来自日本。这种奇怪的攻击方式要追溯到20世纪早期的一个重大发现。

20世纪20年代，一位日本气象学者站在富士山附近观察测风气球是如何飘向天空的。气球改变速度让他领悟到一个直到当时仍无人发现的自然定律：在地球表面上空几公里，风速会更快。他发现了急流现象。

二十年以后，日本第九军技术研究实验室订购了一万个纸做的热气球。日本列岛的造纸工人花了数月时间制造纸浆，压实和晾晒纸，为政府造热气球做准备；而心灵手巧的少女用“恶魔之舌浆糊”（用魔芋做成的一种可食用的日本浆糊）把三四层纸粘到一起；剧院和相扑馆都被征集来作为组装工厂，但无论是造纸工还是浆糊搅拌者都不知道他们的产品将会用来做什么。

1944年，超过九千个氢气球被发射到急流中，飘过大洋。日本人希望这些气球可以炸死美国人，在美国城市制造混乱，引发森林大火，毁坏美国基础设施。结果只有一千个气球飘到美国，一个花费了二百多万美元、耗时两年的全国性战时生产项目只炸死了六个人。1945年，日本叫停了热气球制造。

制造热气球的纸叫和纸，除了用于书法练习，还被用来制作图书、信件、信封、袋子、雨伞、灯笼、屏风、衣服、厕纸，甚至还被用于一种火枪。简单来说，和纸的意思就是“日本纸”（当然，日本并不只是生产这一种纸）。日本继承了中国的造纸传统和技术，后来经过锤炼、研究、提高并加以标准化，在抄纸时使用的抄纸帘更加厚重，动作更加稳重，以控制纸的质量。很多图书馆馆长都会不约而同地选用和纸来裱衬古代手稿，例如在伦敦的英国图书馆，古代手稿磨损的边缘被贴在用楮树皮做的日本楮纸上（用的是小麦淀粉做的浆糊）。日本可能没有发明纸，但是它却精心发展了这项技术，而其他文化之前或此后都没有这样。

在造纸术传来之前，日本群岛上的居民靠说书人部族将自己民族的传说及故事代代相传。根据中国的《隋书》记载，在一个通过刻木和结绳记事传递信息的文化中，这些故事复述了万物有灵的神话。

日本通过进贡奴仆与中国建立了联系，而通过入侵开始了与朝鲜的交往史，这两件事情都发生在2世纪。4世纪，有些朝鲜工匠移居日本。日本买来朝鲜的铁器清理土地，耕作庄稼。日本史书记载，一位名为阿直岐（Atogi）的使者于404年从朝鲜半岛的百济来到日本，成为日本皇家继承人学习中国典籍的导师；406年，又派人去百济请来王仁（Wani）取代阿直岐。这两位佛教学者向日本宫廷展示了儒家经籍。相传王仁带来了两部写在纸上的儒学经典——《论语》十卷和《千字文》一卷，这明显不符合事实，因为《千字文》是作于6世纪的中国韵文。但日本人仍尊王仁为"书首始祖"，他从出生地跨越东海来到日本，是传播书写文化的贤者。

儒学和佛教联合进入日本。当中国陷入始于3世纪的混战时，朝鲜成了日本的导师。552年，百济国王向日本派遣了八名僧人弘扬中国佛教的八个宗派。588年，一名佛教画师和两名佛教建筑师到日本修建寺庙。十三年后，从朝鲜来到日本的僧人观勒，随身携带了大量有关天文、地理、历法和遁甲方术的著作。他被认为是日本医学的创始人。

昙征是最为日本人所怀念的使者，他在7世纪渡海到了日本南部的城市奈良。根据8世纪的《日本书纪》（*Chronicles of Japan*）记载，他向日本列岛介绍了中国儒家的五经、制墨技术、造纸术和毛笔制造方法。昙征来到奈良的法隆寺后，为寺中的金堂（佛教天堂的可能景象）画了壁画，但不久被大火焚毁。重建后的法隆寺是如今世界上最古老的木结构建筑，现在寺中描绘佛教天堂景象的壁画很可能是昙征弟子的作品。

据中国的《隋书》记载，佛经是文字在日本兴起和发展的契机。513年，日本政府发起了一场讲授中国文化和佛教的全国性运动，留学生从亚洲大陆带回了图书、雕塑和图画，这个国家开始用纸记录外交和内政情况。7世纪，有三分之一的日本贵族家庭声称有大陆血统，他们欢迎外来文化并将它改造融入自己的文化。在一些资助者努力下，这种文化进一步向更广泛的社会阶层扩散，其中的两人对于纸和佛教在日本传播发挥了关键作用：圣德太子和天武天皇。

圣德太子是7世纪初日本的统治者，他认为佛教可以庇佑日本，同时也在思考日本能为佛教做些什么。他是如此强烈地信奉佛经所具有的价值，因此亲自为《妙法莲华经》做注解。日本最古老的书面的政府管理准则《十七条宪法》（*Constitution in 17 Articles*）也被认定是他所制定。随着他将佛法渗入依然充满宗族鬼神崇拜和神道教的日本大地时，佛教教义开始被稀释，获得本土色彩。在古代日本史书关于圣德太子的记叙中，1000年之前日本采纳的每一项中国风俗，包括筷子的使用都是由圣德太子引进的，但他的首要遗产源自他对于儒家典籍和佛教经卷的追求。

推动日本佛教在纸面上大发展的第二位著名恩主是天武天皇，在结束一场内战后他于673年登基。天武天皇命令在他新建的川原寺中定期诵读佛经。去世前一年，他命令全日本的贵族都要在家中修建佛堂存放佛经、供养佛像。在天武天皇推动下，由圣德太子奠基的在国家领导下的日本佛教为历代天皇所重视，日本的纸文化随之扩张，填满了全国的图书馆。佛教和帝国的坚定决心联合在一起，确保了纸成为日本文化依赖的支柱之一。

纸文化的繁荣推动日本于6世纪增强了政府、教育和宗教的组织性，由此愈发牢固地确立了纸书写在日本文明中的核心地位，而且也促使佛教继续通过纸走向繁荣。一部完整的《大藏经》也于673年在天皇的寺庙——川原寺中抄写完成。

这种记录知识并将它储存在纸上的努力在8世纪上半叶持续；日本于702年建立了第一个图书寮（一个誊写室于8世纪20年代后期在图书寮中运营），这个图书寮集聚了儒家典籍和佛经，同时还记录国家历史。9世纪，它的工作人员包括四名造纸工、十名造笔工、四名制墨工和二十名抄写员。到9世纪末，它每年可以生产两万张纸；到10世纪，日本六十六个省级行政区中的四十二个向它进贡纸。拥有超过一百名工作人员的国家誊写室，不仅是抄写员的家园，还是有官衔的作家、学者的基地。一名熟练的抄写员一天可以写满七张纸，共计三千个汉字。

同时，在全日本范围内，超过五百家寺庙收藏并抄写佛经，政府予以它们减免税收的优待。佛经被抄写下来用以保护国家，例如《金光明最胜王经》：

> 若彼国王，于此经典，至心听受，称叹供养，并复供给，受持是经……我等四王常为守护，令诸有情无不尊敬。[1]

在纸上书写的文字不仅数量有所增长，而且质量也在提高，并影响到很多艺术形式，例如在日本寺院中抄经堂成为精巧的建筑布局的中心。寺庙中的藏经阁很快就被图书寮的数量超过，非宗教文本的紧俏供应使书法艺术高超的抄写员忙个不停。当然，推动日本文化发展的基础生力军是为书写活动供应原料的造纸工。

在纸发展的大部分历史进程中，造纸曾经是一个地方性的商业冒险活动。本地的原料、水和气候状况在决定生产时机和生产效率方面发挥着各自的作用。传统上，12 月是日本农民砍伐楮树的好时节。用刀从根部砍倒楮树后，将树干和树枝砍成 0.07 米长的树段，将它们打成捆放入用木板拼接而成的蒸桶中，盖上盖子，再用绳子将木桶扎牢，然后将桶放在一口大锅上蒸煮两个小时。蒸煮后，用刀把树皮剥下来，再去除杂物和坏皮。经过让树皮中的纤维进一步松散的工序后，将韧皮（树内皮的鲜嫩部分）纤维放到一个盛了清水和胶料（用树根和黄蜀葵之类的植物做成）的大缸中，胶料的作用是阻止纸吸收过多的墨。冬季更加适宜进行这些生产工序，因为冰冷的空气使胶料黏性更强，不会沉到大缸底部。

这样就做成了纸浆，此时，造纸工人会拿出一个装有过滤帘的抄纸器，过滤帘可能是他用当地采来的野草做成的。中间纱面紧绷的过滤帘装在一个木框中，它的作用是过滤纸浆时分离纤维。造纸工握住抄纸器边框，将其沉入缸中再捞起晃动：先向自己一方倾斜再将它推离自己，以把悬浮的纸浆纤维捞起并过滤掉水。然后再用一根木棍把湿纸从抄纸器的过滤帘上揭下来，放到身后正在晾晒的一叠纸上。

当堆积的那叠纸达到数百张时，他会将它们放到一个木板下面，然后用几块石头压住木板，每过一个小时再加一块或两块石头。几个小时后，他会把石头和木板拿走，从纸堆中把紧压过的纸一张张揭开，放到银杏木板上面自然晾晒。在初冬时节，他通常会聚集亲朋好友组成一个团队帮他完成这些耗时两周的制造工序。在 19 世纪的每个冬天，有数万日本家庭农场通过这种方式制作和纸。

还有更多专业造纸工用不同的植物纤维做实验，生产出经过染色和装饰的高档纸。11 世纪时，出现了只出售回收纸的商铺，这些纸通常是被墨渍染灰的。中国造纸业者优先考虑成本和效率，而日本则致力于制造出世界上最精美的纸。15 世纪，日本成立了第一家纸业行会，到 17 世纪，仅京都一地就有一百二十一家造纸作坊。

500 年以后，佛经、儒学典籍以及政府官僚体系办公用纸的需求增加，滋养了全日本的造纸工业。在一些文化中，纸基本上只是一种实用性材料，它在生活中用途多样。但在日本，纸质经书本身就是装饰性珍品，沿着丝绸之路出售的第一批经文也被赋予同样的魅力。在日本，纸是为美学而生的空间，也是为科学原理和崇高精神而生。

12 世纪，一位武士阶层的将军兼政治家平清盛向广岛神社（此处应为严岛神社——译者注）献上了三部经文感谢佛陀赐了他家族的财富。1164 年，他将经卷供奉到位于广岛城外的宫岛上的这座神社中。《妙法莲华经》被存放在一个青铜盒中，盒子表面镶嵌着用纤细的金银丝线编织而成的金龙和祥云。盒中共有三十三卷经书，经书页面上用了金银箔片装饰。插画分布在经文之中，藤蔓状的花纹连接着风景画，锯齿形的墙和蜿蜒的祥云在汉字经文的侧翼。这是人们都会喜欢且可以欣赏的经书，可以赐予拥有者高贵的地位和高雅文化的光环。这是佛教看得见、摸得着的一种精美艺术形式。到了 12 世纪，经文装帧在日本已经成为一门成熟的技艺。

8 世纪，合称“三笔”的三位声名卓著的书法家，开始将书法风格作为理解书写者哲思、道德和个性的向导。纸和墨寄托着书写者的理念和感情，也是思想研究的化身。书法变得如此受人尊崇以致它甚至掩盖了汉字的光芒，就像纸上的图案和绘画已经起到的作用一样。9 世纪一位日本和尚用更宏伟壮丽的措辞来看待书写的各个元素，以歌颂它们囊括万物的能力：

> 高山为巨笔，大海为墨池，
> 苍茫天地为负经之匣，
> 每一笔画都包含宇宙万物。[2]

法衣、诵经、焚香和列队排班仪式、威仪俱足的僧人，这些已经成为一种朝气蓬勃的艺术，同时，廷臣也在赞助佛教绘画和雕塑。在这种审美冲击中，受人尊敬的经文不再只是信仰虔诚和学问高深的象征，而且被视为具有神力的圣物和法宝。这些古老、深奥的经文中的秘密越来越需要注解才能解开，很多佛经从来都没有被人读过，人们只是将它们放在佛陀的雕像中、埋入地下或作为与佛交流的媒介。从8世纪起，佛经被保存在寺庙中作为监护神，甚至被视为诸佛菩萨的灵魂，尤其是当经文创造奇迹的故事开始流传时。神圣庄严的经文是佛法界的缩影、宇宙万物的化身。日本的佛教徒并不担忧他们的神圣经卷在词句中的不一致之处，因为经卷本身就具有精神力量。后来，不善待经书成为一种罪过，比如将它们扔在地上或者睡觉时脚指着经书的方向。承载了恰当的文字这个强大武器后，纸具有了有形的力量。

但是，中国汉字的传播却不像造纸术那样成功。中国人通过排列组合不同的单音节词来决定一句话的意思，但是日本人将复合后置词（在英语中，“skyward”中的“ward”就是后置词）放在多音节动词后。与汉语不同，日本的词语互相黏附（它们用黏着法构词）。汉语也不能精确地表示日语的发音，甚至可以说它们来自不同语系。

中国和朝鲜的佛教文献曾经采纳了使用汉字表音的方式。日本抄写员在抄写佛经时调整了字和词组以适应读者群。7 世纪时识字的人不断增多，在这种背景下，很多日本词语不久就只是用汉字的发音来做标记，而完全不顾汉字的意思是什么。日语的词汇量有限，比起汉语来，每个日语词的发音数量都比在汉语中多得多。因此，多个汉字可能只表示一个日本单词。

这种方法产生了日本最早的文字——万叶假名（假借的文字），即借用中国汉字的发音来标记日语。“万叶假名”得名于《万叶集》（*Manyoshu*），这部和歌集共收集了四千五百余首和歌，采取倒序编排，开篇第一首写于 759 年，最后一首可能写于 4 世纪中期，大部分和歌是用日语写的（虽然有一些是用汉语写的），这部和歌集总共列出了五百三十个歌人，其中有农民，也有天皇。这些和歌来自全国各地，从靠近朝鲜半岛的对马群岛一直到太平洋沿岸。它们出现在日本文字的萌芽阶段，第一次用书写下来的诗歌来描述日本，这是一个国家以书面形式走向成熟的象征。

万叶假名被称为“男人的文字”，写起来比较复杂，这种跳跃舞动的文字已经不适合阅读扩展的时代。随着借用的汉字越来越多，日本的书写者发明了两种假名，平假名和片假名。它们都利用了汉字的组成部分来代表日本词语的整个音节，但是日文没有实现全面转变，所以今天的日本文字依然处于汉字和这两种假名的混合状态。

“平假名”被称为“女人的文字”，因为诗歌在日本逐渐成为被女性作者所垄断的文学形式，她们被排除在学习汉语之外。855 年，诗歌竞赛甚至成为上流人士高雅生活的一部分，鉴赏家会对选手做出宽厚仁慈的评价，因此诗歌逐渐成为欢快甚至有些杂乱散漫的文学形式。人们会赋诗纪念出生和死亡，郊游者也会写诗描绘自然景色。男人通过写三十一个音节的“和歌”（字面意思为“日本诗歌”）向天皇争宠。情侣在共度良宵后，也会作诗。

9—12 世纪，大部分诗作者是女性。她们的创作摆脱了中国的汉字，这点使得她们在汉字被日本完全改造时推动了民族文字的演化和完善。平假名，这种多被女性和儿童使用的文字，推动了识字率的提升，促进了小说、日记、散文和诗歌的写作，同时还增强了民族认同。

日文可能是世界上最错综复杂和设计最拙劣的书写系统。纸在发展历史上有过更重要的盟友，但在其全球扩展的历程中，最有力地促进其兴盛的思想或宗教没有一个诞生在日本。造纸术在穿越日本的旅程中，到达了它在东方的终点。

但是日本对于纸的发展历史的贡献是独特的。纸在中国从 1 世纪起就有了使用价值，甚至在日本学会造纸之前，纸在中国就已经成为高雅书法和艺术的载体。日本的革新在于发展出一种赋予纸新前途的迷恋。造纸在日本成为一种新艺术形式，将纸视为美之门户的观念在日语中发现了最非同寻常的早期表达。而且，这种迷恋数百年来一直弦歌不辍，从“折纸”到“墨流”（大理石纹纸制作技法），从书法到飘过太平洋的热气球炸弹。

> 一个人动身去成就一场旅行，但相反，正是这趟旅行成就或者毁灭了他。[3]

纸的东亚之旅在持续，它向南穿行进入安南，向西进入中国西藏、新疆，向北进入茫茫草原。中国跨越这个地区播撒的种子不久就在多个国家开出了花儿，但它播撒种子也是有界限的。印度教喜欢说胜于喜欢写：《吠陀经》（*Vedas*）的口头文化传统在强调文献内容的同时，也强调吟诵的声音和语调以及人类声音这种传播渠道；即使是在今天，人们依然认为纸本《吠陀经》不过是吟诵经文的影子。贝多罗叶从公元前5世纪起就在南亚次大陆用于书写佛教和耆那教典籍。虽然造纸术于7世纪传入印度（可能通过纸本外交文书），但数百年后伊斯兰教的到来才普及了纸的使用。即便如此，南亚次大陆本土宗教仍继续以贝多罗叶为书写材料直到16世纪末。而且，在来自印度的佛教势力的推动下，东南亚的部分地区也使用贝叶书写，尤其是在如今的缅甸、老挝、柬埔寨和泰国等地。

与南亚不同，越南特别乐于接受中国纸，就像它乐于接受中国文明那样。自从被中国纳入版图算起差不多有一千多年，越南一直处于中国统治下，它在3世纪采用了中国的汉字，与之相伴的还有造纸术（佛教在至少一个世纪之前就已经传到越南）。唐朝设立了安南（现在的越南）都护府，并吸收当地统治阶层进入官僚体系。当唐朝国势衰微时，安南逐渐成为定都河内的一个中央集权国家。安南的统治者丁部领（Dinh Bo Linh）将僧人用作统治工具。会写文章的僧人辅佐丁部领与中国交往、处理政务、提升民望以及管理掌控财富的豪强。丁部领的继任者改造了承自中国的政治理论以适应本国国情。不断增强的民族认同导致越南文字的产生，据称是一位诗人在13世纪发明的这种文字其实早就出现了，它反过来又进一步夯实了越南的独立意识。

此时中亚依然四分五裂，地瘠民贫，很难有心造纸。贵霜帝国在3世纪分崩离析，宣告了这个地区统一局面的结束。伊斯兰势力到来之前，中亚一直处于被大帝国瓜分或仅由当地诸多小公国统治的状态。纸至少在这一时期已经进入中亚，因为在巴基斯坦吉尔吉特（Gilgit）和塔吉克斯坦穆格山（Mount Mug）都所发现了相关文献（分别写在6世纪的纸上和8世纪早期的纸上）。220—589年，被内战困扰的中国也处于分裂状态。相隔遥远、沙漠阻隔和政治分裂或许可以解释为什么造纸工艺这些年来从来没有向西传播。中亚已经产生了写在其他材料上的文字，因此中国的汉字在这个地区不具有像对日本那样的吸引力，因为汉字到达日本时，那里处在没有文字的未开化时代。

中国西藏在7世纪就已经开始生产纸，它接受了一种从印度传来的使用便利的文字体系（具体是哪种依然存在争议）。随着抄经僧抄写古老的佛经并不断增添新内容，西藏谱写出远至蒙古大草原都广受信奉的高原佛教新篇章。西藏僧人用陶土制作一种叫“擦擦”的禳灾祈福的圣物。这个名字来源于意为“复制”的梵语词，这也是抄写员的作品。这些善男信女被雇用来通过仿制神圣的佛像和经文来积累功德。同时，权力开始从地方贵族转向藏传佛教僧人，他们由此开始记录和刻画历史，他们也可能在这个过程中清除了很多古老经文。一种使用狼毒根茎造纸的新型工艺此时传遍整个青藏高原，这种植物根部所含有的毒性成分可以驱逐蛾子、老鼠和报死虫之类的蛀虫。西藏的纸耐用、轻盈、柔韧，在整个雪域高原以及临近地区凝聚了一个有文化的僧人共同体。西藏的高级僧侣甚至在地区政务中扮演重要角色。

当回鹘人在9世纪中期离开北部草原中的都城斡耳朵八里（Ordu Baliq），向西南征服位于丝绸之路上的塔里木盆地时，西藏地区接受了北部的这个新邻居。回鹘人在9世纪40年代到达如今中国的西北部时，已经有了文字，而且也学会了造纸工艺。回鹘人此时已经过上定居生活，但是他们在纸故事中与众不同的作用却通过他们对一个游牧民族的影响发挥出来，这个民族来自被回鹘人在几个世纪以前放弃的草原地区。虽然这发生在造纸术从东亚扩展到西部的几百年后，但该进程依然属于这个东亚故事的一部分。因此，我们讲述的故事有必要暂时偏离年月顺序，跨越式向前进入12世纪。

当你接近蒙古帝国的古都时，可以隐约看见由间距相同的白色墩子（其顶部就像海鸥栖息在码头的柱子上一样）连接起来的围墙圈起来的方形场地。白墩子是环绕在已经消失了的都城哈拉和林（Karakorum）四周的一百零八座佛塔。进入围墙内部，虽然还有一些寺庙留存，但这个曾经的帐篷之城给人的总体感觉是空旷。进入古城，脚下的路曾经被来自亚洲的朝觐者和来自西欧的官方使节所踩踏。除了有一些和尚念诵佛经、抚摸成排的经幡外，几乎没有任何迹象可以看出七个世纪之前处于黄金时代的蒙古帝国是何等辉煌和荣耀。哈拉和林讲述了一个威震四方的故事。

这个东亚古都不仅是一座帐篷之城，还是一座文书之城。13世纪，每个王公大臣都需要一个通晓帝国各种主要语言（包括汉语、藏语、回鹘语、西夏语、波斯语和蒙古语）的书写法令的文书。政府职能繁多，有管理祭祀和萨满教巫师的部门，有管理商人的部门，有管理驿站的部门，还有管理可汗国库和武器库的部门。以上这些部门都在帝国的二号人物、信奉景教的孛鲁合（Bulghai）的监管之下。虽然高级官员通常都是蒙古人，但是他们倾向于聘用外族人从事文书工作，且哈拉和林也专门辟出三分之一的地方供这些书写文件的官员居住。仅用了半个世纪，蒙古就从一个东部草原不识字的部落发展为世界性帝国的守卫者，这个大帝国几乎完全依赖纸运转，并且使用多种文字和语言。

带来这种变化的人叫铁木真，在早年的流亡生涯中他一直努力保护他故去的父亲丢下的家族。在日常作战中铁木真从诡计、狡诈和兵法中受到教育，他驱策战马，一步步逃离了早年的苦难，在草原部落举行的大集会上树起了用马鬃做的大旗，这象征着帝王之位，标志着蒙古帝国的创立。而铁木真在一个没有海洋的国家被尊为“成吉思汗”，即“拥有四海的大汗”。

勃勃雄心将成吉思汗带到辽阔地域：他征服了光芒之城撒马尔罕（Samarkand）；将泼过油的小猫和燕子点燃后放进波斯城市尼沙布尔（这一点是依据同时代首屈一指的波斯历史学家的记载）；在布哈拉清真大寺的台阶上宣道，自称神的鞭子并屠杀当地居民；将北京城夷为平地；追猎在中亚的最后一个对手摩诃末（Shah Muhammad），直到这位疲于奔命的沙赫困死在里海的一座孤岛。成吉思汗建立的王朝征服了波斯，将中国南部并入帝国版图，派海军征讨日本，使西藏归附，横扫中东，兵临维也纳城下。13世纪，“蒙古治下的和平”在亚洲迅速扩展，使得物品和宗教流传之远史无前例。

但是铁木真西征却是一个反方向的旅程。当他来到中国西北时，他发现在星罗棋布的绿洲城镇上生活的回鹘人愿意臣服于蒙古帝国。这些回鹘人过着定居生活，社会秩序井然，他们的行政管理能力令新统治者成吉思汗感到钦佩。一名汉族官员曾游说他，让新征服的汉族臣民纳税比杀死他们要有益得多。在与回鹘人的相处中，铁木真对他们的文字印象深刻，他命令回鹘学者在本民族文字基础上为蒙古语创制文字。这就是蒙古人的第一种文字。

随着蒙古帝国开疆扩土，回鹘人的书写和档案管理传统被嫁接进蒙古帝国的政府管理体系。交流是“蒙古治下的和平”所具有的最伟大的力量，政府沿主要商路以一天所能走的里程为标准设置一个驿站；根据马可·波罗的记载，驿站间距只有40—50公里。每个驿站都备有马匹和饲料，以便带着专门牌符的信使在需要的情况下能够即刻换马，一个加急信使一天之内可以跑三百多公里。但蒙古公文之所以能够横跨亚洲大陆曲折传递，回鹘文秘人员功不可没。

铁木真的新帝国所取得的成就基本上要归功于它对外族的借鉴：

来自回鹘人的书写制度，来自契丹人的驿站体系，来自中原及其他地方的政府组织形式。铁木真没有强制别人接受蒙古人的生活方式，相反，他还对这种生活方式进行了改革，其中最重要的改革是在他的要求下创制蒙古文字。有了文字这个利器，他才得以将蒙古帝国创立的秘史用他自己的语言写下来，即《蒙古秘史》（*The Secret History of the Mongols*）。蒙古帝国的秘密对于它的生存至关重要，因为这个国家本身只是不同部落的松散联合体，这部流传到今天的书成了笔、墨和抄写员所拥有的力量的证明，因为正是它们锻造了征服半个欧洲的蒙古民族的信念。

从 10 世纪初期开始，中原以外的外族王朝就已经使用本民族的文字书写，这样纸就可以承载和保存他们的法令、历史、诗歌、史诗和思想。12 世纪，中国北部处于金朝统治下，他们是发祥于满洲的女真人，这个王朝造就出一种非职业的绅士型学者典范。一个绅士不会屈尊去画壁画，他只在纸和缣帛上写字作画。图书印刷工艺（我们将会在后面的章节中讲到这个问题）在金代也在不断发展，这个王朝意图通过印制纸币填补财政亏空，却事与愿违地导致通货膨胀。在蒙古人于 1206 年发动进攻后，金朝印制了更多纸币来支撑战争，它的货币再次大幅贬值。在完成征服后，蒙古政府保留了一些旧有的等级制度，但是它再也无法完全回到自己的草原传统了，而是采纳舞文弄墨的官僚体系成为它治理国家的组织机构。

13 世纪末期，柯勒律治（Coleridge）在诗歌中描绘过的元朝皇帝忽必烈选择将帝国都城从哈拉和林迁往北京，并穿汉服，采取汉族人的生活方式，接受汉族人的图书、信件和政府公文体制。这位可汗的行为开启了一场文化大潮，这以 14 世纪上半叶设立促进艺术和文学发展的奎章阁学士院为标志，一直持续到元朝灭亡。元朝的末代皇帝妥欢帖睦尔有时会花上几个小时在奎章阁学士院练习书法，欣赏他的艺术藏品。

元朝在14世纪初期出版和翻译了大量图书，包括一部宋朝的历史概要录学著作、宋太宗下令编撰的两部作品、《资治通鉴》、《尚书》、《大学衍义》、儒家经典《孝经》、《列女传》、《春秋》相关研究著作，以及元朝官修农书《农桑辑要》。用蒙古文字写的书籍中嵌入儒家思想，用来教授蒙古族官员怎样管理一个以纸为行政基础的帝国。随着元朝统治地位的稳固，戏剧和剧本写作逐渐兴盛。在元朝，不仅精英阶层对艺术感兴趣，普罗大众也是一样，这为中国长篇小说发端以及为诗歌、文学开创新主题铺平了道路。书写艺术正在呼唤新文体。

蒙古人看起来最不可能接受纸，他们用纸书写与其说是东亚转变这一故事中的一个篇章，不如说是稍后版本的补笔，因为他们接纳纸比东亚其他文明晚了几百年。作为一个大帝国的开拓者，只有一种新的生活方式才能够让他们见识到纸所具有的优点。游牧出身的蒙古人对纸所具有的管控才干和可以赋予他们合法地位的能力刮目相看，认识到它在帝国行政管理方面的独特作用。在争取到蒙古人的过程中，纸展示出它具有将最异质力量为己所用的非凡禀赋。蒙古人的经历也再次强力印证了纸横跨东亚所取得的巨大成就。在公元后第一个千年的中间时段纸就已经逐渐进入“大中华”地区所涵盖的半个亚洲，文字系统与本地认同、民族认同连接在一起，推动这些认同在纸上确立。在东亚及其边陲，不仅文章写作量大幅增加，而且汉字、字母、毛笔、墨、竹简、纸、拓印和雕版印刷等被塑造成不同形式，与它们相关的各种技法也在不断提升。作为践行中国道路而开始生命历程的纸，最终转化成从佛教到地方独立运动等不同的新结局。纸不再只是一种中国现象，它的全球远征开始了。

注 释

1．改编自 Delmer M. Brown, *The Cambridge History of Japan, Volume I: Ancient Japan* (Cambridge: Cambridge University Press,1993), p.393。

2．改编自 Richard Karl Payne, *Discourse and Ideology in Medieval Japanese Buddhism* (London: Routledge,2006), p.73。

3．Nicolas Bouvier, *L'Usage du monde* (Paris: Payot,1952).

第七章

建立在典籍上的统治

世界上从来没有哪位诗人像白居易那样受到同时代人的爱戴。

——亚瑟·威利（Arthur Waley，翻译了白居易的作品并为其立传）[1]

8世纪时中华帝国的首都长安，如果不是世界上最绝妙至少也是亚洲最绝妙的城市。就像白居易在诗中所言："百千家似围棋局，十二街如种菜畦。"这座布局像棋盘一样的伟大城市（现在叫西安）是一百万居民的家园；作为人世间最国际化和最有文化的大都市之一，它充斥着财富、美人、阴谋、商业和喧闹。当时只有君士坦丁堡和巴格达可以与之媲美。

中国南北分裂的状态在581年终结，隋朝定都长安，繁荣盛世随之而来。在长安，商贾如云，市场被划分为九个独立的方形区域，仅东市就有很多条纵横交错的小巷，在这些街巷中经营的行业达到二百二十个，出售同类商品的店铺被集中在同一个区域，比如肉行、铁行、衣肆、食店、鞦辔行、鱼行和黄金首饰店。波斯人的商店中出售半宝石、贵金属、象牙、宝玉、圣物和珍珠。来自布哈拉和波斯的地毯成为贡品进献到皇宫。唐朝一位贵妇人得到了一张用象牙做的床，它放在一顶镶嵌了金、银、珍珠和美玉的宝帐中，簟席是用犀牛角做的，褥子是用貂皮做的，毡褥是蚊毫做的，床席是用“龙须”和“凤翮”编织的。

这个市场出售绣有彩色图案的衣服，货摊上卖治疗口臭的丁香，江湖郎中还能治疗“胡人狐臭”。女士可以买到素粉、粉刺去除剂、面脂、美容剂、皮肤增光剂以及做成小鸟和月亮样子的面靥（古代妇女面部的妆饰）。女士把自己的眉毛剃掉，然后用一种青黑色颜料画出新眉毛，再将胭脂搽在面颊上，把用朱砂做的光泽性唇脂涂在嘴唇上。对女性来说，有六个神仙掌管着她们的化妆品、首饰和服装，分别是掌管润发油、眉黛、香粉、唇脂、珠宝和襦裙的神仙，这也表明这些东西不仅容易买到而且还具有重要的社会意义。

公共假日很常见，8 世纪中期，政府设置了二十八个这样的假日，官员更进一步享有四十八天的法定假期。在节日狂欢活动现场，各类表演争奇斗艳：杂技演员沿着绳子在锥形物上行走；击剑者表演打斗；还有人用刀剑、枕头和珍珠变戏法；此外，还有一种长竿表演，一个头上立着六尺高竿的表演者在舞台上四处走动，而另一个杂技演员就在这根竿子上绑缚的一根横梁上跳舞；道教的法师们竖起了高高的梯子，他们中的一员赤脚爬上梯子挥舞着宝剑为大家祛病——这是一种使大众获得群体免疫的精神努力；还有一些人在跳舞。在寒食节这天，宫廷妇女和刚就任政府官员的儒生在玩一种类似足球的游戏，一位皇帝甚至拆毁了先帝为女儿所建的庙宇以腾出地方建足球场。在当时的中国，通常是军官在玩这种用皮革做成的球，游戏规则类似于踢足球。和现在一样，马球当时也是精英阶层的运动，但在当时的中国，每个队有十六名骑手，在比赛过程中，通常会配有乐队表演。

在所有这些富有魅力的表演中，纸无处不在。画在纸上的门神贴在大门上用来驱邪卫家；当时还没有发明玻璃，如果买不起丝绸的话，人们会用油纸糊在窗格上面防风挡雨；用竹子做成轻巧的骨架，然后用纸把骨架裱糊好即可做成灯笼。为期三天的元宵节期间，宵禁解除，人们可以提着灯笼在这月圆之夜行走，富裕的市民争相花钱比谁做的灯笼更加漂亮。713 年，皇帝命人做了一个 60 米高、用锦缎和纱罗做罩子的大灯笼放在长安一座城门外；纸开始替代厕筹（如厕后，用这种木片清理身体）；767 年，长安东部的一片区域遭到一个入朝节度使所率士兵的劫掠，财物被抢劫殆尽，以致当地官员只能穿纸做的衣服。[2]

毋庸置疑，在中国新黄金时代的文化生活中纸居于中心地位。即使是在战乱年代，饱学之士依靠阅读度过时艰，他们还尽力保护重要的文学作品。这个时代的学术研究允许政府高官和醉心文学之士享受一种被纸推动的生活方式，不论是在公共行政领域还是在私人写作方面。（两千多名唐代诗人创作的四万多首诗流传到现在。20 世纪“意象派运动”之父埃兹拉·庞德［Ezra Pound］仍把以简约风格表达复杂意象的唐诗作为典范效仿。）隋朝统一中国后，经济持续繁荣，图书制作工艺也随之兴旺起来。（一个统一的中国也意味着信件可以穿越更远的距离。）

纸——很多是在中国西南部的成都及其周边生产的，有史以来首次便宜到普通人可以负担，用来记录自己的生活。在纸上密切关注一个人的私生活成为可能。数百年后，通过纸还可以感受到故事中隐藏最深的内容——个体的内心生活。当然，即使那时也只有极少数个体的书面记录足够丰富和有内涵。但是，能够阅读生活在一千二百年之前的中国人的个人见解和人生经历依然是非同寻常的。

图 8　北齐校书图。这一罕见的早期中国人物画出自画家阎立本之手（此画一说系唐朝画家阎立本所绘，如今的藏品为北宋摹本——译者注）。这幅描绘了不得体小插曲的雅致画作捕捉到了纷争出现的一刻（中间靠前的学者突然准备离开，被另一位扔掉乐器的同事抓住，盘子被打翻，菜肴散落在榻上），这也有可能是一个精心构思的诙谐场面。这幅画描绘了 556 年十二名儒家学者（阎立本只画了其中五个）受文宣帝之命勘校用于教育太子的汉语典籍的场景。右边身穿红色胡服的学者坐在“胡凳”上，周围的几个仆人在他的工作中分别发挥不同作用：有一个拿着纸供他书写，另一个为他准备了一支新笔，第三个手持一卷备用的纸，第四个在复核书写的内容，还有一个女仆捧着他的玉带（官品等级的标志）（版权 @ 波士顿美术馆）

有一个人，他借助写诗作文、参与政治及宗教活动、与朋友书信往来在纸面上践行个人生活，后人得以通过文字记录了解他的政治素养、兴趣爱好、深情厚谊、杰出才智、社会情怀和诗词歌赋。他就是白居易。他的个人生活展现出纸在 8 世纪中国士大夫阶层的生活中无处不在，不过很少有人能够做到像他那样记录个人生活。他的经历表明纸不仅用于书写实用性文章——例如政府文件、考试试卷和来往公函等，也用于个人抒怀。通过阅读他的书信、诗词和日记，我们得以窥见他丰富的内心感受：个人遭际引发的痛苦、亲密友谊带来的乐趣、对政府腐败的失望、对贫富悬殊的愤怒、顿悟后的豁然开朗，还能见证他与大自然热切交流的时刻。他的作品集，写作题材广泛，内心表白频繁而热烈，记录了为批判政治所承担的风险，这些都给我们

留下了超越时代、史无前例的遗产。只有纸能让我们传承这种遗产。

白居易生于772年，鉴于他在生活中所表现出的各种兴趣，他可谓生不逢时，因为战争和饥荒吞噬了中国六十年前开启的黄金时代。中国的人口数量从二十年前的5000万锐减到764年的1700万。横扫南北的叛乱、饥荒和入侵使得中国在8世纪余下的时段中挣扎前行。危险在农村蔓延，政府不得不出售度牒、卖官鬻爵，以填充空虚的国库。

白居易出生在中原地区的士大夫家庭。他和兄弟由外祖母养大，据说他在孩提时代就已经认字了。他后来写道，自己在五六岁时就开始作诗，到了九岁便掌握了声韵。几年后，他写信给侄子和侄女，鼓励他们要一心向学。

> 世欺不识字，我忝攻文笔。
> 世欺不得官，我忝居班秩。[3]

783年，唐朝皇帝被叛军赶出都城；784年秋天，皇帝平定叛乱后重整朝纲。第二年，旱灾使得首都灌溉粮田的水井干涸。（中国历史能够以水为主线进行叙述，它发端于神仙将天地和海洋分离，然后演进到农田和灌溉系统出现，创造出道教的风水理念，开凿出将南部物产运送到北部的大运河，后来又面临沙漠地带的干旱问题，进入20世纪后修建了很多水电大坝，到21世纪还实施了浩大的南水北调工程。）

但是，对于白居易来说，干旱引起的动荡造成家庭分离，亲人四散。作为从动乱的北部逃亡的难民，白居易被带到东南长江三角洲的城市中生活。他第一首标有时间的诗作就是这个时候写的，而且写在一张便宜的纸上，根据该诗的最后一句来推断，这首诗展现了古老中国的思乡主题。

故园望断欲何如，楚水吴山万里余。
今日因君访兄弟，数行乡泪一封书。

788年，白居易将自己的诗作投赠大名鼎鼎的诗人顾况。此时已经工作的白居易可能是当地政府的一名刀笔吏，但他的家庭已陷入贫困。当做小官的父亲于794年去世时，他被迫推迟参加科举考试，而且为了遵守儒家传统，他必须守孝三年才能重新担任政府职务。

799年，他游历洛阳，去给贫病的母亲送钱。在渡江到长江北岸之前，他在一个小镇停留并参加了省级的科举考试。他挥毫写下的文章不仅展现了深厚的儒学功底，还展现了工于辞藻的技巧，最终他顺利晋级得以参加来年春天在首都举行的最后一轮考试。800年，虚岁二十九的白居易通过了中国最重大、最高等级的考试，他所作的文章令他在新科进士中名列前茅。

科举制到武则天统治期间已经相当成熟，打破了首都的阶层固化。吏部的主考官权势日隆，但自737年礼部接手后，主考官的权力被削弱。唐朝的高官并不总是出身于在科举考试中名列前茅者，即便他们也大都寻求有影响力的庇护者，庇护者会亲自向主考官打招呼对他们予以关照。白居易给负责帝国陵墓的官员写了一封奉承信件，但并没有带给他任何好处。白居易至少精通礼仪、辩论、书法和法律，虽然他在自己的作品中声称对书法知之甚少。

在最后阶段，有两种考试形式可供选择，一种是明经科，另一种是进士科，考生必须将儒家道德原则融合到务实的政策制定中。明经科考试是对死记硬背式学习的检验，需要考生对国家认可的典籍注解加以论述。白居易选择了进士科考试，这一考试形式始于隋炀帝大业年间，是重视文学的新时代的产物。许多人通过写颂、赋和诗等文体来探讨新出现的社会问题的答案。这个帝国最成功的人士就是文人，他们参加的这种考试是为当时世界上最高级的政体求才的方式。800年，白居易参加考试时恰逢一位改革者攻击考试系统中存在腐败。白居易在写作中提出的答案为他赢得了声望，他提到儒道矛盾及大自然的运行规律，并建议恢复有助于社会和谐的收购政策来稳定谷物价格。在考试结束几周后，他要离开长安赶赴洛阳祭奠去世的祖母，临别之际，他写下了《及第后归觐，留别诸同年》。

十年常苦学，一上谬成名。
擢第未为贵，贺亲方始荣。
时辈六七人，送我出帝城。
轩车动行色，丝管举离声。
得意减别恨，半酣轻远程。
翩翩马蹄疾，春日归乡情。

白居易二十九岁时（中国人所谓虚龄三十）处于无业状态，他忧郁地指出，就算能活一百岁，三十岁也差不多已经过去三分之一。白居易寄希望于官员选拔考试，他在答卷中引经据典，提出一系列解决社会争议和不公正问题的方案，最终他和其他七人通过了考试，后来成为皇家藏书机构秘书省的校书郎。

作为校书郎的白居易官职低微，每个月只需花两天时间在工作上，他还有一份俸禄，生活很闲适。后来，他回到故乡，一到两个月才回一次首都。秘书省的设置表明纸墨已位于中华帝国的心脏，想在官场上谋求更高职位的人必须善于写作、精于维护历史作品。经典书籍和书法艺术在维护纸的支配地位方面同等重要，它们传播到社会其他部门，普及程度不断提高。

学习之风在首都无处不在，甚至在皇帝的后宫中，女人也要学习典籍、写作、法律、诗歌、数学和棋艺。她们种桑树造纸，养蚕向宫廷供应丝绸。帝国敕令写在黄色纸上下发给全国各地的官员，官员收到敕令后，会命军官拿出铺了紫色布的架子，然后一个文职官员将敕令放在架子上，再由另外两名官员轮流宣读。

图书馆扩展迅速。秘书省有超过二十万卷书，这涵盖了一大批思想学派。在白居易生活的时代，甚至有了基督教著作的翻译版本，如《序听迷诗所经》（*The Sutra of Jesus the Messiah*），它主张基督教对中国文化没有威胁，耶稣是所有民族的救世主，这促使唐太宗在都城建了一个景教教堂。即使是在帝国西北部最偏远的角落，当地政府也用纸起草文件。

新帝登基后的806年，白居易被迫学习应对一场新的帝国考试。以前他通过深入细致研读儒家典籍及其注疏，探究王朝历史来备考；但此次他在华阳观的图书馆中复习备考。这反映出宗教兴盛促使新图书馆在全国各地寺庙、道观中大量涌现，证明了纸在宗教生活中发挥的作用日益增长，同时也表明写作在宗教文化领域和其他重要领域所具有的影响。白居易与他最要好的朋友元稹并肩学习，他们需要解释这个王朝衰落的原因，并给出解决之道。在概述施行仁政的政府如何说服叛乱者放下武器之前，白居易在文章中主张降低税收。

而元稹提议设立一个新的官员选拔考试体系作为解决方案，选拔考试分两场：第一场考察唐朝的法律和典籍知识；第二场是用散文诗的形式写出解决问题的方案，这种通常有一种套路化格式的诗用来评估考生的才能。元稹主张，第一场考试主要考查死记硬背能力，考官应该在评分体系中降低它的权重；考官应该明白第二场考试只是展现了考生的文学水平，而非政策制定能力或执政能力。元稹并没有提出进一步将考生分配到具体职位上的考试安排。简而言之，元稹主张构建一个并非过分强调儒家思想体系的知识精英统治阶层。元稹在考试中拔得头筹，但是他的建议从来没有超出纸面变成现实。白居易亦登科。

白居易和元稹一起阅读儒家、法家、佛教和道教文献，但是随着白居易年龄增长，他的儒家思想开始淡化，更喜欢佛教和佛经。

> 往有写经僧，身静心精专。
>
> …………
>
> 经成号圣僧，弟子名杨难。
>
> …………
>
> 素屏有褚书，墨色如新干。

在白居易生活的时代，佛教僧侣已经成为中国精英阶层的一分子，地位仅次于国家的世俗统治阶层。这个跻身第二等级的精英阶层培育出大量写作能手，不仅提高了自身阶层的文化水平，而且将这种新水平传递给众多佛教俗世信徒。僧侣摆脱了家庭义务，被免于征税；佛教削弱了阶级差别，允许女人参加他们的宗教仪式；佛教甚至稀释了中国的“中心主义”思想。然而在唐朝前半叶，政府热切希望将它融入中国文化。

唐朝初年，除了几个主要城市外，佛寺拥有中国规模最大的图书馆。僧侣是受教育程度最深、最有文化修养的社会群体之一，中唐时期他们数量可能达百万之众，他们并不全是被孤立在寺院中的善男信女，相反，很多僧人深度参与社会生活及市场交易。其实，寺院一般都相当富有，原因有以下几点：拥有大量奴婢[4]（845年，在迫害佛教运动中，政府释放了十五万寺庙奴婢；有些被卖掉，有些被招募到军队，还有些被官员带走作为私人奴婢），经营当铺及商业性放贷业务，享受税收减免优惠，接受政府赠地。

705年，皇帝对僧侣实行了考试制度，他们必须回答问题并且背诵包括《妙法莲华经》在内的一些经书的部分段落。“安史之乱”促使唐肃宗下令在五岳各建护国寺庙，并配备受过训练的僧人，每名僧人必须掌握至少五百页佛经——有说法称接近七百页。在8世纪后期，僧人考试的内容从考查“经”扩展到“律”和“论”。从不晚于4世纪开始，寺庙里的僧人也得学习儒家典籍，寺院里的老师也会向学生教授书法。即使年幼的小沙弥也得阅读和背诵一定数量的经文，六七岁的“驱乌沙弥”是最年轻的修行者，他们必须学习阅读。大乘佛教鼓励人们阅读、背诵、学习和抄写经文，7世纪末期，中国西北的一座寺庙有五十五个抄写经文的经生，由此推论首都的诸多寺庙肯定有数千名经生。

上等阶层（还有像白居易家那种贫寒的公务员家族）接受的是儒学教育，但是僧人大多把注意力集中在为乡村提供教育上。很多寺庙通过壁画向不识字的广大信众灌输佛教理念，此外还有一些年轻学生在佛寺中学习阅读和写作。

从印度源源不断传来的佛经保证了图书馆藏书的丰富性。寺庙同时也“生产”文章，它们的僧人数量是政府抄写员数量的两倍，经常收到政府用于书写大型佛教文献的求助。除了抄写经文外，他们还编撰法事仪式的史书，甚至抄写很多世俗文献。他们持有的一些文献只是为了辩论之用：宫廷经常在皇帝的生日当天邀请三教（儒释道）宣扬自己的思想，在这个场合中辩论是必不可少的。7 世纪初期，在十五年间，奉宫廷之命抄写的佛经多达一百万卷。

有一些人在准备官员选拔考试期间来到寺院图书馆，翻阅和研究书架上数以千计的经卷中的一部分。8 世纪，仅长安一地就有九十一座佛寺，其中三分之一是尼姑庵。甚至在 7—8 世纪的日本，寺庙的藏经阁中除了存有数千部汉语经藏和论藏外，还存有儒家典籍。白居易后来更迷恋佛教和道教经典，而不是儒家典籍，尤其是在他退休以后。

> 暗诵黄庭经在口，闲携青竹杖随身。

但是佛教对中国文化最大的贡献既不是它的藏书也不是它开办的学校，而是抄写。中国汉字书写复杂，寺庙在快速抄写经文方面难有突破。在城市中，店主也会抄写佛经，并将它与佛像一同出售给信徒。与儒家不同，佛教不会极端珍视精美的书法，它的关注点只在抄写本身。

对儒家典籍的熟稔，对佛教的喜爱，在帝国政府和藏书机构的工作以及他的诗，将白居易置于中国纸文化的中心。他利用纸进行这个黄金时代最富有成效的创作，他和纸的关系也是当时最具启发性和最引人注目的。白居易既不是皇帝也不是官方历史学家，但是他内在的

图9　杨辛的个人印章，印在他所有的作品上。刻印章的工艺对于印刷术的发展有一定影响

学问和独立的见解使得他的名字通过纸本书籍代代相传，皇室之外只有极少数人的生活能够被如此详尽地记录。他的感情如此丰富，他的文字记录如此坦诚，从这种意义上来说，白居易成为写作者利用纸描述内心世界以及琐细日常的罕见早期例证。其他写作材料太昂贵，版式太刻板，太受老旧题材的束缚，无法促进新文体的繁荣。

两千年来，阴文印章在中国是权威和身份的标志。秦始皇拥有了第一个玉玺，用玉雕刻而成；道士们会在木板上刻符咒，在沙子或陶土中留下印记，用来祛除邪恶的鬼怪。到了白居易生活的时代，印章不再刻成阴文（像照片底片一样，阴文印章上的图像是反的）；相反，它们刻成阳文，这样印在纸上的图像看起来犹如木制印版印上的一样。

白居易很可能在写好诗作后也盖上自己的印章。白居易非常了解的道教和佛教都在它们的经书中用印，他也应该见过很多印章。纵观中国历史，数以十万计的汉字被刻在石头上，人们会将碑文拓印到蘸墨的纸上，有时几乎是刚刻完字就拓印，有时则是在几百年后。

批量生产在中国有着深厚的历史，从商朝的青铜器到秦始皇统一后的文字，到非定制的明朝瓷器，再到如今中国工厂争分夺秒生产的商品。[5] 在白居易生活的年代，印刷术已经出现，但通过印刷大批量制作书籍并非他生活方式的一部分，即使他近距离见识过这项技术。白居易是个诗人，对他来说，书写体现的是写作者的文字水准，表达的是作者的感情，但一位雄心勃勃的女皇明白前景看好的印刷术最适合应用在什么领域。

第一份印刷品可能是一项佛教工程的产物，因为在9世纪政府释放了寺庙的所有奴婢后，手抄的方式远不能满足人们对经文的需要。但是这项佛教工程并不是为了满足读者，它对这位女皇的神化也不会给白居易留下深刻印象。然而，白居易在有生之年赢得大量读者的两块土地正是印刷术盛行的中心地带：中国（连同朝鲜）和日本。

在中国，女皇武则天将佛经送到她最喜欢的圣山，并编造了它们具有治愈疾病神力的故事。她送去了五千卷刺绣佛经，还有超过两万卷经书以及数百万护身符为她故去的父母积累善业。

武则天并不读佛经，而是将它作为提升个人形象的护身符。她开启的大规模印刷佛经的事业激发了将印刷材料从纺织物转向纸。世界上现存最古老的纸本印刷品是一份751年印在朝鲜纸上的中国道教咒语或护身符，它很可能是在中国印制的，它并不是供人阅读的；它既是一种文字媒介，更是一种精神法宝。

目前已知最古老的大批量印刷品也是一场政治作秀。人们认为（而且很可能是真的），日本女天皇称德于770年下令在小型白色桑皮纸上印制了一百万份佛教经咒，每一份经咒印本都安放在一个小型佛塔中，然后分送至全日本的寺庙保存，为她的统治祈福。这种做法不会打动身为公务员的白居易，他甚至会创作诗文谴责这种虚荣，虽然他也是一个佛教徒。在他去世仅二十二年后问世的世界上第一本印刷书籍，可能会让他开心，毕竟，这本书的设计初衷确实是供人阅读。

868年中文版《金刚经》被刻在木制的雕版上，雕版的正面涂上墨水后就能够在若干张纸上进行印刷。这本《金刚经》开篇印的是木刻扉画，展现了释迦牟尼被一群弟子环绕的景象。印刷者将这张画放在经卷最前面，将画左边的空白处粘在经文第一页，以便这卷经文从右向左读。用来做书页的纸事先要用小檗硷染色，染成黄色的纸具有驱虫功效。印刷这些书页的墨以碳为主要成分，持久不褪色，印好后将它们一页页粘在一起，就形成了流传到今天的单幅卷子。这卷《金刚经》伸展开来超过 4.8 米。当然，它与手写卷子有了关键性的不同，因为手写卷子离不开抄写员。不过，印刷术源自对于书本知识的迷恋，这种迷恋曾经推动手写文章在唐朝社会广泛传播，不论是政府文件、宗教指南，还是哲学或诗歌，都体现了这一点。

佛教将印刷术带到东亚，但是没能充分开发它的潜能。从 9 世纪中期起，佛教在中国开始走下坡路；因为民族主义和排外情绪引发的大众浪潮，佛教成为由政府主导的迫害运动的受害者，大批寺庙被毁掉，税收减免政策终结。此后，印刷术在政府机构大放异彩。唐朝时期，秘书省开始扩张，并印制出更多政府文件，当时的官员需要具备擅长管理文件的能力。印刷术提供了更高效的文字生产能力，尤其是对 10 世纪早期接替唐朝的宋朝来说。

即使是在印刷术充分发挥影响力之前，阅读书卷和书写作为本职工作的报告是公务员生活的中心。白居易在一首长达八百多字的诗中谦言自己每个月书写谏章的纸张大约是二百张。白居易说，他是在醉酒后“走笔”写下的这首诗：

> 月惭谏纸二百张，岁愧俸钱三十万。

白居易曾在今陕西周至县做县尉，后来成为集贤院校理，从各种典籍中摘录部分内容加以编辑，并对它们加以注解。这虽然是个不起眼的角色，但是皇帝开始注意到他。同一年，一个宦官来到白居易家，向他宣读翰林学士任命通知，这是在朝廷中能够得到的最有声望的职位之一。

翰林学士是皇帝的私人秘书，他的职责是起草和准备诏令供皇帝批阅，然后盖上皇帝的朱红御印，这些诏令有两百多张传世。白居易在他那些因写作和起草文件技能而被皇帝选中的同僚中结交到了亲密朋友。当白居易进入翰林院时，这个机构正在分裂，一派人发起运动希望剥夺宦官的权力，另一派人不愿做这种斗争。白居易是改革派的一员，渴望权力能够回到训练有素的人手中。

808 年，白居易被任命为左拾遗。从其品级（他现在属于品级较低的八品官）来看，这一职位并不能算高官，但是这份工作本身享有特权。这一职务确保白居易有权力书写报告供皇帝阅读，也可以接近皇帝以便对他的行为、言辞或政策进行劝谏，对政府施政提供改革建议，这是他职业生涯中最接近政策制定中心的时刻。白居易相信皇帝选中自己而不是另外几位同僚，是因为自己的诗作受到赏识。他还对皇帝致力于改善穷人的生活抱有信心，虽然有时皇帝的行动来得太迟。

白麻纸上书德音，京畿尽放今年税。

白居易的职责只是批评皇帝本人的行为，但是看到中国北部的农民生活穷困，而宫廷中的宦官、大臣和皇帝的后妃们腐化堕落，他批评的对象在增多。作为履职条件，他享有法律豁免权，不必提供任何证据来支撑自己报告中的论点。在他写的一首诗中，妖妇和谗佞的大臣就像柔蔓的紫藤缠绕着大树，但最终会把树勒死。在另一首诗中，品行优良的官员就像是污秽池塘里生长的莲花，馨香被烂泥的臭味所掩盖。白居易经过多年历练已经成为一个政治上活跃的改革家，他希望能向皇帝指出皇宫门外的真正问题。809 年，他在《紫毫笔》中解释了自己的角色。他写道，产自中国中部宣城地区的毛笔制作精良，工匠从他们抓来取毫制笔的老兔身上“千万毛中拣一毫”。他警告说：

管勒工名充岁贡，君兮臣兮勿轻用。

…………

愿赐东西府御史，愿颁左右台起居。

…………

臣有奸邪正衙奏，君有动言直笔书。
起居郎，侍御史，尔知紫毫不易致。

…………

慎勿空将弹失仪，慎勿空将录制词。

同一年，白居易建议皇帝重振民歌收集活动。一千多年前，周朝的采诗官穿越整个中国记录流行的民歌，人们希望通过这种方式，民意能够直达天听。

郊庙登歌赞君美，乐府艳词悦君意。
若求兴谕规刺言，万句千章无一字。
不是章句无规刺，渐及朝廷绝讽议。
诤臣杜口为冗员，谏鼓高悬作虚器。

…………

君兮君兮愿听此，欲开壅蔽达人情，先向歌诗求讽刺。

白居易正是这样做的，他警告皇帝，宫廷宦官操纵政治，地方官员阳奉阴违不忠诚，这些导致农村地区民众贫困，并将导致唐朝衰败。

他认为将铜钱熔掉比作为货币流通更有价值，建议政府应该征收所有铜器以控制货币价格，因为货币购买力的波动伤害了穷人，但是他的建议未被采纳。白居易向一个朋友抱怨说，农产品价格在下跌，应该免除农业税，因为农村的穷苦人家在承受苦难。他甚至写了一首诗谴责遥远的湖南官员每年向皇帝进献侏儒作为贡品。（贡品从全国各地的封臣辖地送往京城作为政治庇护制度的一部分，它通常是一个地区最负盛名的特产，南方进献的供皇帝取乐的侏儒只是这些贡品之一。）

这些年是白居易对政治最感兴趣、最具爱国情怀的时期，他在纸上记下了自己的观点和心境。三十七岁的他和一年前刚过门的妻子生活在都城一个安静的地区。在《早朝贺雪寄陈山人》中，叙及他在黎明之前起床去早朝，沿着蜿蜒的河岸走向银台门。在凛冽的寒风中骑马向北走了十里，到城门外等待鸣钟开门时，胡子已经结冰。在这首诗的最后，他想象了朋友陈山人依然在毛皮被窝里睡觉直到太阳早就高过头顶，这也是他对自己未来的暗示。

809 年，白居易的诗转向以政治为主题，屈指可数的几首关于个人的诗要么是写给元稹的，要么跟元稹有关。但是，810 年的一天，白居易在街上出乎意料地碰到了被贬谪正要离京的元稹，元稹指控一个近期去世但很受欢迎的地方大员存在税收腐败和非法没收财产问题，这激起一些官员对他的憎恨。白居易骑马向南为好友元稹送行，直到不得不返回，不过他利用了帝国驿传系统（这个系统唐朝统治期间遍及全国，不仅有陆路，还有水路）传递了二十首新诗给离别的至交元稹。白居易上书皇帝抗议贬谪元稹，但没能使皇帝回心转意收回成命。

白居易很快就在宦官和守旧官僚中发现了敌人，但是他依然在提建议。有些问题太过敏感，即使是白居易也不愿贸然直接提出，在这种情况下，他会写一首与这个问题相关的诗，然后匿名发表，希望这首诗能在整个京城广泛流传，最后传到皇帝耳朵中。（白居易作品最著名的翻译者亚瑟·威利将这种做法称为他“给《泰晤士报》写信”。）白居易在《秦中吟·歌舞》一诗中，描述了一天晚上，大理寺和刑部的官员歌舞宴饮，却对于囚犯冻死在他们所管辖的一座监狱中漠不关心。（诗曰：“日中为一乐，夜半不能休。岂知阌乡狱，中有冻死囚。”）

白居易只是很多忧国忧民的士大夫之一，他们在保住工作和性命的前提下寻求批评帝国政策的稳妥方式。在中华帝国的长久历史中，作诗成为最普遍的讽谏方式，诗中提到一朵盛开的花、一位远古时期的帝王或者天气变化都可以被用作政治讽谏。虽然有文化的阶层都热切希望读到白居易的诗作，但是这是一种高风险的游戏。

白居易存世的两千八百余首诗从风格上看好似凡夫俗子而非文人雅士的作品，这些诗体现了他渴望帮助小农并希望赢得他们好感的心境。根据后人记载，白居易会在诗作发表前，先读给浣衣老妇人听，以确保诗作通俗易懂。但是当写到官场时，他的作品主题通常是谴责，就像《红线毯》一诗，他批评官员不避烦劳地寻找最好的地毯取悦皇帝。

> 宣城太守知不知，一丈毯，千两丝。
> 地不知寒人要暖，少夺人衣作地衣。

810年，白居易要求改任收入更高的京兆府户部参军，以便照料生病的母亲。这年秋天，他告了病假直到年末。在山中度日时，他开始考虑亲近自然的田园生活是不是适合他的归宿。第二年母亲坠井而亡后，他按儒家传统离职丁忧，为母亲守孝三年。白居易这个时期写的信件表明，他的政治热情开始减退，甚至开始以追忆往事的口吻谈论自己的职业。

811 年，白居易三岁的女儿金銮子夭折，当时他和家人住在靠近黄河西部支流的地方。在谈论女儿的死亡时，白居易的儒家男尊女卑传统思想好像濒临瓦解：

> 有女诚为累，无儿岂免怜。
>
> …………
>
> 故衣犹架上，残药尚头边。
>
> 送出深村巷，看封小墓田。
>
> 莫言三里地，此别是终天。

白居易于 814 年回到京城，授太子左赞善大夫，成为太子的顾问。但是第二年，他因写作两首被视为违背孝道（儒家基本传统美德之一）的诗而被贬官。更重要的原因是，他在《新乐府》中所作的此类政治诗批评了太多高官，由此也引来了对皇帝的负面评价。这些诗作抱怨了五十年前的帝国后宫，以此影射当前后宫的规模。白居易厌恶这种做法：把女人限制在后宫中过没有未来、没有家庭、没有丈夫的生活。他建议削减税负水平和妃嫔数量，皇帝答应了他的请求，随之而来的降雨被认为是白居易具有儒家正直操守的证明。

814 年，白居易曾谈及“心为论文合”“满袖写琼瑰”。他和元稹的心已在就写作进行的辩论中交融。815 年，白居易给他的老朋友写了一封三十页的书信来谈论诗歌，这再次展现了这些诗人的自我表达所及的深度，在这个方面纸功不可没。（这种信件是唐朝官员和文人生活的显著特征，这得益于唐朝初期设立的驿传系统不断发展。唐朝的驿传系统对于诗歌的传播很关键，促成了诗歌团体的出现并使得同时代的诗人跨越空间阻隔交流起来更加便捷。[6]）

在写给元稹的信中，白居易说他看了元稹写的多达二十六卷的作品，阅读它们时，就好像元稹在他身边一样。他声称，儒家经典对于人类生活来说，就像日月星辰，这些典籍中居首的是古老的《诗经》，它用诗歌的形式阐释人民的情感；但是一批没有追求的诗人后来沉溺于山水只顾书写自然，忽视了诗歌在政治中的角色；甚至是李白和杜甫这两位最伟大的诗人，也只是偶尔写到政治。

始知文章合为时而著，歌诗合为事而作。

在这封信中，白居易列举了他在从京城开启的旅程中碰到的很多了解自己诗歌的人：歌妓、教师、僧人、政府官员。他在客栈的墙上和船上发现有人题写他的诗，他的诗被士庶、僧徒、孀妇、少女背诵。白居易写道，他的名望平衡了他受到的苦难。他的新关注点是整理自己的诗集，将它们按讽喻诗、闲适诗、感伤诗和杂律诗分为四类。（他抱怨说人们只喜欢他的第四类诗。）

他接下来提醒元稹（他称其为“微之”），他们的友谊因诗而深化（他应该加上“在纸上”），在落款处，他用了更加亲密的名字——乐天（意思接近“无忧无虑”）。

夜长无睡，引笔铺纸，悄然灯前，有念则书，言无次第，勿以繁杂为倦，且以代一夕之话也。微之微之！知我心哉！乐天再拜。

白居易在中国五大圣山之一庐山建了一座小草堂，它位于香炉峰脚下，靠近东林寺和西林寺，他生活在只有四个木榻、两个屏风为家具的房间中，和数卷儒、道、佛书籍为伴。他开始沉湎于宁静的生活。他在这儿收到了数百首元稹写来的诗，他决定将这些诗卷用于装饰。

相忆采君诗作障，自书自勘不辞劳。
障成定被人争写，从此南中纸价高。

忆昔封书与君夜，金銮殿后欲明天。
今夜封书在何处，庐山庵里晚灯前。

几年之后，白居易于820年结束外任被召回京城，他接二连三地更换过好几个职位。第二年，他的朋友元稹也结束贬谪生活回到京城，并掌管经常被称为“笔林”的翰林院（这一任职很短暂）。此时白居易已经调去杭州担任刺史。当他的朋友去杭州拜访他时，他们的友谊已经尽人皆知（这在很大程度上要归功于白居易的诗歌），民众聚集在一起争相目睹二人风采。（白居易和元稹的诗集是最早采用机器大批量印制的图书之一。）作为杭州的行政长官，白居易建了一个防洪堤帮助农民，他说当他离任时，这会是他在杭州的唯一政绩。824年，民众自发上街为他送别，痛惜他的离任。当他到达洛阳时，他的新工作是辅佐太子，白居易写诗感慨自己在变老。他列举了自己是如何写了一千多首关于自然风光和各地风俗的诗，他一如既往地对诗歌着迷。

白居易认为遭贬谪、年老及与政敌斗争消磨了自己的政治雄心。为了参加科举考试，他曾经花十年学习儒家典籍，又花了二十年将它们内化。他在纸上写诗对抗官场腐败，描述中国农民遭受的苦难。白居易为身处的时代所拥有的艺术、学识和财富而感到振奋，但是他也意识到这是一个被贵族和官员主导的时代。腐败正在瓦解这个王朝的统治基础，穷人无法分享这个王朝的繁荣成果。白居易最终厌倦了官场生活。流放生活（可能是中国传统诗歌最重要的主题）使他发生转变，他开始关注大自然和闲适的生活。他有大量时间写诗，与朋友通信，尤其是跟他的至交元稹。

> 红笺白纸两三束，半是君诗半是书。
> 经年不展缘身病，今日开看生蠹鱼。

元稹是他的同窗、同僚和诗友，很可能和白居易一样，也因为针砭时弊影响了自己的职业生涯。当白居易感到孤单和被放逐时，经常翻阅元稹的诗集。815 年，他坐在船上去往他的放逐地——江州。

> 把君诗卷灯前读，诗尽灯残天未明。
> 眼痛灭灯犹暗坐，逆风吹浪打船声。

他们的离别是不可避免的。中国的官员在通过选拔考试后通常会被分派到全国各地，他们能够重逢很罕见，这种同窗之谊比起其他友谊更显珍贵。对于白居易和元稹来说，诗作能够代替本人陪伴对方。

> 君写我诗盈寺壁，我题君句满屏风。
> 与君相遇知何处，两叶浮萍大海中。

白居易在纸上展现的丰富阅历（责难、损失、成功、爱）和多面角色（官员、诗人、被放逐者、朋友、哀伤者）是非凡卓越的，即使对现代的读者来说也一样。中国的汉字是创造重要价值的手段，白居易从幼年时期就开始学写汉字。儒家典籍是进入官场的唯一敲门砖，白居易在书卷中细致钻研它们。在他的时代，佛教也在广泛普及读写能力，并为图书事业而发展印刷技术。他在帝国的藏书机构工作，整理典籍，收集注疏，书写摘要。他察觉到农民在遭受贫穷和苦难，朝廷和宦官腐败如常，于是将满腔悲愤写在纸上呈给皇帝，希望能够纠正这种社会不公。他在诗中和写给挚友的信中敞开心扉。

> 世间富贵应无分，身后文章合有名。
> 莫怪气粗言语大，新排十五卷诗成。

白居易晚年喜欢闲适的生活。他的仆人会将他的碗和梳子给他拿到床头，将他的椅子放在太阳下，把温好的酒和诗集放在桌上，他有时会在山上徒步。839 年因为中风左腿偏瘫后，他开始修订自己的诗集。他的文集现存诗作和散文将近三千五百首（篇）。他将自己的文集存放在五个不同的寺庙，他谦言说，因为存放自己的非宗教作品给这些寺庙的藏书机构带来了亵渎并因此表示歉意。

白居易比他大部分朋友都长寿。831 年，他最亲密的朋友元稹被病魔袭击，第二天暴卒。九年后，白居易出乎意料地唤起对元稹的记忆。

> 新诗绝笔声名歇，旧卷生尘箧笥深。
> 时向歌中闻一句，未容倾耳已伤心。

虽然白居易喜欢退休后的闲散生活，但他依然关心疏通一条公共航道，因为它危及内河航运安全。白居易迷恋写诗，认为这是自己的苦差和本能，这或许是他力图改造世界的方式。他现存的写作时间最晚的一首诗作于 846 年，虽然躺在床上，他依然在谈论至爱的诗。

置榻素屏下，移炉青帐前。

书听孙子读，汤看侍儿煎。

走笔还诗债，抽衣当药钱。

支分闲事了，爬背向阳眠。

——自咏老身示诸家属

注　释

1. 引自 Jean Elizabeth Ward, *Po Chu-i: An Homage To* (Lulu.com, 2008), p.4。
2. Charles Benn, *China's Golden Age: Everyday Life in the Tang Dynasty* (Oxford: Oxford University Press, 2002).
3. 本章中白居易的诗歌全部都由作者本人翻译，虽然深受亚瑟·威利、纽威·阿利、华兹生和戴维·亨顿的启发。
4. 在唐代的中国，奴婢被视为财产。
5. Lothar Ledderose, *Ten Thousand Things: Module and Mass Production in Chinese Art* (Princeton, NJ: Princeton University Press,2000).
6. 吴淑玲，《唐代驿传与唐诗发展之关系》，《中国文学研究前沿》4（4），2010 年，第 553—577 页。

第八章

西　传

学问虽远在中国，亦当求之。

白居易和他的同代人在政府、学界、诗坛、宗教和商界等诸多领域用纸实现了超乎寻常的文化繁荣，他们的成绩标志着纸文化在中国达到鼎盛。在接下来的几个世纪中，回顾历史，中国会将唐朝视为中华帝国的黄金时代。尤其是后世的诗人，他们发现很难从唐朝大师的阴影中走出来，这些大师中最受喜爱的是白居易、李白和杜甫。在唐以后的朝代，中国也有其他艺术在纸上找到了自己最有成就感的存在形式，最显著的是山水画。它从唐朝末年（唐朝灭亡于907年）到12世纪初期特别兴盛，但是唐朝的诗歌和书法在未来的世代更能获得共鸣。

到了宋朝（960—1279年）中期，纸已经确立了它在前现代中国的大部分角色。作为书法、诗歌、绘画、宗教典籍和政府行政系统的载体，纸经受住了检验，没有碰到强劲的竞争对手。它当然也有其他用途，从厕纸到风筝再到糊窗格；但是在前现代中国，它的主要功用是书写，这在当时已经基本定型，只是到了近现代才开始发生重大变化。最初是清朝（1644—1911年）末年出版的一些革命杂志和报纸，它们加速中国已有两千年历史的帝国体制走向衰亡，并培养出城市读者群，向他们介绍了政治辩论，使他们了解了国外的政治发展情况。更重要的是，纸的新角色在1919年的五四运动中找到了适宜的表达方式，当时学生游行抗议新成立的中华民国政府，因为它签署了《凡尔赛和约》，将山东半岛的主权拱手交给日本。失去山东只是这场抗议活动的催化剂，示威者还有其他斗争目标：使中国走向现代化，引导中国进入一个平等和充满机会的新时代。他们的目的是唤起“全民族”的觉醒，几千人列队游行，沿途散发大幅面的印刷传单，呼吁所有中国人起来抗争。他们的抗议迅速蔓延到全国。在上海，有数万名工人放下工具，离开工厂罢工。

受教育程度更高的抗议者读过现代主义西方戏剧，甚至看过演出，当时易卜生的戏剧受到异乎寻常的狂热追捧；他们梦想着能从殖民主义、等级制度和性的束缚中解放出来。五四运动时期的杂志和宽幅报纸上刊登的文章都是用白话文写的。抗议者的受众是整个中华民族，他们的目标之一就是推广白话文。这场运动得到了很多学者的支持，比如胡适（他后来被提名为诺贝尔文学奖候选人），他就抱怨说已经死亡的语言不能书写活着的文学。

另外一位主张变革的学者是刘半农。他和其他一些学者的主张日后促使中国采用简化字，这是将中国文字向更广泛社会阶层普及的关键一步。1918年，刘半农在中国很有影响力的杂志《新青年》上发表了翻译的诗作《我行雪中》。在译作的前言中，他说自己尝试过多种不同的翻译技巧，但是佛教译经之法对他帮助最大。

> 两年前，余得此诗于美国《名利场》（*Vanity Fair*）月刊，尝以诗赋歌词各体试译，均苦为格调所限，不能竟事。今略师前人译经笔法写成之，取其曲折微妙处，易于直达……

刘半农和改革派的学生赢得了这场将书面语现代化的战斗。到20世纪20年代末，图书、法律、政府文件以及报刊此时已大量使用白话文，凡夫俗子最终战胜了孔夫子。就像刘半农所理解的那样，这是从1世纪起就已经出现的趋势，当时的佛经翻译中大量使用日常汉语措辞和句子以便让更广泛的受众理解。如同当年，单词和名字直接从其他语言的发音转换成书面汉语。当20世纪的中国革命者将西方小说、学术著作和诗歌翻译成中文时，他们中的很多人取法古老的佛经翻译方法。从这个意义上说，他们不仅是欧洲现代主义革命的继承人，更是古老的佛教所触发的中国写作革命的继承人。

19世纪，中国人开始出版和阅读欧洲图书和西式报纸，而且数量不断增加。随着这波西方浪潮的到来，可谓轮子转了一圈又回到原地：第一个向全世界传播纸的国家，现在被从欧洲和美国进口的纸所承载的思想文化重塑。

从某种意义上来说，本书后面的内容记述了这种逆转是如何发生的。毋庸置疑，唐朝时期的中国在面积上远超前代，并且在国外享有空前的影响力，但即使是这样，唐朝的边界距欧洲依然有数千公里之遥，而且这两片土地也没有直接交往。但正是在唐朝的全盛时期，造纸术最终走出东亚，走向世界，不过显然皇帝对此毫不知情。一位最著名的穆斯林历史学家告诉我们，这种移交始于发生在中国边远地区的一场战役。

在中国现在的边境以西354公里，发源于吉尔吉斯山脉的怛逻斯河（The River Talas），流入哈萨克斯坦的穆云库姆沙漠（Muyunkum

Desert），跨越曾经的突厥人王国形成了一条缝隙；突厥人王国从里海东岸向东一直延伸到距离中国长城西端大概 320 公里的地方。数百年来，这个地区的沙漠、山脉和商路被周期性地分割到不同国家，现在，它的矿藏、油田和天然气井依然被不同国家所瓜分。

7 世纪，尽管南边伊斯兰大军压境，联合起来的突厥人仍建立了这个地区唯一的强权。734 年，突厥可汗被其下属毒杀，这一事件预示着这个疆域辽阔的王国在成为帝国之前走向解体。甚至在五个世纪之前，突厥人王国已经成为世界的交通枢纽，它的陆上交通服务于中国、印度、波斯和罗马帝国。丝绸运往西方，同时黄金和羊毛来到东方。宝石、疾病、绸缎、宗教、马匹、语言、奴仆、文字和思想频繁往来于欧亚大陆之间，突厥人成为连接中国长安和罗马的全球商路——丝绸之路的中间商。

这虽然只是在无主之地上发生的一场小规模军事冲突，但它将大坝冲击出一条裂缝，而这座大坝已经将造纸术禁闭在东亚数百年。虽然一些中国造的纸在 7 世纪作为奢侈品被进口到中亚和萨珊王朝，但造纸在中亚变得常见是在怛逻斯战役之后，这场战役于 751 年发生在怛逻斯河岸边。对于善于学习新知识的文明来说，与传授造纸术相比，向他们出售几捆作为奢侈品的纸意义微不足道。社会中的部分阶层能够用上从中国进口的昂贵纸不会对这个文明产生重大影响，只有引进造纸技术并广泛推广，纸才对这个文明来说必不可少。

与自己贩卖的商品不同，几乎没有一个商人会沿着丝绸之路走太远，相反，他们像跑接力赛似的接二连三地将商品转手给别人。考虑到这些限制，货物的转手要比思想和工艺流程的转移便利得多（除非这些思想和流程能写下来）。此外，拿类似“击鼓传花”的商业活动类比造纸工艺从大中华地区传到中亚和波斯不太合适。造纸术传播到中亚的现存最早的文字记录写于 11 世纪，作者认为这种传播不仅速度快而且还意义重大。

虽然是一场小型战役，但怛逻斯之战是在当时世界上最强大的两个帝国间展开的：阿拔斯王朝和中国的唐朝。750 年，一个新王朝定都库法（Kufa），在如今的巴格达以南不远，这就是阿拔斯王朝。以库法为政治中心，这个王朝统治着美索不达米亚、叙利亚、前拜占庭帝国的一部分、整个阿拉伯半岛、非洲北部广阔地区、伊比利亚半岛、前波斯帝国以及中亚部分地区。伴随着它的统治疆域扩展到地中海的三面，它激发了历史上最大规模的人类迁徙之一（阿拉伯人横跨“伊斯兰家园”在所征服地区定居，比如叙利亚和波斯），它还将艺术提升到全新的高度并推动了科学进步。但是，这个帝国在东部有一个势均力敌的对手。

7 世纪中期，全世界的人口数量不足五亿，而中国人口就达五千万。中国当时控制了丝绸之路东段；与它主要的游牧民族邻居关系良好；军队数量庞大；征税对象多达八十多万户家庭（当然，随着唐朝经济、社会的发展，中国的家庭会进一步分出更多户）；通过陆路和海路将贸易扩展到东亚、南亚和东南亚各地；一条 1600 公里长的大运河将中国南北连接起来，源源不断地向首都运送衣物和钱粮。位于东亚中心的中国，此时向世人展示了一幅安定团结、国富民强和艺术欣欣向荣的图景。

8 世纪上半叶，唐朝和阿拔斯王朝争相控制中亚。唐朝通过它在边疆要塞的驻军和中亚的诸藩国来维持影响力，到 8 世纪 50 年代，唐朝统治着塔里木盆地和跨越现在中国边界的伊塞克湖盆地（Issyk-Kul valleys），控制了帕米尔山谷（Pamir Valley）地区，是巴克特里亚（阿富汗北部及其接壤的地区）的宗主，还是喀布尔（Kabul）和克什米尔的统治者。

另外，阿拔斯王朝的军队占领了中亚河中地区大部，并开始拔除中国要塞，势力不断向突厥人王国东部扩展。可能更重要的是，突厥人王国大部分地区的民众皈依了伊斯兰教，阿拔斯王朝对非穆斯林采取武力逼迫、就业歧视、税收歧视、杀害或流放多神教信徒和无神论者、不时发动迫害运动、毁坏原有庙宇和所崇拜的偶像以及令人印象深刻的布道活动实现了这一点，阿拔斯王朝疆域不断扩大证明了抵抗是徒劳的。

高仙芝将军是当时西部军队的指挥官，他此时犯下一个错误。关于他如何俘虏石国（今天的塔什干）国王有不同说法，目前已知的是高仙芝将国王押解到中国的都城（尽管有可能给这位国王提供了没有诚信的赦免以诱使他投降），但在那儿他被处死。

结果，这位国王的儿子向阿拉伯人求援来帮他报杀父之仇。阿拔斯王朝的东部统治者艾布·穆斯林（Abu Muslim）派他最得力的战将迎战中国军队。此刻，悲伤的石国王子力劝阿拉伯人不仅要拿下这个地区唐朝的主要盟友拔汗那，而且要以龟兹、焉耆、于阗、疏勒四座城镇为目标，四镇构成了中国统治该地区的支点。但是阿拉伯人选择绕开拔汗那。他们知道如果能够在更远的东方打败中国，拔汗那就会被隔绝，到时自然会落入他们囊中。他们选择了怛逻斯。

751年，中国军队和阿拉伯人的军队在怛逻斯河岸遭遇。这条河向西蜿蜒流淌超过400公里（虽然按直线距离算还不到320公里），它发源于吉尔吉斯山脉，当快流到哈萨克斯坦共和国边境时，河北面高耸的山峰达到两千五百多米，南岸拔地而起的山峰高一千九百八十多米。在这些高山之间，怛逻斯谷地开裂的道路曲折向前通往沙漠，但是在谷地中有一些足够开阔的小块平地可供成千上万的士兵宿营，双方士兵在其中一块平地上相遇了。

据中国史书记载，唐军有三万人（在阿拉伯史书中，中国方面有七万人，但是在阿拉伯人的许多早期文献中，夸大数字再寻常不过），其中两万人是汉族人，其余大部分都是突厥人。虽然中国军队中也有来自附近拔汗那的士兵，但所有人都步行或骑马跋涉接近 320 公里，很多人都需要休整。而迎战他们的阿拉伯军队有四万人，这基本上是一场旗鼓相当的较量。

阿拉伯军中的步兵精力充沛，骑兵战斗力强，而且石国及其周边地区突厥人的加盟进一步增强了他们的战斗力。另一方的唐朝军队，步兵和骑兵也久经沙场、能征善战，他们的突厥盟友是战场上攻击力最强的骑射手。像阿拉伯人一样，中国士兵配备了弓箭、长矛和砍刀，很可能还有绘有徽纹的盾牌，而且他们大都穿着用熟皮做的盔甲。

和对手齐雅德·伊本·萨里（Zayid ibn Salih）一样，高仙芝也是公认的骁勇善战之将。他在 747 年和 750 年取得了令人惊叹的战绩，在背后操控他的皇帝对此也功不可没。

怛逻斯之战持续了五天。双方步兵轮番进攻和防御，骑兵在战场上驰骋以探查敌人的弱点，双方弓弩齐发，矢如雨下，互有胜负。亚洲两个最强大帝国的会战看起来就要以休战甚至是停战草草收场。但唐朝的盟军——葛逻禄士兵突然反叛，从背后袭击了中国军队。来自临近巴尔喀什湖（Lake Balkhash）地区的葛逻禄人是重要的地方势力，他们此刻变换阵营让中国军队措手不及。（高仙芝对石国国王的背信可能是促使葛逻禄投向阿拉伯人的原因，因为葛逻禄人支持石国国王的统治。）大概两万名中国士兵被杀，高仙芝将军率领数百人在他溃逃的袍泽中杀出一条血路逃脱。

阿拉伯人或许有机会乘胜追击，但他们同样损失惨重，布哈拉的居民不久前再次反抗他们的统治，同时他们还担忧远离自己统治中心的中国城市居民也会带来麻烦。因此，阿拉伯人返回了中亚的大本营。有人认为怛逻斯之战是伊斯兰教在中亚扎根的原因，这有些言过其实。在此战之后将近一千年中，中国没有对新疆以外的中亚地区的领土提出过主权要求。

从很多方面来看，局势并没有什么变化。中国损失了两万名士兵，但是前文提到的四个关键城镇依然在中国手中。中国数百年来向中亚推进的努力多以失败告终，更主要的原因是叛乱、分裂和中心地带遭受入侵，而不是因为怛逻斯的这场败仗。对阿拉伯人来说，他们只是在自己和中国西部疆域之间维持了更加广阔的缓冲地带而已。从军事角度来看，与其说怛逻斯之战是一个转折点，不如说是宏大战局中一个有意思的细节。

当阿拉伯人返回中亚的城市时，他们将战俘作为战利品带回，很多俘虏被带到撒马尔罕，这里被亚历山大大帝赞美为地球上最壮美的城市。这些成为奴隶的战俘给他们的新家园和新主人带来了中国的知识和技能。11 世纪的穆斯林历史学家萨拉比（al-Tha'labi）说，在这些新知识中，有一项工艺在东亚和东南亚的部分地区封锁了数百年。随着这些奴隶在中亚河中地区的城市定居，他们开始教阿拉伯人造纸，而且这个区域的一些地方非常乐于使用纸：7 世纪时玄奘说，撒马尔罕的男孩五岁时就开始学习读写。

在怛逻斯之战前，中亚就出现了纸，在巴基斯坦的吉尔吉特甚至发现了 6 世纪的一批纸藏品，但存世的寥寥无几，它们要么是当地处于萌芽阶段造纸业的产物，要么只是进口自中国。第一个用来表示纸的阿拉伯语单词 kaghad，来自中亚的区域性语言（粟特文和回鹘文）。怛逻斯之役后，纸文化在中亚开始兴盛，这一事实让人很难摒弃中国战俘将造纸术传播到中亚的理论。这一理论出自最著名的伊斯兰历史学家之一萨拉比之手，目前依然是我们所见到的最有说服力的解释，虽然在细节方面存在一些不准确之处（有些人就此做过论证），但是从时机和地理形势来看它非常合乎情理。萨拉比完全相信发生在怛逻斯河岸边的这场战役——两个首都相距七千多公里之遥、四处扩张的帝国间仅有的军事接触，成为将造纸术传遍亚洲以及全世界的催化剂。

第九章

摩尼教痴迷于书

我真希望这些异教徒（摩尼教徒）没有那么热衷花大价钱购买如此洁净的白纸、使用如此闪耀光芒的黑墨，也希望他们没有如此珍视漂亮文字以及拥有那么高涨的书写热情。说实话，我从来没有见过有一本书所用的纸像他们的那样精美，也没有见识过哪本书上写有这么漂亮的文字。

——贾希兹记述的朋友易卜拉辛·辛迪曾经对他说的话[1]

随着造纸术走出大中华区的土地，它需要新的资助者，此刻一种醉心于纸、富有艺术前途的新宗教成为其中之一；而另外一个资助者是回鹘人——他们与唐朝的汉人有着迥然不同的历史、观念和文化。

回鹘人对于唐朝人来说，就像吉卜赛人之于欧洲定居者。唐朝初年的中国就是一座民族博物馆。在长安的市场里，外族的衣服和奇珍异宝多得是。点缀有艳丽小饰品的女性发簪旁边，摆着来自中亚的波斯毡帽及男式豹皮帽子。女装的衣领和袖子具有游牧民族的服饰特点，在 8 世纪初期，她们甚至开始穿男人的衣服，就像中国东北部的游牧民族一样。突厥乐师在大唐帝国宫廷中弹奏竖箜篌。在书写方面，有不同字体可供选择：倒薤书、虎爪书、风书、月书和偃波书等，但是很多人对于他们见到的外国文字和图书很好奇，尤其是来自西北部突厥部落的。

当唐朝军队无力保卫国家安全时，曾招募回鹘人救难解危，作为回报，唐朝廷授予回鹘人贸易特权，很多波斯人和中亚人在长安也穿回鹘人的服装、留他们的发式。

长安的很多酒馆是外国人开的（被很多诗人所青睐）。他们沿着长安东南城墙开店，并雇用了从中亚来的混血女人。这些女人金发碧眼，皮肤白皙，而且能歌善舞，以吸引顾客尽量多喝店中供应的麦芽酒和葡萄酒。而回鹘男人嗜酒成性，多年以来，中国的城市居民一直认为他们太过粗鲁喧闹。

回鹘人是骑手、饮者、斗士和旅人，但是现在他们也开始喜欢书了，这很大程度上是受了从西边传来的摩尼教的熏陶。他们终于开始倾心于写作、抄写、书法、绘画、造纸、书籍装帧和阅读。这种转变部分源于他们作为亚洲市场中间商的地位。9 世纪他们搬迁到今天中国的西北部，贯通东西方的商路正好在这儿交会，回鹘人躲避开南面绵延的山脉和北部不为人所熟知的部落地区在这儿定居，不断积累财富并欣然接受涌入的各种思想和宗教。在纸时代，纸除了可用于书写还有很多其他用途，回鹘人对于纸时代的颂扬，将图书自身变得极为神圣，魅力无限，纸的地位也随之水涨船高。迟至 1910 年，一名在中国新疆工作和生活的俄国地质学家发现，当地维吾尔族人将所有的成品纸都放在一个小箱子中，以确保它们不会拿去作不洁之用。

很多回鹘群体改信伊斯兰教（同时还有一些地区依然信奉佛教和摩尼教），他们尊崇书写和印刷的文字，将它们视为精神力量的载体。确实，对他们中的一些人来说，《古兰经》不仅是记录神谕的文字，而且经书本身就具有神力。预言家用它占卜未来，其他人利用它连同印刷的祈祷文开拓新事业，改善健康状况，算命，寻求财富，令冷漠者友爱（被称为 isitma，即加热）或令狂热者平静（sogutma，即冷却）。还有一些人在纸片上简单写下卡巴拉信条后，将它拴在一根线上埋入坟墓中，用来杀死对手。纸变成销售、劝解、防卫、辩护、诅咒或祝福的手段，纸不仅是承载文字的材料，其表面写有的文字给它穿上了精神力量的外衣。

回鹘人并非儒学信徒，游牧传统也表明他们不会有一个喜好图书文化的未来。然而他们却成了纸文化向西方传播的渠道，不过对他们影响最大的既不是中国儒家学者也不是中亚传播佛教法音者，而是一个名为摩尼的伊拉克人，他给这个世界带来了自己的神启。

摩尼（Mani）生于 3 世纪初期的巴比伦，当时萨珊王朝（224—651 年）正在形成之中。摩尼声称从上帝那儿接受了一种愿景并成为耶稣的使徒：他在一个山洞中从他的“精神自我”（被他称为“神我”）那儿接受了这种启迪。摩尼教导说，耶稣（他认为，耶稣在人世间是没有肉身的）是犹太人的先知，琐罗亚斯德（Zoroaster）是伊朗人的先知，佛陀是印度人的先知。他声称摩尼教寺庙比基督教堂、佛教寺庙和琐罗亚斯德教祠更胜一筹，因为摩尼寺能够跨越文明。他教化说：“我的福音将传遍世界。”的确，因为其传播速度快，覆盖领域广，摩尼教一度成为当之无愧的世界第一大宗教。

虽然摩尼从犹太教次经和诺斯替教福音中摘取了一些故事和理论，但他的核心信念是宇宙间充斥着两大势均力敌的力量，他们互相斗争，而战场是人类社会，这种二元论显然借鉴了发源于波斯的琐罗亚斯德教。摩尼认为宇宙中光明的精神分子被黑暗的物质分子所吞噬，因此需要解救光明分子。慧明（又称“诺斯”）教化并拯救人类，所有的伟大导师，从亚当到亚伯拉罕到十二使徒再到三个伟大宗教的创始人佛陀、琐罗亚斯德和耶稣，都是这位“诺斯”的化身。但是摩尼本人是这个天启链条的顶点，因为他直接从光明耶稣那里接受了自己想象出来的教义。

在摩尼以下，他的信徒被分为核心的“选民”和普通的“听者”两类，“选民”过着极端禁欲的苦修生活，“听者”允许过比较正常、能满足物质需求的生活。“选民”死后可以直接上天堂，“听者”通过轮回获得重生（重生为水果，因为摩尼教认为水果是尤为神圣的），剩下的那些灵魂没有被诺斯唤醒的人，会投胎转世为野兽，永堕地狱。“选民”应该做到“三印”：口印（不说谎，不吃肉），手印（不杀生），胸印（禁绝“肉体欲望”，除了不能有性生活外，也不能采摘瓜果蔬菜）。如果能够切实践行“三印”，“选民”就能够通过消化系统提纯囚禁在食物中的光明分子，并通过唱赞美诗或饭后打嗝的方式释放光明分子。他们消化过程的意义与基督教的圣餐仪式类似。

由于禁止“选民”从事体力劳动和生产活动，他们除了吃饭、祈祷和睡觉以外，拥有大量空闲时间。因此摩尼教最神圣的追求——书写，向他们敞开了大门。一名书写僧很可能花一整天只能写一页摩尼教经典。

摩尼将莎草纸和文字视为赢得世界的工具。他表示自己创立的宗教优于其他三大宗教，与琐罗亚斯德、佛陀或耶稣的教义不同，他本人作为创教者从“神我”之处获得天启并亲自写成经文。一部发现于中国西北部吐鲁番被认为是摩尼所作、用中古波斯语写就的摩尼教经书阐明了这一点。

> 对二元体系教义的揭示和我写下的有生命力的经文，再加上我所拥有的智慧和知识，使得我的宗教比之前所有宗教都广博和完美。

他更愿意用图画和故事而不是说教作为拉动摩尼教发展的引擎，并将纸作为替摩尼教拉车的脚夫。

摩尼将自己的教义写成经文以确保不会被歪曲。他共写了七部经书：《福音书》（*A Gospel*）、《生命之宝藏》（*A Treasure of Life*）、《秘密经》（*A Book of Mysteries*）、《献给波斯国王的摩尼教义辑要》（*A Summary of Manichaeism Written for the King of Persia*）、《巨人书》（*The Book of Giants*，根据讲述大洪水之前故事的犹太神话改编）、《赞美诗》（*A Book of Psalms*）、《祈祷文》（*A Book of Prayers*）。[2] 摩尼借鉴了基督教的理念，诸如使徒保罗的属肉体的人和属圣灵的人，他还借鉴了基督教的“四福音书合参”，但他将它们转化成自己的诺斯替主义神学理论。摩尼还借鉴了《塔纳赫》（犹太教典籍），虽然他在驳斥它们。

摩尼教中的抄写僧是跟传教僧一样重要的布道者。摩尼本人并没有创造文字，曾有观点认为他所使用的文字是一种东地中海叙利亚文字的变体，用来书写近古基督教文献，但这种文字与摩尼教所处的时代并不吻合。还有一种可能，摩尼字体来自叙利亚的古代城市帕尔米拉（Palmyra）。[3] 帕尔米拉于 3 世纪 70 年代中期被毁掉，因此可以推断“摩尼文字”出现的时间不晚于 3 世纪 70 年代初期。摩尼教信徒通过表音的“摩尼文字”书写波斯语和一些中亚语言的摩尼教经书。这些神圣的文字具有独特的“摩尼形状”，无论是写哪种语言，它们都赋予摩尼教独特的书写身份，使得它具备了在纸面上跨越语言障碍的能力。

这种对于文字的热爱，将书写僧推上整个摩尼教中的最高地位。如果一个教徒的书法非常优雅，摩尼教相信这是因为他的灵魂不仅平和，而且神圣，这一点更重要。摩尼教的书写僧是明尊的传教者，他们通过写在页面上的内容将明尊呈现给读者，因此，摩尼教的经书不仅需要字体优雅，还要装帧精美，就像明尊一样代表着秩序和光明。摩尼教导说，人的精神灵光的真实反映也是神圣的，而一个书写精美的页面能够展现这种灵光，将读者引领到明尊那儿。

如果一名书写僧在工作中使用了损坏的尖笔、画笔、写字板、莎草纸、缣帛或纸，他必须因为自己这种对于书写的怠慢请求宽恕，因为书写所用的工具也是神圣庄严的。一个信奉摩尼教的粟特人抄写僧写下了这样的话：

> 如果我在写作中偷懒，轻视或怠慢写作……请宽恕我以上所有罪过。[4]

虽然注重抄写，但跟佛教不同，摩尼教不仅通过缜密的摹写增加福报，它更看重的是用笔墨来保存神圣的美好事物和光明。一幅摩尼教画作描绘了一排排的“选民”手中持笔坐在一棵树下。这幅作于9世纪或10世纪的画作残片包含鲜艳漂亮的色块儿，突出表现了几名抄写僧低垂的头部，他们中的一些人两只手中都拿着笔。位于他们侧面的是大串具有象征意义的葡萄，对于摩尼教徒来说，葡萄是一种极为神圣的水果，画面表达的整体意境是崇高的圣洁。

随着他们逐渐变成专家，摩尼教抄写僧开始书写更小的字体以缩小经书的尺寸。在一本长0.063米、宽0.025米的祈祷书中，一个抄写僧竟然在每页都写下了十八行清晰的文字。更有甚者，一本在中国西北部发现的长为0.05米的摩尼教经书每页塞进去了十九行文字。5世纪，在埃及用希腊语写成的《科隆摩尼古卷》(*The Cologne Mani*) 是古代最小的图书之一，它长度只有0.04米，宽度只有0.03米，但是几乎每一页都写有二十三行文字。

摩尼教经文中的不同部分有时用红色和黑色墨水交替书写，或者用红笔写段落的开头和结尾，用黑笔写中间部分。德国考古学家阿尔伯特·冯·勒柯克于20世纪初期将摩尼教保存最好的传世文献从中国西北部拿到柏林。他在日记中写道，摩尼教僧侣不满足于只用黑色墨水写文章，他们会将由长句子构成的标题写在几张连续的纸上，并给标题涂上颜色，用花朵和其他花纹加以装饰，并且偶尔会在字里行间使用颜色对比法，即在一篇文章之中，黑色文字和其他不同颜色的文字交替出现。

但是，精美的摩尼教文献不仅仅是书法，书法本身可以自然而然地与色彩、装饰和绘画相融，他们有时会用花朵等图形组成的蔓藤状花纹环绕标题。菲利普·拉金（Philip Larkin）说过，如果他要创立一种宗教，他会利用水，但是摩尼运用色彩将图书制作（从造纸到书写文字直到最后完稿）转变成一种让人一眼看去就爱不释手的艺术形式。没有一种多元文化宗教的创立者像摩尼一样通过这种方式将美学融入自己的教义中。摩尼教经书不仅是彰显美感的物品，还成为摩尼能够感通神灵的所谓象征。摩尼教经书这种令人惊叹的魅力令基督教和伊斯兰教的学者颇有微词。

摩尼创作了一本书，用图画来阐释他的《生命福音》(*Living Gospel*) 中的文字。在波斯，他以"画家摩尼"著称。据一部关于摩尼生平的波斯文献记载，摩尼派了一个图书插画家陪同传教士在中东、波斯和中亚传教。从文化上看，摩尼很可能是帕提亚人，帕提亚是曾统治伊朗东北部的帝国。在帕提亚人的图书作品中有时会出现一些图画，就像在犹太教典籍中那样，摩尼当然见过这些文献，此外，他在位于美索不达米亚的故乡还看到过其他经过装帧的书卷。

摩尼如此看重文字，一直致力于在经书中通过书写、美化页面以及强化装帧等方式呈现美感，要找到这些的根源并不是一项简单的任务。由于日后自身衰败再加上一系列毁灭运动，摩尼教文献就像无人照管的孤儿，能够保存下来的少之又少。现存仅有的早期摩尼教文献都来自埃及和吐鲁番，摩尼教团体散布在遍及中亚、波斯和中东的多个地方，但是那些土地上都没有出土任何相关文献。而且，存世的所有摩尼教文献在内容上都是宗教性的，目前没有发现描述教徒生活方式的记载。这个问题因为摩尼教徒使用的墨水通常缺乏金属成分而更加糟糕，因为金属成分通常在墨水褪色或被洗掉、擦掉后能够留下痕迹。

总之，发掘出摩尼教爱书的根源并非易事；同样，要想获得一幅关于这个宗教和孕育它的亚洲书卷文化的精确图画也很难。尽管这不是当时的宗教所面临的唯一问题，但它对摩尼教来说异常突出，因为它留下的文献遗产太过罕见。近古时期在西亚和中亚活跃着种类丰富的宗教，例如佛教、犹太教、密特拉教、摩尼教、基督教、诺斯替教、琐罗亚斯德教。不久后，伊斯兰教快速传播、广受信奉。此外，还有一些宗教性不那么强烈的哲学流派在流传。但这些宗教间的关系通常很难界定，虽然存在一些它们之间相互影响的证据，若要证明它们之间具有直接和确实的因果关系，却不够充分。如果说每个宗教都是与其他宗教相连接的齿轮，那么摩尼教很可能与其他所有宗教都相互连接。不幸的是，每一个齿轮都掉了一些齿，因此很难弄清楚这些宗教是如何相互影响的。

经书给我们提供了理解宗教如何产生重大影响的线索。在埃及发现的摩尼教文献直到5世纪都是写在莎草纸上的，然而4世纪时，中东从整体上已经用羊皮纸取代莎草纸作为书写材料。我们并不明白这种反常现象出现的原因。摩尼传教的目标通常是精英阶层，或许他们认为莎草纸能更紧密地与古代知识和威望相联系；还有一个现实原因可能是摩尼教僧侣不可以杀生，而羊皮纸是用动物皮做的；当然，更加贴近实际的原因是莎草纸发源于埃及。

另外，在吐鲁番发现的摩尼教文献是写在中国纸上的，制造日期越是晚近，这些纸就越厚、越粗糙。在中亚发现的隐藏起来的文稿也是如此，而且更加普遍。这表明摩尼教在东方成为以中国为中心的更加辉煌的书卷文化的一部分。后来波斯人将摩尼称为“来自中国的画家”，他们想当然地认为这种爱书文化一定是从中国传来的，但摩尼教僧侣使用的笔不太可能与中国的毛笔相似。尽管有一些手稿可能是用毛笔写的，但这很难确定，而且用毛笔书写较长的笔画时，墨的饱和度在笔触的不同位置会有差异，但摩尼文字没有这种特点。当然，中国“草（苎麻和荨麻）纸”和较少见的中国大麻纸确实被用来书写摩尼教经书。如果这些中国元素被视作摩尼教爱好书卷文化的根源，也不应该让人特别惊讶——它们只是反映了纸文化在完全跨出中国地缘政治范围前向西方传播所取得的进展。

然而，中亚和中国的佛教僧人通常不仅在纸背面写字，而且有时还会重复利用写过字的纸，他们先将纸上的文字擦掉、刮掉、洗掉或者抹掉，然后再写字（现在人们将这种写本称为“重叠写本”）。摩尼教抄写僧显然很不愿意重新使用写过东西的纸，这种不情愿的态度当然是摩尼教信徒极为尊崇手写经文的写照。

在埃及和美索不达米亚的摩尼教中，当地元素的影响更为明显。

例如，古叙利亚基督教的赞美诗，或者至少是古叙利亚“异端”派别的赞美诗，对摩尼教经文产生重大影响。最早的异端赞美诗出现于2世纪，是一个名为巴戴桑（Bardaisan）的诺斯替教派诗人兼哲学家的作品，后来一些教父接受并运用这些赞美诗，最著名的是4世纪的厄弗冷（Ephrem），他主张采纳一直被官方教会所禁止的这些旋律以吸引信徒回归。在这一转变过程中，摩尼教深受这些赞美诗的影响。

如果说西方摩尼教经文的有些内容与古叙利亚基督教同源（比如说巴戴桑的赞美诗），它更加直接借用的是古叙利亚基督教的图书版式。最古老的摩尼教经书是写于5世纪的希腊语和科普特语文本，它们是从古代流传到今天尺寸最大的图书之一。莎草纸有尺寸限制，但是羊皮纸没有。（这些书的大小接近一张A4纸。）就像古叙利亚语文献，这些西方摩尼教文献大都分成两到三栏书写。随着时间的流逝，在更远的东方，文章较少分栏书写，但是最初的影响痕迹还在。分栏越多，留白也就越多，页面看起来也就越雅致。但是，这种版面编排尝试更加适合纸而不是羊皮纸，因为相比羊皮纸，纸能够被切割得更长、更宽、更薄，而且还便宜得多。因此西方摩尼教的图书设计能够有潜力在东方摩尼教的载体——纸上得到最好的体现。

柏林的亚洲艺术博物馆储藏室存有发现于中国东北的11世纪的摩尼教经书。在一张已经撕裂的纸页上，一幅画与位于它侧翼的文章垂直，这种版式在古叙利亚基督教文献中很常见。当摩尼教探索在羊皮纸以及后来的纸上能够呈现什么样的艺术形式和装饰形式时，它转向古叙利亚基督教并借鉴了很多理念。要特别指出的是，这幅画与它所在的这一页文字不需要有什么关系（现存的摩尼教其他经书也具有这一典型特征），因为图片具有独立充当交流媒介的价值。图片对摩尼来说非常关键，他邂逅了古叙利亚基督教经书和礼拜仪式，从中寻求到绘画的热情。当他阐释《生命福音》的图书传到中国后，中国将它称为《大二宗图》（*The Great Drawing*），显而易见的原因是它的主要宣传工具是图片，而不是文字。摩尼甚至还用图画记录了他在山洞中接受的一些神启。他以新的方式利用纸，并赋予它们新奇的力量。

也许摩尼教的爱书习气是从其他文化借鉴而来，但它在传教事业上之所以取得成功，能够迅速扩张地盘，起关键作用的是摩尼自己的文化雄心。图片虽然是纸实现多语言意图最好的表现形式之一，但是摩尼决心尽可能用他掌握的多种书面语言传播他的经典。摩尼的宗教没有国籍，这既适合摩尼跨越大洲的野心，又合乎他对于禁欲苦修和来世的重视。然而，他也需要诸位国王和王子的庇护，在中亚，摩尼教开始与当地国王结盟以生根安家。随着摩尼教经书从埃及向东传播，经书中添加了源自印度教的神、佛教的圣像，或许还有来自波斯的卷草纹和带有花卉、花园的图案，这使得摩尼教经典的吸引力不断增长。中亚的粟特商人无疑虔诚地迷上了这种多元文化的神启，在摩尼的有生之年，摩尼教已经赢得中亚人的皈依。该地区贸易脉搏跳动最强劲的城市——撒马尔罕成为这个外来信仰的大本营。

5 世纪左右，摩尼教传入中国西北部塔里木盆地一些信奉佛教的绿洲城镇，并成功赢得很多皈依者。7 世纪，随着阿拉伯人征服中亚，更多摩尼教僧侣顺势来到此地。回鹘人于 9 世纪 40 年代从位于北部的都城哈喇巴喇哈逊（Karabalgasun）迁到塔里木盆地，在其统治下，佛教徒人数超过摩尼教徒。但是以高昌（Qocho）为都城的回鹘王国将摩尼教定为国教，摩尼教徒经常在黄昏时到其中一个教徒家中举行数百人的聚会，齐声诵经，为统治者祈福。在回鹘宫廷，国王设立了图书写作和绘制细密画的机构，同时，私人捐助者也会捐钱制作彩饰图书。整个中亚都有摩尼教徒写作的经书，并翻译成不同语言，赢得了皈依者。摩尼教此时有了自己的地盘，开始将更多注意力和资源用在经书上，诚挚地探索纸呈现美感的潜力。

这个地区的图书制作分为四个阶段。第一个阶段，图书装订工要对缣帛、羊皮纸或纸进行测量、切割、捆扎，当时的纸通常是用苎麻、荨麻或大麻做的。佛教徒的增加迅速扩充了纸的用量，粟特商人因此提升了造纸工艺，这有利于摩尼教徒对美感无止境的追求。此外，摩尼教徒拒绝重新使用写过字的纸也加大了对纸的需求，大笔金钱都用于从中国进口纸和墨。

摩尼教的多元文化主义不仅体现在它在中亚使用的多种文字（古叙利亚字母、粟特文、突厥如尼文和汉字）中，而且还体现在它的图书版式中：有一些是传统中国式卷轴；还有一些是印度式梵夹装，即用绳子穿透每一页的中间然后勒紧结扣；另外，越是接近地中海的地区，越多使用西方版式，即书脊在左边的手抄本。摩尼教经书没有印刷版，全都是手写的，现存的摩尼教图画表明经书不只是功能性的物品（用来布道），还是具有美感的物品（经书封面上的镀金图像或荷叶边形装饰在这些小的图画中也有描绘）。

第二个阶段：书法。就像吐鲁番出土的经书所展现的那样，抄写僧会将两张相对页面的上部空白处做成连成一体的漂亮页眉，他们有时会通过拉伸特定的字母做到这一点，有时会运用多种色彩的图画填充整个页眉，如绿色、朱红色或蓝色等。抄写僧可以使用六种颜色的墨，他们偶尔会使用单色或彩色的美术字体和简单的装饰图案绘制显著的符号。他们还学会画卷曲的花枝蔓叶，在绘画时也经常留下空白，这或许是为了做注解用，也可能是因为，如果文字是用来唱诵的歌词，他们会按音节成分将词语分组。

图书制作的第三个阶段是彩饰，在这个阶段，预算额度至关重要，因为他们经常雇用中国人做画师，而且还会用到采自中亚的黄金和青金石。装饰书稿者也会用包括人、动物、植物在内的形象填满具有美感的页眉，有四种绘画风格可供选择：西亚素描、西亚彩绘、中国素描、中国彩绘。他们在绘制不搭配任何文字的单张图片时会使用最好的纸，先在纸上涂一种特别的底色，画出轮廓，覆盖线条，然后再填充上相关的颜色：深浅不一的蓝色、红色、黄色和绿色。最后通常会在图片中贴上金叶以使页面看起来熠熠生辉。

最后的工序是装订手稿。摩尼教徒有时会把书做成卷轴，通常宽0.1—0.25米，展开后的长度从0.2米到0.33米不等。他们装饰过的西式手抄本版式也是大小不一，从0.15米×0.07米到0.5米×0.3米不等。幸存至今的图画表明，很多此类经书是用皮革做成的带子装订的，但这些带子都没能保存下来。可能它们优良的品质和精美的外观令人爱不释手，被重新利用来装帧其他图书，也可能被挪作他用，另外一种可能是被变卖了。

制作这些高雅经书是为了通过文字、图片与读者进行交流。因此，文字的形状、页面布局、精美雅致的画像及图案从重要性上看，与文字本身所蕴含的意义不分伯仲。这当然也是纸作为传播媒介的一种功能，其他常见的可携带材料上面也可以作画，但是没有一种像纸这样能够令画师精准刻画细节。

摩尼教经书向西一直传到阿尔及利亚，向东最远传到中国南部沿海。经文以多种语言书写在纸、莎草纸和羊皮纸上，但是在东方通常只采用摩尼教徒认可的由摩尼本人创造的字体。经书版式多样：有西方式手抄本，有印度梵夹装，还有传统的卷轴装。摩尼教从不同文化中汲取了诸多故事和理念，将它们改编后内化为摩尼从明尊那儿获得的神启。它是艺术家和书法家的宗教，是第一个不仅靠纸和纸上的文字，而且还靠在纸面上创造的美感赢得民心的宗教。在中国东南部，它隐藏在秘密会社中一直存在到16世纪。

摩尼教的多元文化主义威胁到基督教和伊斯兰教的早期事业，引发了多方的愤怒、妒忌和批评。最著名的批评者是非洲学者圣奥古斯丁，在他改信基督教前，曾信奉摩尼教长达九年。[5] 他经常在写作和布道中驳斥摩尼教。他深知摩尼教精美的经书所蕴含的力量能对那些见到它们的人产生巨大的影响。他说它们装帧异常精美，但嘲笑这只是个圈套。400 年，在写给朋友浮士德（Faustus）的一封信中，奥古斯丁将摩尼教中“邪恶的身体囚禁高贵的灵魂”这一神学理论作为双关语来证明自己的论点。

> 烧光你所有装帧精美的羊皮卷经书！这样你将抛弃无用的负担，而且被幽闭在这大部头经卷中的你所信奉的神才能获得解放。[6]

对于伊斯兰学者来说，摩尼教是在中亚和波斯与伊斯兰教争取信徒灵魂的对手，是一个有竞争力的组织；除了教义和行为准则外，它还能凭借精美的经书赢得皈依者。11 世纪波斯历史学家伊本·穆罕默德（Ibn Muhammad）提及著名的苏菲派代表、神秘主义者哈拉智（al-Hallaj）模仿摩尼教经书的制作方式，用金水在中国纸上写字，用丝绸和锦缎装饰书稿，最后再用贵重的皮革加以装订。如果说是精美绝伦的经书使得摩尼教如此有吸引力，那么别人也可以依葫芦画瓢。

摩尼教对伊斯兰教的直接影响尚不清楚。早期伊斯兰教图书文化总体上看或许更多的是受古叙利亚和希腊化文化的影响，尽管如此，依然有穆斯林历史学家和评论家曾谈论过摩尼教经书，例如 10 世纪的巴格达学者奈迪姆（al-Nadim）。但是摩尼曾宣称他的学识独一无二，这种声明在其他宗教群体中往往不受欢迎。如果摩尼教有影响力，那当然是在物质文化方面，而不是在理念方面，它的教义基本上没能流传到今天。

虽然唐代宗恩准在长安修建了一座摩尼寺——大云光明寺，但是这个宗教最终被唐政府排挤出中国主流社会，因为回鹘人的恶劣行为激怒了政府，唐朝人逐渐认识到他们粗野、爱酗酒、未开化。在欧洲，摩尼教成为异端的代名词。在波斯和中亚，它存续的时间要长一些，但是阿拉伯人的征服运动、成吉思汗大举进攻和该地区逐渐伊斯兰化为摩尼教敲响了丧钟。

摩尼从一开始就写下了自己的教义，以确保他的宗教不被其他不洁的思想玷污，从而能够征服全世界；但只有极少数摩尼教经书留存于世，摩尼教也早已湮灭在历史长河中。然而，他们用书页创造出一个可以用文字、画像和图案去填充和装饰的世界，他们制作出世界上最精美的图书，这一特殊技能也被波斯人和中东的穆斯林所重视。

这一时期各种宗教遍及西亚和中亚，在地理分布上犬牙交错，摩尼教只是其中之一。但是摩尼教将经书作为一种高雅艺术，既引领了潮流又很受欢迎，基督教和伊斯兰教写作者的愤怒和妒忌证明了这一点。虽然所传递的信息已经被遗忘，但摩尼教通过美化经书页面所发掘出的力量被继承，而且是被一个命运更为宏大的宗教所利用。从这个意义上说，摩尼教只是引路人。

注　释

1. Konrad Kessler, *Mani: Forschungen über die manichäische Religion* (Berlin: G. Reimer,1889), p.336.
2. 10 世纪的阿拉伯学者伊本·奈迪姆列出了另外一部经书，但是他将上述经书中的其中两部合并为一部，而且没有提到《赞美诗》和《祈祷文》。

3. 这是德斯蒙德·德金－迈斯特恩斯特教授2011年接受作者采访时发表的观点，他是柏林－勃兰登堡科学院的吐鲁番研究项目的统筹人。

4. 改编自 Hans-Joachim Klimkeit, *Gnosis on the Silk Road* (San Francisco: Harper Collins, 1992), p.139。

5. 圣奥古斯丁在《忏悔录》中写道，他信奉摩尼教时一直寻求满足情欲和虚荣心，后来他外出游历找到摩尼教僧侣并提供食物供养他们，换取他们吐出天使将他及朋友们从肉体束缚和罪恶行为中解放出来。

6. Philip Schaff, *A Select Library of the Nicene and Post-Nicene Fathers of the Christian Church* (Grand Rapids, Mich.: Eerdmans,1956), p.206.

第十章

精心制书

死亡虽不安详，

但比东方的沙漠更温暖更深邃，

那群开启前往撒马尔罕金色旅程的人们，

在这沙洲中隐藏了美丽和光明的信仰。

——节选自《通往撒马尔罕的黄金之旅》，

詹姆斯·埃尔罗伊·弗莱克

（James Elroy Flecker），1913年

伊犁河谷发端于中国西北角，蜿蜒进入哈萨克斯坦。沿着这个河谷向北，爬过种着葡萄和棉花的山坡，就会看到一些黑色墓碑竖在金字塔形的坟堆顶上，就像烤面包机里面插着的面包片。周边还有古铜色的小山、干草垛、苹果园、成排的白桦树，路边偶尔还会出现坐在桌子旁卖水果的摊贩，他们身后几百米就是农家小院。运煤的卡车爬坡而行，路旁是赶着羊群的羊倌。离开伊犁河谷时，会看到北边的云彩飘过蓝黑色大山顶部的皑皑白雪，山脚下的土地呈现出灰绿色和

暗黄色。在霍城附近，有一个带围墙的园子。沿着苹果园旁边的一条小路向前，经过三三两两的牛羊，在路的尽头便是由两扇门把守的园子，门两旁是两棵高大的树。

进门后再走五六米，是一座陵墓。它近乎方形，高大的尖顶拱门引人注目。拱门门额上用釉砖镶嵌的底子上写有白色文字，拱门两侧是镶嵌有浮雕的线形装饰带，它们在拱券上方交汇形成一个矩形。白色花朵形状的雕饰和深蓝色十字密密麻麻地交错镶嵌在拱腋上方的嵌板上。离拱券远一些的地方，左右两边各有一个花纹形图案组成的竖直长条，在这两个长条外侧是两个更宽一些的水鸭绿色饰带，上面镶嵌着像音符一样的白色文字。

在拱券内部的山墙饰内三角面上，是由线条和方块组成的像迷宫一样的图案，它们将一个像纵横字谜一样的长方形小型金属格栅包围在正中间。从正面墙可以看到，寝陵顶部是一个没有装饰的白色穹顶，高出正立面顶部大概 1.8 米。寝陵正面从底部起的 3 米，颜色已经脱落，砖土裸露在外。从陵墓后方向右望去，不远处就是蓝黑色的天山，不过当你目光逐渐上移就会发现其顶峰是雪白的。

往西向中国边界行走，这座陵墓是出现在视野中的第一个属于外来信仰的异族风格建筑，这种信仰是曾经主导中亚的一种文明的先驱，这种文明将自己的一部分技能和注意力聚集在纸上。这座陵墓的主人是于 14 世纪皈依伊斯兰教的秃黑鲁（Tughlug），他统治着位于中国西北的蒙兀儿斯坦汗国，但他在历史上的地位与自己寝陵所具有的象征意义相比微不足道。他陵墓上的文字有助于后人了解他所接受的是哪种文明。这些文字有两种书写形式：一种是 10 世纪阿拉伯文书法体——纳斯赫体；另一种是写在拱门两侧饰带中的 11 世纪阿拉伯文书法体——三一体，在这种书法体中，每个单词下部三分之一的线条是弯曲倾斜的，就像一场塌方在单词下方刚发生。

刻在这座陵墓上的碑文是星罗棋布地遍及中亚的诸多碑文之一。这座陵墓建于1363年，是该地区最古老的伊斯兰建筑风格的陵墓之一。它屹立在这儿不仅成为进入一种新文化的东方关口，而且还是这种新文化崛起的最早标志之一。在这座陵墓动工七年后，一个名为帖木儿（Timur）的统治者创建了一个横跨中亚的帝国。在西方，他在克里斯托弗·马洛（Christopher Marlowe）的戏剧《帖木儿大帝》和埃德加·爱伦·坡（Edgar Allan）的史诗《帖木儿》中名垂千古。

14世纪，帖木儿征服了从中国西北到高加索，再到土耳其东部，最后到美索不达米亚的广大地区，他在东南方向最远征服了印度河流域。他声称是成吉思汗的后裔，试图重建蒙古帝国。但帖木儿的文化基因其实继承自波斯，他将自己的蒙古野心与优雅的波斯举止融为一体。他在整个中亚地区广建清真寺、经学院和陵墓，这是他用砖瓦和石块所表达的统一帝国的理念。他从残忍的战争中获益，他曾斩杀九万人并把他们的头颅割下来在巴格达城外堆成一个金字塔，但是他也擅长让艺术服务于他的帝国雄心。

帖木儿的建筑是伊斯兰风格的，但是又有自己的特色。散布在中亚沙漠、草原和干裂土地上的这些建筑，用石头构建出一种纽带并宣示了一种神学理论。它们浅黄色的基座与大地融为一体，蔚蓝色洋葱头状的穹顶则直插云霄。苍天是突厥人的灵感女神，青绿色是突厥人的颜色。建筑是他们早期对天神信仰的反映，较为可信的说法是他们信仰的天神是阿胡拉·马兹达（Ahura Mazda），这也是波斯人的神。对突厥人来说，建筑是多元文化的纪念碑，但是它们的意义不止于此；它们不仅团结了突厥人和波斯人，还将天神同新的帖木儿帝国政体联系起来。

艾哈迈德·亚萨维（Ahmad Yasavi）墓的穹顶是帖木儿在中亚建造的最大穹顶，它看起来就像戴在该陵墓上的一顶大风帽。这座陵墓位于哈萨克斯坦东南部。陵墓的正立面宽度达18米，从底部到顶端高大概 27 米。这个陵墓的大伊旺（由三面墙壁围起来的空间，在伊斯兰风格的纪念性建筑中很常见）面朝东，伊旺两旁各连接着一座基座为八角形的高塔，塔顶通过延伸的墙面与伊旺顶部的斜面相连。大伊旺的凹龛中还建有两个小型伊旺，透过最小的那个伊旺中的窗户可以看到用库法体书写的阿拉伯文。这些写在土黄色墙上的文字是白色的，但是用蓝色描了边儿，周围还用孔雀石加以装饰。小鸟绕着陵墓飞来飞去，在这略显阴森的院子中叽叽喳喳叫个不停。

进入陵墓，可以看到帖木儿的大铜盆，它重达 2 吨，可容纳数人坐在里面，它上面铸的铭文与叶形装饰图案交织在一起。在它下方的浅黄色地砖上，刻着一种与铭文差别很大的字体，字体呈白色，而且笔法僵硬、字形瘦高。在巨盆上方是一个巨大的钟乳拱（被称为穆克纳斯），它的两翼各有一个凹龛中建有拱券的小伊旺。在陵墓后方的伊旺中，镶着花边的海蓝色瓷砖高出地面 1.5 米，角柱上也镶满了陶釉马赛克[1]，而门就静静地立在伊旺之中。最终，交错的花形图案将让位于文字。

艾哈迈德·亚萨维墓的穹顶和大伊旺像帖木儿的新世界的守护者一样，勾勒出老城区的天际线。帖木儿所建造的作为精神门户高高耸立的雄伟伊旺遍及这个地区，像方尖碑一样的高塔则高耸入云。没有其他人在呼罗珊（Khurasan）、中亚河中地区（Transoxiana）或波斯留下如此不朽的遗产，而帖木儿在这三个地区都留下了这样的印记。

这些宏伟建筑上都装饰有节选自《古兰经》的片段。饰带上的文字就像是在帖木儿最伟大的纪念碑那些镶嵌釉砖的表面翩翩起舞的阿拉伯式样的花纹。位于阿富汗北部巴尔赫的绿色清真寺，其螺旋形柱子以及加肋穹顶引人注目。清真寺的皮什达克（构成伊旺的矩形屏墙）上呈方形的宽大面板写有库法体阿拉伯文，面板上流畅的线条勾勒出几何形状，就好像这种建筑艺术是从这些文字中萌芽的。在穹顶外部的鼓座上，一圈起支撑作用的石头将穹顶托举起来，两层白色的文字镶嵌在海蓝色鼓座的外表。其中一层字体柔软卷曲，就像嬉闹的胡乱涂画；而另外一层字看上去就像骨头一样硬脆易碎。15 世纪，帖木儿帝国统治者兀鲁伯（Ulugh Beg）于撒马尔罕建立了伊斯兰宗教学校，金色或蓝色的库法体阿拉伯文遍及拱门上方、皮什达克上的饰带、凹龛内部以及大门两侧的饰带。往西 209 公里的布哈拉，一些文字写在更宽一些的饰带上，卡扬清真寺伊旺内部的三面墙上布满了这样的饰带，而这座清真寺后部的伊旺中写有更多文字。

帖木儿的坟墓位于撒马尔罕的古尔·埃及米尔陵，它的金色、银色和蓝色的格子状图案再加上复杂精巧的穆克纳斯看起来类似巴洛克风格。在穹顶的鼓座外围贴着一圈瓷砖，瓷砖上写有库法体阿拉伯文；而穹顶旁边的两根梁柱上则布满蔓草纹和几何图案，像贴了墙纸一样。鼓座上的美术字同梁柱上的图案几乎重叠在一起。帖木儿将文字融入自己大兴土木所营造的建筑中，形成了独特风格。因此，这座陵墓对于他来说是一个合适的归宿。

撒马尔罕的比比·哈努姆清真寺，能容纳一万名礼拜者，它最清楚地表明了这些建筑是如何与纸时代相连接的。因为，所有这些纪念性建筑都是用来歌颂《古兰经》的，建筑师从纸面上摘取字句，将它们融入建筑形制。比比·哈努姆清真寺对纸页的运用规模达到了惊人的程度，帖木儿命人为这座清真寺制作了一部《古兰经》并安放在一个巨大的石台上，它打开后占地 3.3 平方米。经书的每一页长 2 米多，宽 1.5 米左右。整部《古兰经》需要八百张纸，将纸全部摊开、铺平，占地 270 平方米。这儿的纸是权力的象征，这部经书成了帖木儿所建最大清真寺的中心点。[2] 这不是帖木儿用写在纸上的文字显示权力的孤证。有一次，帖木儿命人制作了一张长 15 米的纸象征自己的权威。这张纸和他所建的图书馆的命运一样，都没有保存下来，但他留下的建筑却向我们透露了我们所需要知道的一切。

中亚一些纪念性建筑上纵横交错的书法为我们探索纸的下一步旅程提供了线索。今天，正是这些建筑让我们穿越几个世纪回到一个沉湎于书面文章的繁荣地区。他们采取多种形式赞颂《古兰经》：经文或与花形图案相交织，或镶嵌在带花边的细致几何图形之中，或独自作为守护者镌刻在入口上方。这种书写的快乐始于纸，而不是砖瓦；始于书本的纸页上，而不是清真寺或宗教学校的墙上。在帖木儿的统治下，这些书写的句子从纸面上溢出，流淌到帝国的纪念性建筑上，将《古兰经》中的词句撒满这些人造景观。这种举动意在将宗教遗产同当时的政治权力联系起来，但它也表明伊斯兰教已经基本上成为一种书面语宗教，在纸面上获得持续认同。

有一句阿拉伯谚语说，文化来源于波斯人。随着伊斯兰军队从阿拉伯半岛出发横扫黎凡特（Levant）和肥沃新月（Fertile Crescent）地带，阿拉伯人对于艺术的兴趣开始增长，他们邂逅了认真钻研艺术和手艺的文化，并开始向被征服者——波斯虚心学习。

来自北非突尼斯的14世纪杰出哲学家兼历史学家伊本·赫勒敦（Ibn Khaldun）写道，阿拉伯语语法的发明者是波斯人，而且研究圣训的学者也是波斯人。最卓越的法学家、神学家和大部分《古兰经》经注学家也是波斯人，科学也被波斯人所垄断。在创教后最初几个世纪中，正是信奉伊斯兰教的部分波斯人最认真地保存和整理了伊斯兰教知识。（今天的伊朗依然在赞美其前伊斯兰时代的古代历史，这在伊斯兰国家中是相当罕见的。）伊本·赫勒敦甚至援引先知穆罕默德的话说，如果知识存在于遥远的星际，波斯人也将到达那里。

波斯人在伊朗、阿富汗和中亚部分地区生活了两千多年，创立于公元前6世纪的波斯“第一帝国”——阿契美尼德王朝是那个时代最强大的王国，疆域广阔，地跨亚欧非三大洲，恢宏壮丽。当阿拉伯军队征服波斯后，他们承袭了波斯人的政府组织形式。波斯人在亚洲分布广泛，从美索不达米亚到河中地区都有他们的身影。大量波斯人涌入新的伊斯兰官僚体系，填满了各个政府机构。随着官僚体系影响力下降，伊玛目和学者脱颖而出。政府机构属于阿拉伯人，但是支持其统治的治理方式和行政管理的相关理念都来自教养良好的波斯人。这些理念大都强调文学艺术家和宗教阶层在行政管理方面所发挥的作用，而这些人士的工作都是在纸面上完成的。

不过，伊斯兰教并没有简单地全盘波斯化；相反，阿拉伯人和波斯人融合了彼此的理念创造出一个更加普世的宗教。阿拉伯语依然是伊斯兰教特有的语言，但是波斯人却成为该教的学者。虽然萨珊波斯帝国被伊斯兰征服者终结，但这个帝国的皇家艺术则融入了伊斯兰教。波斯人信奉的宗教（同样还有异端）中有足够充裕的皇家风格的画像、图案和符号可供征服者搬迁到伊斯兰艺术图案的储备库。

早期的哈里发对于吸纳外族皈依伊斯兰教并不感兴趣。6 世纪的哈里发奥马尔（Umar）试图只允许阿拉伯人皈依伊斯兰教，因为皈依者增多意味着有更多士兵要瓜分战利品，政府要支付更多养老金，而人头税收益会相应减少。在中亚，当地居民要想皈依伊斯兰教非常困难。一度因当地皈依者太多，政府曾不得不取消减免穆斯林税收的优惠政策，结果引发叛乱。终结于 750 年的第一个伊斯兰哈里发国家，就是因为没能在阿拉伯文化以外传扬伊斯兰教而灭亡。它的继承者转变思路，像寻求财富一样寻求皈依者；随着他们将带有游牧习性的阿拉伯 - 伊斯兰教栽种在伊朗文化的肥沃土壤中，一种新形式的伊斯兰教开始扎根、成长。

为适应自己的审美，伊朗人将阿拉伯人的游牧诗歌加以改造，创作出新的形式。这种新型诗歌虽然也是用阿拉伯语写的，但吸引力却广泛得多。同时，许多波斯人致力于研究伊斯兰教和阿拉伯语。一位 9 世纪中期的伊朗宗教学者可以阅读《古兰经》后，用阿拉伯语向他右边的阿拉伯人讲解，用波斯语向他左边的波斯人讲解。

喜欢知识和写作的伊朗人进入宗教学校学习，他们不久后就成为哈里发国家最优秀的文书。伊本・穆卡法（Ibn al-Muqaffa）和阿卜杜勒・哈米德（Abd al-Hamid）这两个伊朗人是写作阿拉伯散文的先驱。伊朗人生活在阿拉伯人社群中，就像阿拉伯人生活在伊朗人社群中一样常见。这个帝国流通双语，但是它的核心文字只有一种，即阿拉伯文，它的凝聚纽带是唯一的宗教——伊斯兰教。纸对于这一爱好书籍的宗教发挥自身潜能起着至关重要的作用。到了 15 世纪，伊朗造纸工人能够制造出几乎任何具有实用价值的尺寸、强度和质地的纸。

阿拉伯人打着圣战和征服的旗号传播伊斯兰教，而波斯人则确保这个宗教能够适应国外的新环境。近距离观察早期伊斯兰帝国的这些杰出伊朗学者、经注学家、科学家、发明家和书法家，会让人感到惊奇。这些人并不是来自波斯西部或美索不达米亚——伊斯兰教最早在这些地区邂逅了衰落的波斯帝国，他们反而来自更远的地方：波斯东部、呼罗珊、阿姆河以南的地区，最南端一直到阿富汗北部。（呼罗珊包括如今以下诸国的部分地区：阿富汗、伊朗、土库曼斯坦、乌兹别克斯坦和塔吉克斯坦。）在波斯西面，包括美索不达米亚，大部分穆斯林属于什叶派，然而在更远的东部是逊尼派的天下。

在布哈拉和尼沙布尔这两座城市出现了两位最卓越的圣训集录家：布哈里（al-Bukhari）和哈贾吉（al-Hajjaj）。在整个呼罗珊地区，学者们飞速学习纯正的阿拉伯语，不久后，他们就以能讲《古兰经》风格的阿拉伯语而著称。的确，9 世纪的地理学家麦格迪西（al-Muqadassi）说，呼罗珊人能够说最纯正的阿拉伯语是因为他们孜孜不倦地探求知识。据记载，第一部阿拉伯语词典于 8 世纪在呼罗珊编纂而成。呼罗珊和河中地区还向巴格达的市场供应丝绸、皮毛、纺织品和银器。琐罗亚斯德教徒逃离波斯中部来到呼罗珊地区的城市，同时由于发展水平的提高和财富的增长，呼罗珊也吸引了阿拉伯人前来定居，支撑起一个学术研究和发明创造的新时代。

在这些地区也首次出现一种供人使用的新波斯语，这种新语言吸收了很多阿拉伯语词汇，越来越多的阿拉伯诗人和波斯诗人在写作时使用它。但是它首次定型是在东部人口更加混杂的地区。呼罗珊成为其他地区无法做到的伊斯兰文明的加工厂，将学习起来并不费力的阿拉伯文作为科学研究所用的文字体系，但将波斯语作为哈里发国家东部的口头语言。自从阿契美尼德王朝于公元前 4 世纪灭亡后，伊朗人还不曾如此团结。

这种朝气蓬勃的波斯化穆斯林文化也从其他母体文化中汲取了养分。中国的绘画技艺和摩尼教的书籍促进了波斯细密画的兴起。绘画学校在赫拉特（Herat）、设拉子（Shiraz）和大不里士（Tabriz）如雨后春笋般出现。这个新的伊斯兰动力源有助于缔造更加普世的宗教，在它的感召下皈依伊斯兰教的人数并不少于因武力胁迫或减免税收而皈依者。它还促使大量武士在 9 世纪末出现，这些武士决心将伊斯兰的边界推向更远的地方。但是即使在他们中间，教育也使得他们的视野更加多元化：融合了阿拉伯、古希腊和伊朗文化。

伊斯兰宗教学校诞生于呼罗珊和河中地区。《古兰经》、神学和法学都是阿拔斯王朝（于 750 年取代了伍麦叶王朝，但逻斯之战是阿拔斯王朝早期打的一场胜仗）统治下宗教教育的基本课程。在中亚，伊斯兰教法法官声望不断提高；即使在今天的伊朗，由他们组成的机构虽然在众多更加民主的现代政府机构中显得很不协调，但依然承担着审查职责。从大约 10 世纪起，宗教学校逐步从清真寺中分离出来，独立性不断增加。很快，该地区雇用专业的诵经师向广大民众诵读《古兰经》；即使到了 19 世纪，仅在塔吉克斯坦城市古盏（Khojand）一地就有七十名诵经师。

在 10 世纪，穆罕默德·伊本·伊斯哈格（Muhammad ibn Ishaq）写道，呼罗珊的纸是用亚麻做的，而且已经能够与该地区市面上最好的中国纸相媲美了。纸的最新资助者是伊斯兰教，伊斯兰教将书法提升为该地区地位最高的艺术形式。波斯人使用的书写材料是羊皮纸和莎草纸，前者一般用来书写信件和政府公文。在萨珊王朝统治下的埃及，波斯人曾经在牛皮、羊皮和水牛皮上写字。他们用带香味的丝绸或羊皮纸书写皇家信件，结尾盖上印章，然后放到锦缎做的多彩信封中。苏联学者 1933 年在塔吉克斯坦的穆格山附近发现一批 8 世纪的信件藏品。大部分是用粟特文写在木头、丝绸和兽皮上的，其中一些写在中国纸和羊皮纸上。撒马尔罕在开始造纸后不久，就从这一行业中获益。

10 世纪末，巴格达藏书家伊本·奈迪姆写道，中国人在用“一种草”做成的纸上写字，这种书写材料让撒马尔罕获利良多。他认为阿拉伯造纸工匠最初是从这座城市的中国战俘那儿学会这门技术的。这一主张出现在奈迪姆的扛鼎之作《书目》（*Fihrist*）中，这本书是当时所有阿拉伯语著作的索引，它势必会提到推动图书文化如此迅猛发展的书写材料。伊斯兰教将中亚混杂使用的各种文字统一在阿拉伯文这种最重要文字的旗下，而且还将人们的注意力集中在《古兰经》一书上。伴随着这种统一，书商在整个地区应运而生。

马拉坎达（Marakanda）古老山城的墙根旁和沟渠中有羊群在吃草，这座古城建于两千七百年前，曾经被亚历山大大帝攻克。穆斯林占领该城后，大量阿拉伯人和突厥人移居到此，这片富庶之地豢养了大量艺术家。临近黄昏，从马拉坎达城遗址向下望去，撒马尔罕散发出温暖的光芒。宏伟的伊旺和高耸的宣礼塔为这座城市增添了光彩，它们都是蒙古人毁掉马拉坎达老城后，帖木儿时代所建。周边的乡村土地肥沃，草木苍翠，物产丰饶，这有赖于数百年来一直发挥作用的灌溉系统。马拉坎达曾经是一座原野中的花园。当然，造纸业对水的需求也很大，马拉坎达水量丰沛，还盛产亚麻和大麻，这保证了这座城市的造纸业蓬勃发展。它与赫拉特一起成为劝服中亚民众皈依伊斯兰教的经书制作中心。

它的新产品迅速传播，波斯在8世纪一直使用呼罗珊造的纸。在中亚，造纸很快成为制作雅致考究的《古兰经》的第一步。书的尺寸、插图、字体大小和样式、空白处装饰、章节标题以及细密画都有相应的规则和标准，这些规则和标准作为精心编排、协调美观页面理念的一部分不断发展。落实这种美学理念，依靠的是由书法家、装饰家、造纸工、细密画师和装订工组成的团队。到了15世纪，伊朗造纸工能够制造数十种不同类型的纸，在尺寸、厚度、颜色和质量方面变化多端。13—16世纪，这些纸的质量冠盖伊斯兰世界。

佛教青睐印刷经书、展示书法，而摩尼教正缓慢走向衰亡。伊斯兰教通过将阿拉伯文作为该地区唯一的文字体系强调了这种文字的本质，画笔或尖笔的笔触所蕴含的清晰表现力同这些文字所代表的声音一样响亮。

就像《古兰经》一样，阿拉伯语也在中亚西边遥远的哈里发国家的首都被标准化了。合适的字距、匀称的布局和视觉平衡成为书法家所追求的目标。但是，他们写出来的字笔画可丰满可纤细，在宽度上也变化万千，字间距和词间距也多有不同，还有些笔画交织在一起或相互重叠。有些字体锐利、方正，而有的则流畅、弯曲，好似一排芭蕾舞女演员在纸上翩翩起舞。对于书面语来说，空白页面就是承载它的媒介，但是对于书法家来说，文字本身就像一个空白页面，它给书法家提供了巨大的发挥余地，让他们在书写的形式和基调上可以变幻无穷。有时，字迹美观比易于辨认更重要。

纳斯赫体是阿拉伯文的一种手写字体，在10世纪时定型并向东传播，最终出现在帖木儿营造的建筑上。（它现在仍然是最广泛运用在印刷品上的阿拉伯字体。）在12世纪，书法家通常使用两种手写体，一种用来抄写《古兰经》，另一种用来书写注释。在尼沙布尔，作家苏拉巴迪（al-Surabadi）用纳斯赫体写了大量关于阿丹、努哈和苏莱曼的传奇故事。可见，伊斯兰教容许中亚不仅将阿拉伯文作为一种文字体系，而且还作为展现该地区艺术才能的建筑元素。

通常会有两个人先后在图书上签名，首先是写作者，然后是装饰匠，这是重视他们各自所发挥作用的表现。装饰匠不仅装饰书的封面和封底，还设计版面和美化边框。他们会在封面的中心位置画一个带有花边的方框，留待图书主人日后签名所用。他们还会在第二页卷首插图上方画一个一整页宽的扇形页首花饰，用来题写书名和“奉至仁至慈的真主之名”这句话（《古兰经》除了第九章外的每一章都以这句话开头）。第二页通常会画皇室狩猎图或者迷宫似的几何图形作为卷首插图。这些卷首插图是文字的门户。伊斯兰教并非简单地把文字陈列在纸上，它用建筑师的眼光来设计图书。

从书的扉页往后翻，金色或蓝色的框通常将正文框在里面，正文上方的页首花饰里面写着章节的题目，而页面中的空白处用图纹、动物、植物、小鸟、贴花或镶嵌物填充。很多技法来自中国，尤其是染色工艺、大理石纹制作、轻微着色技法和洒金技术。（17世纪，欧洲人在波斯学会大理石纹技术后，将其传回欧洲。）装饰匠通常也会将金色粉末喷撒在纸空白处，或者在空白处染上较淡的蓝色、黄色、红色或橙色。在这些装饰的环绕下，先知的话语被精心编排在页面上，就像演员在色彩艳丽的舞台上表演。

但是，在中世纪的伊斯兰图书中没有出现透视画法和明暗对照法。当风景画开始在中亚的纸上出现时，他们学习了中国的绘画技法。13 世纪 20 年代，在成吉思汗的率领下，蒙古人来到中亚，中国的绘画也随着他们西征的进程遍及中亚。在波斯，设拉子和大不里士这两座城市成为细密画的中心；向西更远的地方，巴格达也是细密画的重镇。到了 15 世纪 20 年代，仅赫拉特一地就有四十位书法名家。此外，还有更多手抄本制作专家和细密画巨匠。

蒙古帝国后来分裂出四大汗国，中亚落到成吉思汗次子察合台手中。在 14 世纪初期，察合台汗国的书法家、书稿装饰匠人和图书装订工赋予《古兰经》一种新面貌。一部献给苏丹的《古兰经》长 0.7 米，宽 0.5 米，但是每页只有五行经文，用黑色和金色的墨交替书写。

在今天阿富汗西北部，赫拉特细密画流派使用柔和、明亮的色调作为背景，在这种底色衬托下，画中角色所穿的衣服显得轮廓鲜明、光彩夺目。随着时间推移，细密画的风格越来越趋向描述具体事物，每幅作品都对描绘对象进行精细刻画，但是整个画面缺乏焦点。在赫拉特，人们在图书甚至是纸上花费巨资。《列王纪》（*Shahnama*）是创作于 11 世纪描写历代波斯国王的长篇史诗，一部精美的 15 世纪手抄本耗费了 42450 第纳尔（第纳尔是一种货币单位，有数十个国家采用，但各国的第纳尔的价值和面额不尽相同——编注），这笔巨款除了用来支付书法家、手稿装饰匠和画家的工钱外，其中的 12000 第纳尔花在了购买中国纸上。

14 世纪末期，帖木儿开始网罗抄写员和艺术家回到撒马尔罕，这也是该地区的纸的发源地。波斯体阿拉伯文是种新颖流畅而又跌宕多姿的字体，它出现后成为书写波斯诗歌的主要媒介。在撒马尔罕，绘画风格趋向简朴化，画面中没有那么多挤成一团无关紧要的细节。此时，在赫拉特，书法家开始增加阿拉伯字母的转折和弯曲度，让它们的笔画更浓密，他们还将自己用的芦苇笔尖削成斜切面。(埃及于10世纪发明了钢笔，但是并没有在波斯和中亚流行。)他们甚至使用剪贴工艺，将字母从纸上剪下来后贴到另外的纸上成文。

伊斯兰教倾心于造纸、写作、编纂和装饰图书，这有助于它在中亚传播自己的教义。波斯东部和呼罗珊地区的学者将伊斯兰教深深嵌入本地，他们的书法、造纸工艺、书稿装饰和图书装订技术是这种转变的基本要素，他们用本地的颜色和装饰风格来美化伊斯兰教图书。正是因为他们的努力，《古兰经》及其注释成了给伊斯兰教增辉的艺术品，不仅广泛流传，而且还成为中亚地区的高雅文化。《古兰经》之所以能助伊斯兰教赢得皈依者，不仅靠经文所传递的信仰，同时也要归功于经书自身的精美。

帖木儿喜爱优美的文字，但是如今我们所能见到的证据，大部分都在石头上而不是纸面上。其实，在帖木儿时代的中亚，建筑是缔造帝国图景的知识宝库，它采纳了各种新颖理念，包括内角拱(一种波斯风格的墙面夹角部位的出挑，使方形墙基可以承载圆形穹顶的重量)。撒马尔罕老城如今作为帖木儿的展品巍然屹立：大量加肋穹顶、几何图纹、阿拉伯式花纹、宣礼塔、刻在砖瓦上的经文和图案、伊旺、大门、米哈拉布(清真寺中朝向麦加的凹壁)、钟乳拱、庭院、皮什达克、银色镶嵌装饰、浮雕、琉璃彩砖、黄金、伊斯兰美术字母、砖瓦和石块上的阿拉伯文。这些特征中的一部分是施工前在纸面上精心设计过的，而的确有一些是建筑师把装饰图书的成熟方法直接照搬到建筑上。这种影响波及更加遥远的地方。在帖木儿的后裔巴布尔建立莫卧尔帝国后，星星点点地散布在拉贾斯坦邦的宏伟建筑，继承了中亚帖木儿帝国的建筑传统。但是，赫拉特城声称是最完美地在石头、砖块和瓦片上阐释《古兰经》的城市。

图 10　位于赫拉特的聚礼日清真寺。它是波斯美学征服帖木儿帝国的纪念性建筑的最好例证。这种风格泰然自若、简朴大方，整个建筑像一只翱翔的老鹰，人们的目光被雅致的拱门和高处嵌板上无穷无尽的叶形图案所吸引。纸时代的训练是修造这些建筑的关键，特别是几何设计发挥了独特作用

赫拉特城中有聚礼日清真寺，寺外绿树成荫的街道一直延伸至野外。在清真寺两侧的街上商铺林立，出售的商品琳琅满目，包括布匹、墓碑、地毯、罩袍、服装和步枪等。沿着人行道摆出来的小摊上卖果汁、鞋子、洗发水和水果冰沙。高哈尔·莎（Gohar Shad，帖木儿汗国苏丹沙哈鲁之妻）是伊斯兰艺术最著名的女性资助人，她的陵墓位于城郊一个干旱而又令人哀伤的园子中，陵墓穹顶的颜色已经剥落，但是象征其往日光辉的标志仍在：双层八角形鼓座托举着穹顶，以便将穹顶的重量转移到方形墙基上。原本的九个尖塔如今还剩下五个，歪歪斜斜，摇摇欲坠。（其他四个尖塔在 1885 年阿富汗准备迎战沙俄时倒塌，一名英国将军曾违反命令独力帮阿富汗备战。）

正是高哈尔·莎在1405年将帖木儿帝国的首都从撒马尔罕迁到赫拉特（也有种说法认为迁都者为沙哈鲁——译者注），并给予波斯语新的主导地位。今天的赫拉特依然是兼具波斯和中亚特色的一座城市。一百五十多年来，占居民多数的波斯人一直在阿富汗人的统治之下。这种鲜明的混杂状态不仅体现在市民的面孔和胡子上，而且也体现在位于市中心的聚礼日清真寺上。

聚礼日清真寺的庭院中铺满了白色长条形石板，在石板和拱门的衬托下，镶嵌在皮什达克和伊旺上的釉色彩砖的精美雕饰显得愈发祥和宁静。进入庭院后就会发现，伊旺的高度是它左右两侧拱廊高度的两倍，宽度是两侧小拱券宽度的三倍。基座上的朴素大理石嵌板高1.5米，而拱门嵌板和扶壁上雕刻着由马赛克拼成的繁复图案：树叶、树枝、几何图形和圆形雕饰，就像一幅只用蓝色、绿色和少量黄色涂抹出的点彩画。写有文字、高1.5米的镶板布满每个拱廊，写在蓝色背景上的白色字母如行云流水般有韵律。更多的文字镶嵌在扶壁上，遍布最大的伊旺内，线条柔和的黄色库法体阿拉伯文在西边的伊旺顶部轻舞飞扬。在整个建筑的每一处，艺术与书法交织在一起，各种装饰交相辉映，彼此衬托。

聚礼日清真寺墙面上优雅精致的图案在正午阳光下闪着青绿色微光，嵌板上密密麻麻的花体字提醒着人们，这类建筑形式是一种横跨欧亚大陆、内涵丰富的文明的组成部分。在纸的故事中，这些纪念性建筑是一个时代最醒目的遗迹，没有它们，我们今天很难有机会了解或见证那个时代。其实，中亚的清真寺和宗教学校并非我们追寻纸的踪影的下一步，因为它们大都是在造纸术最初传到这个地区数百年后才建造的。伊斯兰文明是纸的第二大伙伴，而精美的建筑是它最美好最繁荣的表现，就像一座满是展品的博物馆，将人们带回纸彻底改造这个地区的时代。纸不仅成为镶嵌在墙上和拱门上的《古兰经》经文的书写材料，而且还为使这种建筑得以建造的绘图技巧和数学运算提供了媒介。此外，纸还成为设计几何图案和阿拉伯式花纹的媒介，正是这些装饰让它们位列世界上最精美的纪念建筑。

在帖木儿帝国时代的中亚，写作、几何和艺术都是从纸上溢出，流淌到屹立至今的纪念性建筑上。纸比之前的任何书写材料都便宜，用途也广泛得多，允许书法家和艺术家更加自由地进行创新实验；不仅关注图书所传递的信息，而且还关注它的形式、装饰和图画。这些探索性创新大部分已经湮灭在时光隧道中，但是将创新成果转移到这个帝国最精美建筑上的决定使得他们的遗产不同寻常地保留至今。从中国西部传到地中海的造纸术所取得的技术进步本质上是一则伊斯兰故事，这些纪念性建筑就是关键证据。因此，追寻这种进步的源头首先要将时钟回拨到引发这一切的一本书、这本书的作者还有让这本书最终定型的学者和统治者。

《古兰经》催生了横跨欧亚的文明，这种文明将书本、当然还有纸置于其正中心，推动识字率从社会上层不断向下扩散，将艺术和科学水准提升到前所未有的高度，设立了以纸为基础的官僚机构作为统治工具。没有一部书曾经在洲际范围内激发一种高度好学的文化取得如此大的进步。

事后看来，伊斯兰教与纸进行合作是必然的。纸使得《古兰经》得以在整个世界巡游，并深深嵌入遥远的城市，比如西班牙的科尔多瓦（Cordoba）和印度的德里。任何一种信仰都可以通过武力征服在短期内开疆扩土，但是，如果这种信仰要落地生根向下传承，就需要某种永恒的权威，而《古兰经》恰好扮演了这一角色。

但这可能是从我们自身爱好图书的视角来看待这个问题的。穆罕默德诞生于6世纪的阿拉伯半岛，当时那儿的人对图书并无多大迷恋，流行口头文化，过着游牧生活的人们酷爱吟诵诗歌。

在纸发明数百年前，写作就已经成为中华文明的一大支柱。因此，一旦中国的文人雅士能够接受一种不如他们之前所用的缣帛和竹简那么有文化涵养的书写材料，纸的地位便难以撼动。但是，一种阿拉伯人的宗教对于纸在全球的传播来说并非理所当然的伙伴；回顾历史，很容易忽略这一切是多么有可能不会发生。

注　释

1. 人们用上过釉的瓷砖装饰建筑物。
2. 其实，其他地方已经在使用更大幅面的纸。一个 10 世纪的中国作家写道："黟歙间多良纸……复有长者，可五十尺为一幅……然后于长船中以浸之，数十夫举帘以抄之，傍一夫以鼓而节之，于是以大薰笼周而焙之……"

第十一章

一部新的乐章

他将知识托付给一张纸后便纵情挥霍。只用纸储存知识的这个人将要倒霉。

——伊本·阿卜杜勒·巴尔

(Ibn Abd al-Bar),10世纪

我们被告知，这一切起源于宰德·本·萨比特（Zaid ibn Thabit）的主人命他将一些辅音字母刻在骆驼的肩胛骨上。

宰德的家乡是一个绿洲中的商业城镇，位于从也门前往叙利亚、伊拉克和巴勒斯坦的商路上。在宰德生活的7世纪，骆驼成为商业最常见的负重牲畜，甚至还取代了车子。宰德的同乡，即拥有骆驼的阿拉伯人逐渐控制了贸易往来。但是他的主人，穆罕默德·本·阿卜杜拉（Muhammad ibn Abdullah），对于以经商为业丧失了兴趣。他关注绿洲生活，察觉到一种新型商人发达起来，眼看着他们抛弃了传统的社会价值观，他对随之而来的不公正和自私自利表示反对。

穆罕默德出生在570年左右，随着年龄增长，他确信神不会漠视阿拉伯人。他自己所属的古莱什部落负责管理天房克尔白。坐落在麦加城的克尔白是用硬石砌成的立方体建筑，整个阿拉伯半岛上的虔诚信徒每年都要来此朝觐一次。克尔白是天地交会之处，是由先知易卜拉辛（Abraham）最初所建的祈祷之所。镶嵌在克尔白一角的“黑石”，被认为是远古时代的遗物。在穆罕默德出生前，克尔白就已经作为朝觐之所存在了数百年，并成为供奉多座偶像的中心。但是，到了穆罕默德生活的时代，克尔白已经成为崇拜一个全能的神的圣所。然而，这种信仰并不足以让穆罕默德满意，他了解犹太人社会，而且很可能碰到过基督教修道者和传教士，这些人都拥有自己的先知；而波斯人也有名为琐罗亚斯德的先知。阿拉伯人为什么不能有自己的先知？

和同时代的人一样，穆罕默德也到过克尔白朝觐，但是他也喜欢避居麦加附近的希拉山洞，远离尘世纷扰，静修冥思。他在山洞中的其中一次隐修注定会改变他的人生、他的部落以至整个阿拉伯半岛。穆罕默德在山洞中听到一个声音。

“你宣读吧！”

“要我宣读什么？”他回答。

“你应当奉你的创造主的名义而宣读，他曾用血块造人。你应当宣读，你的主是最尊严的，他曾教人用笔写字，他曾教人知道自己所不知道的东西。”

穆罕默德赶紧回家找到妻子赫蒂彻（Khadijah）。

赫蒂彻最初雇用比自己小十五岁的穆罕默德为她打理外出做生意的商队。穆罕默德的经商才干和所享有的声誉赢得了赫蒂彻的好感，因此决定嫁给他。从希拉山洞回到妻子身边后，穆罕默德并不确定自己听到的声音是否真的来自神。但是，赫蒂彻劝慰他说，他对族人仁慈，好客敬宾，扶弱济贫，以此打消他的疑虑。她向穆罕默德保证，那些启示一定来自神。赫蒂彻作为第一个穆斯林被铭记。

穆罕默德由此开始不断接到启示，一直持续到他生命终结。在山洞中第一次接受启示三年后，他开始传播他的新宗教并吸引到一批信徒。根据伊斯兰传统，他接受的启示会很快被记录下来，记录所用的材料包括：骆驼、羊或驴的骨头，陶土片，白色石板，皮革，枣椰树叶，羊皮纸，莎草纸和木板。伊斯兰历史学家习惯上推断穆罕默德目不识丁，以此给《古兰经》的启示增添神奇的本性。穆罕默德无疑雇用了书记员，但是《古兰经》主要是作为内容不断充实的一套布道启示开始生命历程的，麦加的信徒吟诵它并遵循它过活。在那个时代，许多阿拉伯人不信任书写：他们的诗人在写作中喜爱并擅长运用口语。确实，他们每年都在阿拉伯半岛的很多地点举行宗教活动，诗歌朗诵比赛也会同时举办。传统资料认为穆罕默德出现在这些活动中，但他不是参与者。

即使今天，大部分穆斯林第一次接触到《古兰经》也是听别人诵读，而不是翻阅标有页码的经书。穆斯林生命中大部分最重要的时刻都会被诵读《古兰经》所标记，正是诵读使先知的声音再现。

穆罕默德接受的启示生成了一个横跨中亚并延伸到西班牙的书写帝国。在西方开始印刷书籍之前，《古兰经》所到达的地理范围之广，所拥有的读者数量之多，相当罕见；在现代，每一个穆斯林家庭，甚至是每一个穆斯林都拥有一部《古兰经》。它还衍生出一些相关学科，比如词典编纂学和语法学。总有一天，纸会成为伊斯兰帝国的管理媒介。这个帝国的统治疆域可以与先于它存在的任何一个大帝国媲美。

因此，《古兰经》对于纸历程的影响也是非同寻常的。最初，不论生活在城市中还是处于游牧状态的阿拉伯人，大部分都不认字，一直喜好口头朗诵诗歌而非将它们写下来。《古兰经》就是在这种社会背景中以诵读的形式诞生的。但正是这些最初不识字的阿拉伯人将吟诵的诗文写在纸面上，将《古兰经》褒升为一种新文明的磁石，并围绕它缔造了一个共同家园，这些所作所为将书籍的地位擢升到一个新高度。书籍被置于阿拉伯和伊斯兰文化及生活的中心。它的帝王和政府官员将这种文化洒遍伊斯兰统治下的所有疆域，向东远达中国，向西远至马格里布，后来还由此向北推进到欧洲。由此，一种阅读文化（还有重视写作的官僚系统，伴随帝国统治方式成形应运而生）从9世纪起被介绍给数千公里之外的民众，而这种文化的传播媒介正是纸。

穆罕默德于622年迁到麦地那（Medina，当时叫叶斯里布[Yathrib]），他成功将随他迁移来的族人与本地原有居民团结起来形成信奉相同宗教的单一社群。同时他始终在持续传播他收到的启示，《古兰经》将它描述为“真主的绳索”。

这是理解为何穆罕默德的新教义能成为纸非凡盟友的关键点。一个绝大多数或至少大量成员都是半文盲并且分裂为不同派系的部落社会，所信奉的宗教如何实现完全以《古兰经》及相关研究为支柱，这是纸旅程中最令人惊讶之处。首次将识文断字置于一个社会群体生活方式的中心，这一进程绝不容易。尤其是以下情况的存在更加剧了引导这一进程的难度：鸿儒和白丁并肩而坐，宗教影响力超出己方范围波及外部，一个社团拥有自己语言的同时还熟悉一些非本地方言。

20世纪30年代，两位西方学者：澳大利亚人亚瑟·杰弗里（Arthur Jeffery）和德国人戈特海尔福·贝格施特雷瑟（Gotthelf Bergsträsser），决定写一部有关《古兰经》的历史著作，他们为此按时间顺序编写了经文的创作历史，从阿拉伯语文献中收集到所有不同版本的相关资料。他们为仔细查看早期《古兰经》版本而东奔西走，并带着大概一万五千张照片返回德国，这些照片拍摄的是早期《古兰经》和有关不同版本的原始资料。贝格施特雷瑟是闪米特语研究教授，同时也是纳粹的眼中钉。1933 年，他在一座山顶离奇死去。（一名埃及学者公开谴责纳粹杀害了贝格施特雷瑟。）

另外一名学者奥托·普雷策（Otto Pretzl）和杰弗里继续这项研究，当普雷策 1941 年在塞瓦斯托波尔城外的战斗中身亡时，他们大部分研究工作已经完成。第二次世界大战结束后，1946 年，杰弗里在耶路撒冷一个报告厅对听众表示，存放在慕尼黑（Munich）的所有照片档案都毁于轰炸和战火。他断定这部严谨的著作在一代人之内无法完成。杰弗里逝世于 1959 年。20 世纪 70 年代，慕尼黑大学闪米特文献学教授安东·斯皮塔勒（Anton Spitaler）博士证实了那些资料已经被毁。（实际上，很可能正是斯皮塔勒告知杰弗里那批档案已经不存在。）

如此看来，这个故事就要结束了，除非有新生代学者再次将所有这些资料弄到手，这需要大笔资助和政治意愿。但是，在斯皮塔勒于 20 世纪 80 年代退休后，真相浮出水面：四百五十卷胶片其实得以幸存，斯皮塔勒将它们交给了自己从前的一个学生。如今，为期十八年的“《古兰经》文本”研究项目的工作人员正在仔细查看这些照片，这一项目由位于德国波茨坦的柏林－勃兰登堡科学院主持，主要工作是将从全世界收集来的最古老《古兰经》的照片编成资料库作为公共研究档案，但是这一项目的关键组成部分集中在互文性研究方面：《古兰经》和其他可能对它产生影响的文稿之间的关系。日复一日地向前推进这一项目的迈克尔·马克思（Michael Marx），将它视为描绘《古兰经》早期面貌的努力。马克思告诉我：“我们想展现《古兰经》

的文本演化史，就像人们对《圣经》、莎士比亚和歌德的作品所做的分析一样。”

现在已有充足的线索表明《古兰经》与其他信仰、文化和文献存在动态关系。在伊斯兰教产生之前就已经有人前往麦加朝觐，但根据伊斯兰传统，这儿长久以来都是伊斯兰教的至圣之所。

《古兰经》从业已存在的信仰中吸收了一些元素，同时又自觉摒弃了其他部分。因此，它有时会赞同耶稣和基督教经籍，但是在另一些场合中，它将《创世记》和福音书中的素材整合在一起，并不是为了换汤不换药地老调重弹，而是为了破旧立新、反对母本。2世纪的福音外传《多马的耶稣婴孩时期福音》（*The Infancy Gospel of Thomas*）中记载，耶稣用泥土做了些小鸟，并赋予它们生命，让它们飞走，这个故事意在表明耶稣在孩提时代就具有神力（一些虔诚信徒否认这一点）。但是，《古兰经》选取这个故事，是为了否认尔撒（Jesus，即基督教典籍中的耶稣——译者注）的神性，它简单解释说，尔撒之所以能够赋予泥捏的小鸟生命，是因为真主在那个特定时刻赐给了他这种力量。这是有意颠覆福音外传的观点。

在其他地方，《古兰经》采纳了一套众所周知的神学信条，但是完全改变了它们的本意，重新诠释了古叙利亚语基督教经文。例如，《古兰经》坚称“他是真主，是唯一的主；他没有生产，也没有被生产……”，但是这一教义也是它贬抑耶稣具有神性的基础，更进一步，也用来否认真主变成人的可能。而且，从文体来看，《古兰经》既不是《塔纳赫》，也不是基督教《新约》中的福音书和书信集的承袭者，它是一种迥然不同的文体。迈克尔·马克思认为伊斯兰教的历史独创性有时会在与其他宗教做比较时被遮蔽。“《古兰经》不是基督教第99号福音的外传，”马克思解释说，“它是一种新教义。一位具有不同思想的先知，在基督教会不断壮大和近古诸多教派并存的大背景下，为一种新信仰开宗立派。”

有很多思潮响应当时的时代背景，除了在土耳其东部、叙利亚、美索不达米亚和阿拉伯半岛幸存下来的古叙利亚语基督教团体外，阿拉伯半岛还有众多犹太教团体，此外还有多神教团体，如摩尼教团体等。也门名义上信奉犹太教，现在残存的铭文也清楚地表明也门统治者接受了一神教，虽然他们经常遗漏与犹太教仪式相关的一些细节。在这种情况下，阿拉伯统治者知晓古叙利亚语基督教，见过该教很多经书，他们开始构建自己的宗教认同，但仍缺乏基督教和犹太教所具备的一些典型特征，诸如一系列精心设计的关于上帝的教义或者一套广为流传的经书。在这种背景下，可能很容易想象，基督徒和犹太人会问穆罕默德的新信徒，他们为何没有自己的经书。

《古兰经》和先于它创作的文献之间的关系，对于纸兴起极为重要，因为它帮助解答了下述问题：一种很明显的口传文化是如何成为纸最重要的盟友，并激发纸传遍亚洲、北非后又进入欧洲的。但是一些问题依然很难完全解释清楚。确实，历史学家和《古兰经》研究学者对于《古兰经》起源的争论要多于他们所达成的共识。甚至连《古兰经》是否完全发源于口头吟诵这一传统都不清楚，虽然伊斯兰教一贯对此确定无疑。“古兰”（意为诵读或宣读）和“克塔卜”（意为书籍）这两个词在《古兰经》中反复出现，表明穆斯林对这两种形式某种程度的接纳。特定词语也表明了文字资料在《古兰经》编纂中的重要性。“‘福尔刚（Furqana）’在《古兰经》中有两种意思：‘拯救’和‘规范’，分别对应两个词源‘purqana’和‘puqdana’，前者在古叙利亚语和阿拉米语中是指拯救，后者在古叙利亚语中指规范。虽然这两个词发音完全不同，但是它们看起来很像。”因此，将两个词合并成为“福尔刚”一个词表明伊斯兰教在传教过程中对于实体文稿的运用。[1]

穆斯林记事始于622年的“希吉来”，穆罕默德和他的信徒从麦加迁往麦地那，但是在阿拉伯语中并没有“前希吉来”这一与“公元前”相对应的词语，因此穆斯林并不认可希吉来之前的资料来源。《古兰经》的早期版本不是经卷，而是手抄本，但是其中的文字是从右向左写的，这有别于基督教典籍。不久后，他们发展出更加宽幅的手抄本，进一步凸显出独特性。

《古兰经》的正式编纂有翔实可靠的文献佐证。伊斯兰教传统上认为穆罕默德于632年去世。（虽然有至少一份原始资料认为日期要更晚。）此时，阿拉伯半岛的西部和南部都将穆罕默德奉为真主的先知和该地区的统治者。伊斯兰史学家认为，在先知去世同一年，数百个知名的《古兰经》诵经师在叶麻麦（Yamama）战役中阵亡，在这场战役中阵亡的还有生活在沙漠绿洲中棕榈园的数千东部阿拉伯人。

穆罕默德逝世后，艾布·伯克尔（Abu Bakr）以继承人的身份就任哈里发，如此多的诵经师战死沙场令他苦恼，因为他面临一个切实的危险局面：穆罕默德接受的降示到头来可能要么被遗忘要么只能记得一部分。因此，伯克尔下令收集被视为真主言语的《古兰经》经文，不论它们是写在羊皮纸、肩胛骨、枣椰叶上还是默记在人们脑海中。虽然要以口头背诵为标准对经文进行核对，但这本质上是一个文本校勘工程。

644年，穆罕默德的女婿奥斯曼（Uthman）继任为哈里发，他被誉为《古兰经》定本之父。中世纪穆斯林的文献中有时称奥斯曼为主编，有时称他为收集者，有时称他为书写员的主人，有时称他为《古兰经》的装帧者。奥斯曼首先是一位圣徒，同时是一位优秀的外交家。不久以后，在叙利亚城市霍姆斯（Homs）爆发了一场争论，叙利亚穆斯林和伊拉克穆斯林围绕《古兰经》的不同版本产生严重争执。（哈里发国家的几个主要城市分别在城内保存着有细微差别的不同版本《古兰经》；每本《穆斯哈福》，即《古兰经》都是在先知穆罕默德的弟子诵读的基础上整理的。各版本文字上的差异通常只存在于措辞和句子结构方面。）奥斯曼手下的一名将军前往麦地那直接求见哈里发，他控告双方无视部落协议。他向这位哈里发报告说，不同的《古兰经》需要修订为统一版本，否则穆斯林就会陷入分裂，像犹太人或基督徒一样混乱。

据伊斯兰史料记载，奥斯曼任命宰德·本·萨比特主持修订工作，勘定一本标准的《古兰经》。宰德就是那位曾追随穆罕默德，随时将听到的启示刻在骆驼肩胛骨上的文书。另外还有三名学者和在世的圣门弟子辅助他。（所有圣门弟子都同先知有个人关系，他们因此享有特殊的权威。）宰德是最优秀的书记员，充当他助手的圣门弟子中有一名语言专家，他审定了奥斯曼收集的所有经文手稿。在阿拉伯－穆斯林文化中，这是书面文字真正与口头传统竞争的开端，尤其重要的原因是这项修订工作仰赖如下假定：就精确性而言，页面（主要是指羊皮纸）是当时所有媒介中最优秀的真主言语守护者。

奥斯曼思维缜密，他下令从各地驻军和麦加及麦地那的信徒藏品中收集经文稿本。他规定所收集稿本要符合以下规范：必须最初书写于先知在世期间；至少有两人见证先知宣读；如果修订委员会就措辞产生分歧，以先知所属古莱什部落的方言为准。伊斯兰史料也申明，这个修订委员会确保了奥斯曼定本是最具权威性的：他们审查了收集的所有手稿，由亲耳听到先知宣读“阿亚特”（《古兰经》划分单位“节”）的圣门弟子解答经文措辞上的疑问，整个修订工作由奥斯曼本人监督。

因此，奥斯曼的遗产在于通过编辑定本《古兰经》维护了帝国统一。奥斯曼编订了《古兰经》后，书记员们花了四个月才抄写出“奥斯曼定本”的副本。定本的底本在麦地那由奥斯曼保管，另有四份副本（它们的羊皮卷版式从此在整个帝国得以充分标准化）据称被送往帝国的东南西北四个方向，根据伊斯兰教史料记载，它们被送往大马士革（Damascus）、巴士拉（Basra）和库法，第四个城市是麦加。此外，还有一部副本也保存在麦地那。奥斯曼下令将其他所有版本的《古兰经》都销毁。

用羊皮纸书写的《古兰经》遍布整个帝国，这种书写材料具有柔韧、耐用的特点，从而成为真主言语的恰当载体，这两个特点也有利于人们经常翻阅经书。如果组成一部《古兰经》的所有羊皮纸页面大小相同，这部经书就会被称作《穆斯哈福》；有数百部《穆斯哈福》流传至今。《古兰经》中间接提到两种书写材料：羊皮纸和莎草纸。与羊皮纸不同，莎草纸是舶来品，阿拉伯人在640年征服埃及后才开始使用莎草纸。目前幸存下来写在莎草纸上的最古老的阿拉伯语文献写于642年。14世纪，知名穆斯林社会历史学家伊本·赫勒敦写道，在伊斯兰时代早期，人们生活奢华，拿羊皮纸来书写学术著作、政府文件、取款凭据以及其他官方记录；但是随着图书文化的发展，人们已经弄不到足够的羊皮纸了。

到9世纪初期，纸在哈里发国家发挥着日益重要的作用，但《古兰经》依然写在羊皮纸上，可能是因为其他文字性材料最看重携带方便，然而《古兰经》最注重耐久性。一部羊皮纸《古兰经》需要耗费大概三百张羊皮，这也使经书成为昂贵物品。相比之下，纸就便宜多了，同时兼具便携和耐用这两个特性。现存最古老的完整纸本阿拉伯文手稿写于9世纪初。这是一个让人们感受纸的优势的恰当时刻，因为哈里发国家处在文化大繁荣的前夜，而其他书写材料由于价格昂贵定然会阻碍这种文化大发展。在其他阿拉伯语书籍纷纷转为纸本时，《古兰经》依然使用羊皮纸书写，至高无上的地位可能是它坚持使用羊皮纸的原因之一，毕竟这种昂贵材料用来记载智慧和启示已经有数百年了。相较之下，纸此时仍被视为平庸乏味的书写介质。但是，到了10世纪，连《古兰经》都已经转而用纸来书写了。

最早的纸本《古兰经》使用了一种被称为“纳斯赫”体的阿拉伯文书写。这种字体的形状使纵向手抄本重新流行，之前的阿拉伯文字体更适合写在横向手抄本上。马格里布地区没有追赶10世纪出现的用纸书写《古兰经》的潮流，这是一个例外，该地区直到14世纪还继续用羊皮纸抄写《古兰经》。

《古兰经》在纸的旅程中所扮演的角色独一无二，它是覆盖大半个亚欧大陆的新兴帝国和崭新文明的奠基石，纸借助这部经书在整个哈里发国家给羊皮纸敲响了丧钟。《古兰经》是用文字写就的经书，而它的另一种存在方式是诵读，与诵经相关的记忆力和动作对于构建《古兰经》的认同像笔和墨所发挥的作用一样关键。抄经可被视为书面诵读，就像诵经可以被视为有声抄写一样。这种特性在某种程度上与《古兰经》的起源密不可分。随着哈里发国家的扩张，《古兰经》不断向远方传播，在这个过程中要保证经文不走样很重要。结果造成一部经书分成口头和纸两种媒介来传播。即使到了今天，这两种媒介间的对立仍在持续，穆斯林依然认为诵经是最佳方式，默读次之。

在伊斯兰教兴起的最初几个世纪中，导师会口头讲授或诵读《古兰经》，学生会通过记忆来学习相关知识，他们不会阅读导师的讲义，当导师去世后，那些讲义有时会被焚毁。虽然《古兰经》青睐口口相传的方式，然而正是它构建了一种纸文明的基石。

不能简单地将《古兰经》与基督教和犹太教经典归为一类，认为它只是文艺复兴前助力纸在亚洲大行其道的一神教重要典籍之一。相反，《古兰经》在纸的兴盛历程中占据了更加重要、更加非同寻常的地位。在纸传入西亚之前，犹太教和基督教典籍数百年来一直写在莎草纸、羊皮纸或牛皮纸上。但是，就像我们将要看到的那样，伊斯兰教投入纸的怀抱的速度很快。何况，是伊斯兰教而不是基督教在纸时代征服了亚洲的大部分地区。这意味着纸与一种文明最尊贵的典籍结为盟友，这种主导了半个欧亚大陆的文明不只为哈里发寻求战利品，而且最终要为以《古兰经》为核心的宗教寻求皈依者。基督教也将逐渐投入纸的怀抱，但是这种发生在数百年后的转变不仅依附于一种文化变革，而且还依附于该教内在的重大神学转变。而在转变发生前，羊皮纸和牛皮纸很好地满足了罗马和君士坦丁堡的需求。

在文艺复兴之前，《古兰经》以无可匹敌的气势推动纸征服亚洲，部分原因是它在伊斯兰哈里发国家扮演着首要典籍的角色。这个帝国在阿拔斯王朝（750—1258年）统治下处于全盛时期，人口达到两千万。《古兰经》的神学理论体系也是促使纸繁荣的关键原因。犹太人和基督徒并不认为《塔纳赫》和《圣经》是一直就存在着的，然而，大部分伊斯兰神学家视《古兰经》自身为无始永恒的，而不是被创造出来的。在伊斯兰教创立初期，《古兰经》的本质是伊斯兰教神学家辩论的重大主题。在伊斯兰文化中，持续了几十年的论战后，《古兰经》是真主永恒的言语这一观点逐渐取得正统地位。

于是，穆斯林神学家开始相信《古兰经》同真主一样都是非创造的、无始永恒的，这种教义随着论战（《古兰经》是否被创造是穆尔太齐赖派和艾什尔里派的一个重大分歧点）开始传播，并在9世纪期间成为正统教义。这种教义导致《古兰经》的起源不能被质疑。当从《古兰经》中摘取的字句遍布伊斯兰帝国的大门、高墙、柜子、地毯、建筑、图书封面以及家具时，物理学、语言学、哲学和神学等学科逐步成形，本书下一章会涉及相关内容。然而，所有这些学科在进行研究和评论时，不能将《古兰经》完全置于历史背景中，也不能将它与其他宗教典籍相互对照。一个合法学派使用“bil kayfa”（意为“没有为何”）这个词来回应任何质疑真主言辞的行为。

穆斯林对《古兰经》持有的这种信念，也是一千三百多年后的今天依然没有对《古兰经》原始手稿进行历史分析的评论性著作问世的原因。如今广为流传的埃及官方标准版《古兰经》出版于1924年，年代并不久远。它不是评论性文本，而是合乎教法的正典，在伊斯兰历史发展中被广大穆斯林所接受，因此获得了至高无上的地位。伊斯兰教兴起的最初两百年间，用早期希贾兹体阿拉伯文书写的《古兰经》文本，保存到现在的大约有四千页，在数量上等同于大约七本《古兰经》。但是，还原经文的最初面貌以及接续《古兰经》早期手稿历史的努力已经受挫。最近几十年，这一研究课题的规模和组织方面呈现出特殊挑战。然而，许多学者（包括伊斯兰学者和非伊斯兰学者）很明显都渴望尽可能搞清楚经文最初或至少在早期所使用的准确措辞以及发音。一名《古兰经》研究者将出版这种版本描述为“每一个《古兰经》学者最珍视的梦想”[2]。

《古兰经》毋庸置疑的权威地位赋予纸一种前所未有的角色，因为它承载的是真主的言语，而这种永恒的言语不是被创造的。不仅经文是永垂不朽的，而且《古兰经》这部经书也是永垂不朽的。这种信条一旦被确立为社会纽带，要想挑战它并不容易。在纸的发展历程中，一种具有全球影响的教义帮助了历史上最伟大的文明之一得以存续并将书面语置于该文明的中心。

《古兰经》享有的尊贵地位也在某种程度上阻碍了研究人员对它最初的编纂进行广泛的学术研究，即使确实出现奇迹，发现相关文献，也无济于事。就像20世纪70年代，也门建筑工人在一个古老清真寺的房顶上发现了一批储藏的手稿，其中包括一万两千个写有《古兰经》的残片。这些发现不仅对《古兰经》有重要意义，而且对于纸的传播也一样。它们开始解答如下问题：一个发源于阿拉伯半岛、大体上以口传为特点的文明怎样将建立在一部经书基础上的宗教传遍半个亚洲；《古兰经》是阿拉伯文明本身的产物，还是在其他更爱书的文明影响下创作出来的。关于《古兰经》本质的争论滋养了展现在纸面上的辩论和探讨，这些辩论借助纸顺利地传遍整个帝国。在达成标准版本过程中遇到的问题以及围绕汇编《古兰经》面临的所有挑战，都引发了一种热衷书面学问和研究语言的文化，下一章会讲到这一问题。所有这些因素在穆罕默德的新宗教团体形成一种根植于一部经书的生活方式方面都发挥了作用。

这些图书当然还没有写在纸上。到了4世纪，羊皮纸、牛皮纸与莎草纸在整个西亚的竞争日益激烈，伴随着这种竞争而来的是手抄本取代卷轴装。直到那时，埃及的莎草纸一直是主要的书写材料，但是莎草纸比较容易碎裂，不适合折叠做成手抄本。因此，羊皮纸和牛皮纸在伊斯兰教早期阶段就成为其神圣经书的书写材料，而之前的《古兰经》片段，是刻写在枣椰树皮、动物皮、莎草纸或肩胛骨上面的。人们通常喜欢用莎草纸书写法律和商业文件，并且一般将它们做成卷轴形式保存，然而，手抄本这种形式更容易携带、更方便阅读。此外，科普特和叙利亚基督教会已经将他们的典籍做成手抄本，最初形式是将多张羊皮纸夹在两片木板中间。

要做手抄本，首先要将一张对开纸折成两张，再将这些折好的书页码在一块儿用线缝上，然后装订成书。在伊斯兰教书籍中，文字都写成一栏，很像清真寺中一排排的礼拜者；而在传统的欧洲《圣经》中，每一页都分成两栏，就像教堂中被中间的走道隔开的一排排靠背长椅。《古兰经》转换为纸本是一个渐进的过程，但到了10世纪，除了北非以外的整个伊斯兰世界都开始用纸抄写《古兰经》。

整部《古兰经》通常分成三十卷，以便每天读一卷，一个月正好读完。8 世纪，阿拉伯文字采纳了一种笔画倾斜的字体以避免混淆字母。但是，奥斯曼定本《古兰经》不可能有根本性改变。作为真主话语的经文用黑色墨水书写，而经文以外作为附属的文字用红色或黄色墨水书写，以示区分。

《古兰经》手稿的历史也是一部阿拉伯文字体系的发展史。阿拉伯文字起源于古叙利亚文和纳巴泰字母：在伊斯兰教创立之前，阿拉伯文字仅仅出现在少量铭文中。但是，从 7 世纪起，阿拉伯文开始战胜竞争对手，广泛传播，并发展出新的地区形式。然而，官僚体系中的上层人士努力确保用统一的语言维护帝国的凝聚力，他们的《古兰经》反映了这一雄心壮志。

不久后，书记员占据了伊斯兰文明的中心位置。他们跟随书写专家学习数年后，可以获得一个文凭。这位专家会教给他们如何将芦苇秆修剪成写诗用的尖笔，如何用碳或者鞣酸铁或树脂制作墨水，如何装饰文稿。通常一个人既是书法家，又是书稿装饰者。至少，这两种角色形成一种伙伴关系，他们共同设计了版面编排形式。10 世纪，呼罗珊的一名“圣训”专家贝伊哈基写道，那些不会写字的人，会紧攥羊皮纸来到清真寺找人给他们写字。圣训甚至说，在末日审判到来时，学者的墨汁比烈士的鲜血更神圣。

打开一部《古兰经》就像进入一座神圣殿堂。首先映入眼帘的是“地毯页”，这一页面中的文字通常用六角星和阿拉伯式花纹来装点。阿拉伯人在征服埃及后，由于受到摩洛哥人的影响，通常会将图书装订成册，并用金叶在封面压印图案。在《古兰经》页面上，金色是最重要的，但是，蓝色、红色、绿色和黄色扩展了装饰风格的丰富性。太阳和树木散布于它们之间，树代表了《古兰经》从大地伸展到天堂，而天堂以及其中发出的光芒用金色和蓝色加以装饰。

在14世纪初期的埃及，马穆鲁克第一王朝有一部《古兰经》，每一卷都有装饰华丽的版权页标记。[3]第七卷的版权页标记位于一个以粉红色枝叶为背景的云状图案中，两侧是镶嵌在蓝色背景上的金丝饰品。资助者、书写者、书稿装饰者都被提及。每卷都配有装饰绚丽的双扉页或“地毯页”。这部经书的文字全是用金泥写就的。这部《古兰经》成为伊斯兰文化光辉灿烂的见证。

在伊斯兰教历史的早期和中期，《古兰经》在装帧和书法方面所达到的美学高度颇具魅力。对于穆斯林来说，《古兰经》是真主的永恒之书，真主的言语促成了羊皮纸的流行。对经文来说，节奏和韵律同内容一样重要；经书所扮演的神圣物品的角色和作为导师的地位同样重要，它很快就使得羊皮纸难以满足需求。随着它在伊斯兰最富有创造力的时代衍生出诸多学科，它将亚洲西半部送入纸时代。

注　释

1．2．Fred M. Donner, ‘Islamic Furqan’, *Journal of Semitic Studies* LII/2, Autumn 2007, pp.279-300.

3．版权页标记在历史上是指一本图书结尾处的题词，通常写有图书制作流程的细节；今天的版权页标记指的是出版社的标志。

第十二章

“巴格达造”及其所载学问

我的儿子！如果你要在市场中的店铺前站住，你只能站在卖武器和图书的店铺前。

——穆赫拉比（Al-Muhallabi），10世纪[1]

没有一个职业比写作更加令人厌烦；写作虽然开花结果，但带给作家的只有贫困。干这一行就像用自己的针线给别人做衣服，自己却衣不遮体。

——阿卜杜拉·伊本·萨拉

（Abdullah ibn Sarah），1121年[2]

有关伊斯兰文明的物品、知识和创造力的线索就散布在英语词典中，它里面有我们从阿拉伯语中借来的词语。比如常见的柑橘属水果：柠檬（lemons）、酸橙（limes）和橘子（oranges）。还有花（flowers）、香草（herbs）、糖果（sweets）、香料（spices），以及冰冻果子露（sherbet）、藏红花（saffron）、糖

(sugar)、糖浆（syrup)、茉莉花（jasmine)、丁香（lilac）和杏仁酥糖(marzipan)。此外，还有服饰和布料：绸缎（satin)、饰带（sashes)、棉花（cotten)、法衣（cassocks)、织锦（damask）和薄棉布（muslin）等。动物方面的词语有长颈鹿（giraffe）和骆驼（camel)。饮品则包括酒（alcohol）和咖啡（coffee)。乐器有：手鼓（tambourine）和诗琴（lute)。还有食物和炊事技巧，比如菠菜（spinach）和泥炉烹饪法(tandoori)。此外，还有大量常用的混杂词语，从蔚蓝色（azure）到游猎（safari）再到混合物（amalgam)，从大麻麻醉剂（hashish）到撒旦(Satan）再到黑手党（mafia)，从球拍（rackets）到灵丹妙药（elixirs）再到深红色（crimson)，从木乃伊（mummy）到杂志（magazine）再到象棋术语“将军”（checkmate)。

这一波词语作为舶来品跨海来到欧洲。它们来自当时世界上在科学和理性方面最发达的文明——阿拔斯王朝，它从位于巴格达的首都统治着伊斯兰世界，并曾在遥远的东方城市怛逻斯赢得过战争。不过，阿拔斯王朝的伟大同薄棉布、菠菜或游猎等词语没什么关系。为了弄清楚它的伟大之处，你必须看看其他术语：那些欧洲自身词汇中原本没有的术语，那些用来称呼借鉴而来的知识的术语。在数学方面，这些外来词包括代数、方位角、算法和零。在地球科学中，阿拉伯语给欧洲语言带来了炼金术、化学、苯胺、克拉和碱等词语。在关于天堂的研究中，又细分出更多词语，诸如星盘、天底、天顶等。

并不是所有这些词语，或者至少并非这些词语背后的所有思想，都是阿拉伯人创造的。例如，阿拔斯王朝从印度人那儿拿来了算法和零，就像他们从希腊人那儿借用了炼金术和星盘。但是，阿拉伯人将这些词语内化进入他们自己的文化，并在很多情况下确保它们得以流传。他们为储藏知识建立起很多藏书丰富的巨大图书馆，但是他们远不只是图书馆馆长，他们还阅读、辩论、实验、分析、探索和发现。阿拔斯王朝消化吸收已有的知识并进行再加工、扩展和归档。他们甚至批评拜占庭人忽视了希腊人的智慧，一再向他们索要自然哲学方面的希腊语文献进行翻译。但是，这不是简单地将一种语言翻译成另一种语言，阿拉伯抄写员将写在莎草纸和羊皮张上的希腊语手稿翻译后写到纸上。

阿拔斯王朝的鼎盛时期是历史上的黄金时代之一，因为这个王朝除了致力于哲学研究外，还研究天堂（占星术、天文学和宇宙论）、语言（诗歌、语言学和语法）、地球（化学、植物学、地理和地质学）和数学（几何、代数和小数）。但是更神秘深奥和具有思索性的学科也引起广泛关注，例如魔法、炼金术和神学等，此外还有一些与享乐主义相关的学科引人注目，例如烹饪、色情艺术等。

古阿拉伯语是一门很难掌握的语言。语法、词典编纂、词源学和文献学都是在研究《古兰经》的过程中发展起来的，这些学科发展并成熟于伊斯兰帝国第一个短命王朝伍麦叶王朝以及继它而起的阿拔斯王朝。这些语言学科是在求知时代由写作引导产生的第一批学科，而正是《古兰经》激发了它们的产生。

对《古兰经》的注释——“太弗四尔”，被归为一门单独的科学，就像对伊斯兰教法的研究一样。此外，有些教法催生出一些科学上的难题。宣礼员一天要五次召唤人们来做礼拜，他如何确保这五次召唤都能准点？建筑师如何确定米哈拉布（清真寺内部做礼拜时面向的壁龛）朝向麦加？只有与此密切相关的专门科学和数学知识能够在整个哈里发国家精确解答此类问题。

大都市里的宣礼员通过认真研究星象学，借助仪器确定时间，遍布整个帝国各城市的宣礼员都在自己的手册中列出了做礼拜的时间。当时的人们会主动利用这些种类的知识。精通三角学、天文学和地理学的建筑师通过计算相关数据来确保米哈拉布朝向麦加。诸如此类的发现后来都被记录下来。随着哲学、医学、占星术和天文学与语言科学齐头并进向前发展，写作日益兴盛，人们很快就面临莎草纸供应短缺、羊皮纸价格昂贵的问题。

11世纪的历史学家萨拉比编制了一份包罗万象的帝国市场上出售的商品清单，并且标出了这些商品的原产地。在黎凡特，他列出了埃及产的棉花和莎草纸，叙利亚产的苹果、玻璃制品和橄榄油，原产也门的刀剑和斗篷，拜占庭帝国的袍服，朱尔的玫瑰。在高加索和波斯，他赞扬了亚美尼亚制造的地毯，伊斯法罕产的蜂蜜，梅尔夫（Merv）生产的衣服和赖伊（Rayy）生产的斗篷。再往东，他提到了来自中国西藏的麝香。最后，还有撒马尔罕生产的纸。10世纪的历史学家伊本·法基赫（Ibn al-Faqih）甚至提及呼罗珊人如此擅长造纸，这个地区可能也是中国的一部分。但是，造纸术并没有被限制在呼罗珊和东亚太久，这尤其要归功于巴尔马克家族。

“巴米赛德”（Barmecide，来自巴尔马克 Barmakid）这个词也源自阿拉伯语；在英语中，它用来形容不真实的或虚幻的。它源于《天方夜谭》中的一则故事：巴尔马克家族的一名成员请一个乞丐吃饭，虽然他用好多道菜来招待这个乞丐，但实际上这些菜是不存在的。乞丐斯卡科巴克感到很滑稽，并假装在享用美食。这就是第一次“巴米赛德的盛宴”。

除了阿拔斯家族外，巴尔马克家族是巴格达最有权势和声望的家族。他们来自东方，这可能并不令人意外。数代以来，他们的家族守卫着阿富汗北部城市巴尔赫最著名的佛教寺庙，而巴尔赫是中世纪最主要的大都市之一。这个寺庙是佛教最重要的圣地之一，对该教朝圣者来说很有吸引力。

大约在7世纪60年代，巴尔马克家族与北部河中地区的王室通婚，并皈依伊斯兰教。这种改变信仰的举动有政治上的考虑，这个家族随后转而效忠阿拔斯家族。当阿拔斯家族于750年开始执政后，哈立德·伊本·巴尔马克（Khalid ibn Barmak）加入了这个新王朝，将他的命运与新帝国捆绑在一起，而且从未返回东方。他成为阿拔斯王朝早期的财政主管，并且被任命为波斯法尔斯（Fars）的行政长官，他在那里很快就广受拥戴，甚至着手进行考古，将发掘出的古波斯财宝藏在阿拉伯军队不会攻击的一座山顶的隐蔽处。返回巴格达后，他劝说哈里发不要毁掉泰西封（Ctesiphon）的宏伟拱门，这座拱门由波斯国王库斯老二世（Chosroes Ⅱ）建于7世纪。对于波斯萨珊王朝的这种重新尊崇是学术研究和世界主义的驱动力之一，甚至掀起一场崇拜波斯的运动，这是对阿拉伯人统治的一种反抗。巴尔马克家族对这种思潮的包容和宽恕可能是他们效忠伊朗的征兆，或者是他们私下里对伊斯兰教冷淡的体现；如果这种冷漠之情确实存在，他们也会精心掩藏不表现出来。在他们家中，神学家和自由思想家可以面对面就神学理论、语言学和其他科学进行辩论。哈立德也在税收和军事办公机构中用手抄本代替了卷轴装做文字记录。

哈立德·伊本·巴尔马克于780年逝世时，他的儿子们已经在帝国政府中居于高位。他的儿子叶海亚令人敬畏，哈里发打趣说，别人都是靠父亲庇佑，而叶海亚的父亲却能以自己的儿子为荣。叶海亚·伊本·哈立德（Yahya ibn Khalid）在巴格达被哈里发哈伦·拉希德（Harun al-Rashid）任命为大维齐尔。拉希德正是以传奇性冒险故事为题材的故事集《天方夜谭》的主角。叶海亚的儿子法德勒（Fadl）、贾法尔（Jafar）也都被提拔为高官，后来阿拔斯王朝的政务成了巴尔马克的家族事务。哈里发甚至将他的个人事务交给叶海亚打理，巴尔马克家族熟练地治理着这个帝国，并鼓励艺术创新，使哈里发在很大程度上成为一个象征性职位。

正是叶海亚的两个儿子将纸带到了阿拔斯王朝的心脏。莎草纸曾很快成为伊斯兰教和阿拉伯语的搭档，在西西里岛以外，莎草生长所需的独特土壤和气候使埃及垄断了莎草纸的生产。整个帝国都将它作为书写材料，但埃及的产量不能满足需求。在9世纪30年代，哈里发试图在巴格达北边不远的地方开办一个莎草纸加工厂，但没有成功。此外，莎草纸适合做成卷轴装，但是不适合做成手抄本，因为它的边缘很容易磨损，而伊斯兰教文献倾向于夹在两个封面之间，这一习惯是从叙利亚的基督教那里学来的。

另外，羊皮纸只有在抄写员和作家数量很少的情况下才能满足需求，鉴于在阿拔斯王朝创立之初的五十年，政府机构和学术研究所书写的文字之多，这个帝国肯定找不到如此大量的羊皮纸，就算是找到了也买不起。还有另外一个问题：书写是整个阿拔斯王朝进行统治的媒介，但是通过灵巧使用蘸水的布，可以将写在羊皮纸上的字不留痕迹地擦掉。如果文字可以消失，它们也可以被改写成其他字。

叶海亚的两个儿子认为阿拔斯王朝需要将书写材料转换成纸。法德勒是呼罗珊的行政长官，当时建有著名造纸厂的撒马尔罕就在呼罗珊境内。改用纸做书写材料一定是法德勒的主意，但是贾法尔是在整个帝国范围内改用呼罗珊所造纸的决策者。贾法尔明白这种转变的推动者绝对不会是学者、书商甚至神学家，只能是那些维护伊斯兰治下和平的主要人物：阿拔斯王朝的官员。

来自北非的著名伊斯兰历史学家伊本·赫勒敦，在14世纪末期提及，羊皮纸已经不够用了。他将原因归结为官员和学者数量的膨胀。

> 最初，官员用纸书写公文和证书。不久后，官员和学者普遍用纸书写政府文件和学术文章，而且纸的质量也提升到了新高度。

此时的阿拔斯王朝依然可能从中国进口高质量的纸，但是这些中国纸太柔软，是为东亚的毛笔设计的，不适合哈里发国家的硬笔书写。而且，通过丝绸之路运输的商品价格都很昂贵。数百年前，老普林尼曾经写道，当商品从东方沿着丝绸之路运达西方，它们会增值百倍。就好像是为了证明老普林尼所言非虚，11 世纪的穆斯林书法家伊本·巴瓦卜（Ibn al-Bawwab）曾经宁愿要一批中国纸（很可能不超过两三百张），而不要价值 100 金的第纳尔和彰显荣誉的袍服。

从两千多公里以外的撒马尔罕输入纸并非长久之计。幸好，巴格达自身是 8 世纪最具创造力的大都市，它乐于学习一切新鲜事物。团城位于巴格达中心，是精心设计的象征权力、秩序和知识的几何学标志，这座城市的营造者曼苏尔通过它来展示自己的意图。他希望巴格达能够成为地球上最伟大的城市，成为世界上知识和科学的超级力量中心——他的雄心壮志得以实现。第一个阿拉伯学术机构就建在巴格达，周边几个王国的图书被收集到此加以储藏，这座城市也吸引了远在他乡的学者和科学家。

795 年，巴格达终于建成了自己的造纸厂。在局限于东亚数百年后，造纸术花了不到五十年从中国西部边疆传播到两千二百多公里外的美索不达米亚。巴格达的造纸厂生产了足够多的纸取代莎草纸和羊皮纸，以供应政府官员书写文件。

巴尔马克家族几乎没人活着见到他们发起的知识革命的开端。究竟是什么原因导致他们家族垮台依然没有定论，有一种说法是贾法尔与哈里发的妹妹有私情被发现的缘故。不论是什么原因，803年，哈里发哈伦命令侍从萨拉姆·阿卜拉什（Salam al-Abrash）去查抄贾法尔的家。当萨拉姆到贾法尔家时，贾法尔抱怨说，世界末日开始降临。最后，他被斩首。巴尔马克家族的倒台使得巴格达最绚丽多彩和最具文化修养的家族消失在历史长河。没有了贾法尔的辅助，哈伦最后六年的统治与此前相比黯淡无光。这个家族最伟大的遗产之一就是采用造纸术，甚至有一种纸被称为“贾法里”(Jafari)。巴格达所造的纸在其他地方也很快声名鹊起，一些拜占庭作家将它命名为“巴格达造”(Bagdatixon)。

纸后来出口到伊斯兰世界之外，甚至还远销欧洲。在那些异域的土地上，纸适用于诸多题材的写作。现存写在阿拉伯纸上的最早的文献之一是一份有关基督教教父教义、名为《教父信条》(*Doctrina Patrum*）的希腊文手稿。它来自大马士革，写于800年左右。现存最古老的、内容完整的阿拉伯纸本书籍写于848年，在埃及的亚历山大港被发现。

阿拉伯纸通常以亚麻和大麻为原料，这使得纸坚韧、耐用、不透明。最早的阿拉伯纸也很厚重；后来，升级后的打浆流程提高了纸的质量。造纸流程如下：首先通过梳理将破布和绳索拆解并软化，然后浸入石灰水，再用手揉捻将它们漂白后制成纸浆。用抄纸帘过滤纸浆后，将抄造的纸放在一面平整的墙上晾干后揭下。下一步是涂抹淀粉浆混合物使纸光滑，然后把纸泡到米汤中以便堵塞纸表面的细孔，同时也能使纸的纤维更紧致地结合在一起。有时只把用来写字的那一面打磨光滑，还会把两张纸粘在一起以增加强度。这样就出现了三种等级的纸：普通纸、原纸和稻草纸。也可以对纸进行不同程度的抛光，从有光泽到平滑再到光滑，不一而足。

当买家收到自己订购的纸时，这些纸已经预先被折叠成他要求的尺寸。给顾客送货时，商家会将二十五张打成一捆，这样的一捆纸被称为一 dast（波斯语中意为“手”），在阿拉伯语中被翻译成 kaff，后来，在法语中被译为 main de papier。五捆这样的纸在阿拉伯语中被称为 rizma，由此演化成英语的 ream（纸的一令）这个词。

挑选质量合适的纸后，书法家会将由米粉、淀粉、榅桲、果仁、蛋清和其他原料混合而成的“阿哈尔”涂在纸上，这样纸的表面就会变得光滑，笔尖划过纸面就会容易得多。然后，书法家会用一块石头将纸打磨得光亮平滑，在每两张纸之间放一个“玛斯塔”（mastar，玛斯塔是将一连串细丝线缠绕在硬纸板框架上用作尺子的工具）。写作完成时，他会撒一把沙子在纸面上作为一种祝福仪式。

颜色的选择意义尤为重大。在埃及和叙利亚，蓝色纸用来书写哀悼文章和死刑判决书，而红色纸用来书写与节庆相关的文字，深红色纸是高级官员之间通信用的。巴格达甚至生产了独特尺寸的纸，被称为“巴格达迪”：它长 1.06 米，宽 0.73 米。但是纸尺寸的变化幅度很大，最小的纸是“鸟纸”，这种纸是绑在信鸽硬挺的羽毛上的：它仅长 0.08 米，宽 0.06 米。（正是以纸为媒介才可以转而制作出更小更私人化的《古兰经》，甚至是袖珍型的《古兰经》，这通常是任何以经书为基础的宗教文化的转折点。）用藏红花或无花果的汁液处理过的纸看起来古色古香，颇受一些买家的欢迎。

纸整体上提升了政府文书阶层的公众形象，他们被称为“执笔者”，他们将自己的文具放在装饰过的盒子里，盒子是系在腰带上的。这尤其提高了书法家的形象，伊斯兰教禁止描绘真主的形象，再加上伊斯兰教对于形象艺术总体上态度冷漠，使得书法成为更有感染力的艺术形式。阿拔斯王朝最伟大的书法家是伊本·穆格莱（Ibn Muqla），他在10世纪作为维齐尔（伊斯兰国家历史上对宫廷大臣或宰相的称谓）先后为三位哈里发效力，发明了六种阿拉伯文字体。但是卷入政治使他的右小臂被砍掉。据说，他将芦苇笔绑在右臂的残肢上依然能够写出像以前一样优美的书法作品。

一个学习书法的受训者需要跟随导师学习数月甚至数年，才能取得文凭，并在作品中署自己的名字。导师会教学生正确坐姿，通常是蹲坐，有时也会双膝跪地，臀部压在双脚上。导师还教学生将纸放在左手或是膝盖上，以便将纸轻折，这比把纸放在硬书桌或低矮桌子上更容易书写曲线形的词尾。

这些学生要练习将词尾写成曲线形直到它们看起来像是“在同一台织布机上编织出来的”。学生还要学习将芦苇秆削成笔，尽管他也可以使用精致的金属笔或羽毛笔。拿到文凭后，他肯定会受到尊重，但是他必须得异常优秀才能在皇家图书馆获得一席之地。相应地，他会得到“模范文书”或“金笔”的头衔。阿拔斯王朝第一位杰出书法家以“斜眼”而知名，可能是长时间执笔写作损害了他的视力。15世纪，波斯著名书法家米尔·阿里（Mir Ali）回顾自己四十年的书法生涯时抱怨说，这门技艺学起来很慢，但是如果你不勤加练习，很快就会忘掉。

阿拔斯王朝将书写作为在整个帝国进行政治统治的工具，因此文书集团需要熟悉遣词造句，同时还要熟悉官僚机构的文字管理（从有关笔和墨水池的相关术语到如何给文件盖印或进行税务登记一系列领域）。他们必须运用这些技术记录帝国的收入和支出，还有军饷发放。这些在文体和字词拼写方面受过训练的文书，可以尽可能地将最佳的阿拉伯语作为帝国的凝聚剂来使用和保存。

事实上，阿拔斯王朝发展出一套满是繁文缛节、外人难以了解的官僚机构，只有专业人士可以写作政府文件。而且，在不同省份，书记员还得用不同的语言做记录：在美索不达米亚和波斯用巴列维语，在叙利亚用希腊语和叙利亚语，在埃及用希腊语和科普特语。在阿拔斯王朝统治下，书记员地位迅速提高。正是这些书记员而且也只有他们才能发明新的“书商字体”。这种有棱角的字体被创造出来写在纸上，这是对纸非常了解的人才能创造出的字体。到了10世纪中期，一些书记员甚至开始以他们所就职的官僚机构为主题写书，写它的发展、成就甚至是涌现的英雄人物。他们也写书向同事提建议，例如《写作的艺术》（*The Craft of Writing* ）和《政府文书的教育》（*The Education of the State Secretary*）。

他们通过书写治理国家，这扩展了纸的运用，它被用在税收记录、法律文件、官方信函、政府档案、邮政信件和军事登记等方面。纸成为税收和军务以及在巴格达新设立的形形色色政府部门的战场，这些新部门包括：战争部、开支部、国库部、对照委员会、枢密院、邮政部、内阁、官印部、信函开启部（负责管理哈里发的收件箱）、哈里发银行和福利部等。

幸运的是，哈里发国家有足够的亚麻和大麻给这种新型的文书工作和书籍文化提供原料。而且，帝国的人口之众能够向造纸厂源源不断地提供可以再利用的破旧衣服，造纸厂生产出的纸被卖给遍及全城的出版商、书店和图书馆。在11世纪的巴格达城漫步，有超过一百家的书店可以逛。

大多数书店分布在巴格达城西南部的文具市场，这个市场既满足也扩大了对纸的需求。这儿也有卖纸的商店，文具买卖已经成为这座城市最主要的行业之一。（建在底格里斯河边的一些工厂中可能就有造纸厂。）9世纪中期，哈里发国家境内的穆斯林、基督徒和犹太人都用纸写信、记事和抄写文学或神学著作。

随着读者群不断扩大，图书收藏在巴格达开始迅速发展起来。大概六十万本手抄阿拉伯语书籍从前印刷时代幸存下来，这个数字只占当时生产图书的一小部分。当时有公共图书馆和免费的阅览室向读者开放，因为纸作为书写材料虽然使图书变得便宜，但是还远没有便宜到所有人都买得起的地步。

官员通常都不会被称为先驱，但在阿拔斯王朝，正是官员推动了新的书本文化不断发展。会运用华丽的辞藻、能写出优美的书法后来成为良好教养的标志。穆达尔阿拉伯语作为后古典语言为人所知，它网罗了一大批词汇和双关语供文人墨客使用。有些女性也拿起笔，尤其是那些在宫廷中立足的女性。这一系列对阿拉伯语新热情的根源并不仅仅在于《古兰经》，而且还在于为更多技术性目的而研究阿拉伯语语法和词汇的学者。10世纪的语言学家巴瓦尔迪（al-Bawardi）于957年去世，他靠记忆口授了三万页的语言学资料。以这种学术研究为开端，一系列对于语言轻率肤浅的应用开始露头。

人们崇拜那些能够用轻松幽默而又精致纷繁的言辞表达思想的人，同时他们写出的公文又被期待成为优雅的典范，文风飘逸，多处用韵。任何严肃的作品都要引用诗词和参考资料以模糊学术要点。比如，通常人们写到生物学时，并不是要探究和解释动物世界，而是用行之有效的措辞和诙谐的知识来娱乐读者。在宫廷中，写作更加无聊琐屑，人们甚至会以国宴中的菜品为主题作诗。

同时，阿拉伯语取代希腊语成为地中海沿岸思想和科学的宝库。包括希腊和波斯哲学，印度数学、犹太教和基督教经典，以及巴列维语、希腊语、梵语、希伯来语和叙利亚语的著作在内，被翻译成阿拉伯语的作品蜂拥而入，阿拔斯帝国的书架成了欧亚大陆学问和思想的宝藏。

8世纪时巴格达的创建者哈里发曼苏尔投身于发展学术文化，创办了一个翻译局，收集希腊语、波斯语和梵语著作并翻译成阿拉伯语。这些著作涉及哲学、医学和天文学等，而且这只是他们翻译所涉猎的一小部分学科。藏书家开始兴建私人图书馆。9 世纪时有位学者名叫贾希兹（al-Jahiz），关于他的死因，一个广为接受的解释是，年老体迈、半身不遂的他被房间内堆积如山的书倒下来砸死了。另一位巴格达的爱书者将衣服的袖子做得很大，他从城市中穿行时，袖子里面会装着大部头的书。

就像我们理解的那样，巴格达没有职业学术阶层，但是这座城市中充斥着大量非官方的知识分子和对图书感兴趣的人，他们致力于抄书、买卖图书、读书和收集先知言行录。《古兰经》治病救人的训喻推动了医学发展，促使各地建立免费医疗保健体系；同时还推动新药问世，提升了光学及外科手术的发展水平。

830 年，哈里发国家的第一个科学研究机构（之前提到过）在巴格达建立，它集图书馆、研究院与翻译局为一体。它以“智慧宫”这个名字著称于世。声称梦到亚里士多德之后，于 813—833 年任哈里发的马蒙（Al-Mamun）向拜占庭帝国皇帝写信，索求亚里士多德、柏拉图、盖仑、希波克拉底和托勒密的著作。他收到相关书籍后，便马上委任手下最有经验的翻译家翻成阿拉伯语版本，其中最著名的是肯迪（根据伊本·奈迪姆记载，肯迪翻译了二百六十多部书）。马蒙还将天文学家派往智慧宫，它里面的图书馆继承了（从构想方面来说）萨珊波斯的衣钵，藏有很多翻译过来的科学著作。

马蒙不遗余力地从任何可能的地方收集珍本图书，他派学者前往埃及、叙利亚、波斯和印度等地寻书。还有一些人是自愿前往，随着帝国允许学者外出旅行，他们学习其他文化的求知欲日益增长。一位名叫侯赛因·本·伊沙克（Husain bin Ishaq）的藏书家为找一本书游遍巴勒斯坦、埃及和叙利亚，他最后在大马士革找到了这本书的一半。此外，外国学者也源源不断地来到巴格达；印度医生杜班与印度拜火教徒、基督教徒、犹太教徒和穆斯林一道为马蒙效力。

哈里发马蒙麾下的学者异常精确地计算出了地球的周长。西方哲学家兼数学家花剌子密（al-Khwarizmi）命名了算法，他复兴了代数学，还采纳了我们今天依然在使用的阿拉伯数字，引导了小数的发明以及圆周率被计算到小数点以后六位数。六个三角函数中的五个（余弦函数、正切函数、余切函数、正割函数、余割函数）都是阿拉伯人在印度正弦函数的基础上创制出来的；这几个函数是构建数理天文学的基础要素。

阿拉伯人翻译了托勒密写于2世纪的《天文学大成》(*Almagest*)，这对于天文学的发展意义重大。地图编绘和航海技术进步飞快，证明了印度洋并非被陆地环绕，因此间接激发了欧洲的地理大发现。天文数据在欧洲依然用罗马式分数来标识，而阿拉伯人计算所用的角度、分钟和秒要更为精确。阿拔斯王朝的科学发展得到了政府的资助和鼓励。阿拉伯人探求自然规律的活动也是一种宗教探索行为，这源于以下信念：为了国家的宗教事业，可以研究、理解和运用真主确定的秩序。不管是帮助朝觐者确定去麦加朝觐的方位，还是10世纪学者阿布·伊本·安巴里（Abu ibn al-Anbari）编著的洋洋洒洒四万五千页充满传奇色彩的《圣训》，都是这种宗教探索行为的成果。

纸的普及程度不断提升，这有助于实现标准化，推动了符号系统在数学、地理学和系谱学领域的改良。纸甚至改变了金属制作行业、陶瓷工艺、纺织业、制陶业、编织业和建筑艺术，因为设计人员可以先在纸上绘出设计图，然后送交数千里之外的合作工匠。一直以来就有人主张，如果没有纸带来的文化交流，波斯细密画、东方式地毯和泰姬陵很可能不会存在。[3]简而言之，在纸的帮助下，哈里发国家创造了一个遍及全国的知识和学术网络，这一网络成为伊斯兰文明的动力源，纸易于获得的特性巩固了阿拉伯伊斯兰接纳它为知识储藏室的趋势，而过去阿拉伯人的知识是依赖口头文化传承的。如果说 8 世纪见证了纸在整个哈里发国家的崛起，9 世纪则见证了纸的潜能逐步实现，带动伊斯兰文明在知识领域创造出鼎盛局面。

北边的拜占庭帝国使用纸的时间要晚于哈里发国家：拜占庭在 9 世纪已经开始使用纸，但是在 11 世纪之前并没有广泛运用，甚至在君士坦丁堡，人们依然制作“重写本”图书，即把羊皮纸上的原文擦掉再写字。拜占庭人自视为古希腊文化遗产的守护者，但没有证据证明，他们图书馆的馆藏能够与古代世界的佼佼者相提并论。相反，对拜占庭主要的图书馆来说，数百本书的规模就被视为馆藏丰富，而阿拔斯王朝著名图书馆的藏书都是以千或万为单位来计的。拜占庭人倾向于进口纸，最初是从阿拉伯人那里，后来从西班牙，再晚些时候从意大利进口。甚至在 11 世纪之后，纸只是用来书写政府档案，而不是用来书写宗教典籍。13 世纪期间，纸在君士坦丁堡慢慢变得平常起来，但到了 14 世纪才成为拜占庭帝国的主要书写材料。由于十字军在 1204 年洗劫了君士坦丁堡，因此藏书锐减。1453 年，当土耳其人攻陷这座城市时，只有很少的书籍存世；[4]此时，君士坦丁堡才建起第一家造纸厂而且是土耳其人所建。

在君士坦丁堡的南面和东面，无论如何，纸拓展出一种令人印象深刻的势头，这种势头最终将纸打入欧洲。纸可以从巴格达轻而易举地进入埃及和马格里布。事实上，南欧在拜占庭帝国之前就对纸表现出浓厚兴趣，叙利亚纸以“大马士革纸”之名风靡欧洲。至少就地中海地区而言，君士坦丁堡是纸诸多踪迹中的终点之一。

在中世纪中期和晚期，当欧洲大部分图书馆的藏书量依然只有几百本时，伊斯兰帝国的所有重要城市都建有图书馆。晚至14世纪，梵蒂冈图书馆只有两千卷藏书（大部分是写在羊皮纸和牛皮纸上的）。在巴格达，1065年建造一个宗教学校花费了6万第纳尔，但是它每年的开支却要6000万至7000万第纳尔，它的藏书量更是数以万计。1228年，一座新的研究院在巴格达东部落成，政府调用了一百六十头骆驼才将帝国图书馆的珍本和贵重图书运送到此处。这座研究院的图书馆采用了开架借阅的形式，学生甚至能够接触到珍本手稿。研究院的建造花了六年，设有包括供天文学和其他学科教学所用的讲堂，它同时也用来讲授穆罕默德的教义。这座研究院一度拥有十四万卷藏书。

在北非，开罗于10世纪晚期建了一座皇家图书馆。到了12世纪，在法蒂玛王朝统治下，它被列入世纪奇迹之一。它有四十个房间，拥有图书和小册子一百六十万本；其中六十万木涉及神学、语法学、传统习俗、历史、地理学、天文学和化学，它藏有十二册泰伯里（al-Tabari）的史学巨著和两千本由著名书法家抄写的《古兰经》。同时，还是在开罗，10世纪晚期建造的爱资哈尔清真寺图书馆拥有藏书二十万册。一份保存下来的皇家图书馆年度预算细目证明，虽然纸价格没有羊皮纸和莎草纸高，但是依然不是那么便宜：

	275 第纳尔
图书管理员工资	48 第纳尔
抄写员用纸	90 第纳尔
纸、墨、笔	12 第纳尔
修复破损图书	12 第纳尔[5]

1068年，在政治和经济动荡困扰下的哈里发国家（接下来的数十年间，阿拔斯王朝国势日益衰微）为了给士兵发军饷，从帝国藏书中挑出大量图书变卖，用了二十五头骆驼驮运，却只换来10万第纳尔。几个月以后，土耳其士兵劫掠和毁掉了剩余的书籍，烧掉了一些，还扔到尼罗河一部分（一些手稿被抢救回来）。他们扯掉装帧图书的皮革用来做鞋子，将剩下的大部分丢弃到后来被他们称为“书山”的地方。Biblioclasm（焚书，通常使用bookburning这种形式）这个词的历史同图书本身一样古老。

图书馆和造纸厂一般同时兴起并发展，伊斯兰世界首要的造纸中心通常也是书面文化和图书交易的心脏地带。在帝国东部，撒马尔罕、波斯的大不里士和印度西北部的道拉塔巴德（Daulatabad），造纸业欣欣向荣。在阿拉伯半岛的南端，位于也门的两座城市萨那（Sana）和提哈迈（Tihamah）都设有造纸厂。在帝国西部，西班牙的萨迪瓦（Xativa，现在的圣费利佩［San Felipe］）、的黎波里（Tripoli）和非斯（Fez）都在造纸。一个阿拉伯历史学家统计过帝国西部在12世纪共有472家造纸厂。在帝国北部，造纸中心在土耳其的提比里亚（Tiberias）和以色列的希拉波利斯（Hierapolis）。大马士革、开罗和巴格达也是当之无愧的造纸中心。

10世纪，阿拔斯王朝的埃米尔阿杜德·道莱（Adud al-Dawla）在设拉子建起一座图书馆。这座图书馆建有一个长长的带拱顶的房间，两侧是储藏室和内部构造为书架的高大陈列台，每个陈列台里面的图书类别都不相同，此外，还有图书目录以供查询。图书馆还设有通风室，环绕着通风室的管道中有水循环，这项发明并不怎么令人钦佩，因为潮气对藏书不利。从设拉子往西，在今天伊拉克南部的巴士拉，城中的图书馆收藏有一万五千本合订本（还有一些未装订的图书和零散的手稿）。赖伊、摩苏尔（Mosul）和马什哈德（Mashhad）也都有大量藏书。

哈里发国家已经成为一头官僚机构庞杂的巨兽，一座古代知识的博物馆，一个写作者的论坛，一位赞助哲学家和科学家的恩主，而纸成为从印度到马格里布的信息交流媒介。

13 世纪，蒙古人的入侵在欧亚大陆开辟了新的交通和商业路线。一小部分具有开创精神的激进欧洲学者在好奇心的驱使下开始研究阿拉伯书籍，甚至前往近东。随着 12 世纪结束、13 世纪开始，这批学者的数量在缓慢增加。他们将阿拉伯语书籍带回欧洲并翻译成拉丁语，其中就有阿威罗伊（Averroes）和阿维森纳（Avicenna）的著作，他们的自然哲学开始打破罗马教会的才智权威，同时，人们也逐渐从修道院转移到大学求取知识。在《智慧宫》（*The House of Wisdom*）一书中，乔纳森·莱昂（Jonathan Lyons）写道，欧洲甚至进口了一位“阿拉伯版亚里士多德”，这位亚里士多德迎合了犹太教徒、基督徒和穆斯林都认同的一神教的需要。换句话说，由阿拔斯王朝修正过的知识后来成为被认可的欧洲文化的一部分。

纸的全球旅程的下一站可以从穆斯林统治下的西班牙寻找线索，穆斯林八个世纪的统治和一以贯之的繁荣给欧洲大陆带来了内容极其丰富的知识宝藏。在 755 年阿拉伯人大举入侵之前，伊比利亚半岛曾经是与世隔绝的穷乡僻壤，但它很快就成长壮大，从阿拔斯主流文化中独立（同时也取得了政治上的独立）出来，甚至开始为获取高水平的文学和科学技能而展开竞争。10 世纪，哈凯姆二世（Hakam Ⅱ）设在科尔多瓦的图书馆据说有四十万卷藏书。连这座图书馆中关于作者和作品的索引就有四十四卷之多，每一卷都由五十张纸写成。位于西班牙南部的科尔多瓦，私人图书馆遍地开花，有很多是非穆斯林的图书馆，有些基督徒也开办图书馆，但是大部分藏书是阿拉伯语的。科尔多瓦当时有一个面向女性学者的生意兴隆的小型图书市场，在那个时代，这非同寻常。

西班牙被并入伊斯兰治下的和平，接受来自整个哈里发国家的民众、艺术、植物、发明、医学处方、思想和食品。9世纪初期巴格达的政治分裂也给西班牙海岸送来了一小部分思想活跃的学者。到了11世纪，西班牙人成为欧洲最优秀的农夫，并开始详细研究亚里士多德。就这样，哈凯姆二世统治下的西班牙所掌握的学问之多正如它的图书馆藏书一样令人惊叹。翻译、评论和科学专著也开始从西班牙进入位于博洛尼亚、巴黎和牛津的第一批欧洲大学。

尽管早在8世纪50年代，伊斯兰治下的西班牙就开始走上与阿拔斯王朝极为不同的发展道路，但是对于纸的故事来说，西班牙对于知识和学问的欣然接受是发端于巴格达的同一个故事的一部分。尽管伊斯兰化的西班牙的纸文化非常繁盛，但它出口的纸张并没有改变欧洲。安达卢斯在11世纪开始缓慢衰落，而欧洲转向大幅使用纸张的时代则要晚得多。巴格达依然是阿拔斯王朝所取得的一切成就的象征，这座城市汇集了来自欧洲和亚洲各地的学识，而且将它们运用在实践中。到1258年蒙古人兵临阿拔斯王朝这座古老都城时，它以拥有十三个主要图书馆而自豪，其中包括一个建于1233年的宗教学校图书馆，哈里发命人往里面搬运了八万本书。

在一周时间里，蒙古士兵将巴格达城内的建筑付之一炬，他们还洗劫了图书馆，将书扔到底格里斯河，据说河水被书中的墨染黑长达六个月。巴格达后来凤凰涅槃，重新崛起，甚至重建造纸工业，但正如一个团结的哈里发国家的巅峰时代已经消逝，它作为纸的传播动力源的角色也一去不复返。

底格里斯河中的墨和承载知识、科学及思想的纸向着波斯湾顺流东下，但是如果说它们流向西方，穿过约旦和巴勒斯坦进入了地中海，也是恰当的。被哈里发国家的智力阴影遮蔽几百年后，欧洲迎来了属于自己的纸造就的伟大革命。阿拔斯王朝的成就为欧洲革命打下了坚实基础，但欧洲革命的成就很快就令阿拔斯王朝望尘莫及。

注　释

1. Olga Pinto, 'The libraries of the Arabs in the time of the Abbasids', in *Islamic Culture 3* (Hyderabad: Academic and Cultural Publications Charitable Trust,1929), pp.210-243.
2. 改编自 Annemarie Schimmel, *Calligraphy and Islamic Culture* (Albany, NY: State University of New York Press,1984)。
3. Jonathan Bloom, *Paper Before Print* (New Haven, Conn.: Yale University Press,2001).
4. N.G.Wilson，'The history of the book in Byzantium', in *The Oxford Companion to the Book*,ed. Michael F. Suarez and H. R. Woudhuysen (Oxford: Oxford University Press,2010), p.37.
5. S. M. Imamuddin, *Arab Writing and Arab Libraries* (London: Ta-Ha Publishers, 1983).

第十三章

欧洲的宗教分裂

他不只是一大群才华横溢的政论家中的一个，确切地说，他是首席政论家。在我看来，自那以后，还没有人主导过达到那种程度的宣传战和大众运动。托马斯·杰弗逊（Thomas Jefferson）、约翰·亚当斯（John Adams）或帕特里克·亨利（Patrick Henry）等人都没有做到。

——马克·爱德华兹（Mark Edwards）：

《印刷术、传道和马丁·路德》[1]

1521年夏天，乔治骑士（Knight George）——一个四十出头的矮胖男子——独自坐在瓦尔特堡的一个小房间里写作。被乡村环绕的瓦尔特堡地处德国心脏地带，耸峙在400米高的峭壁之上，离爱森纳赫（Eisenach）不远。乔治的房间俯瞰着被森林覆盖的图林根林山脉（Thuringian hills），他经常看到乌鸦聚集在山上的橡树和桦树上。这座城堡沿山脊的尖坡而建，形状就像一头大鲸鱼，它的早期部分建于12世纪。这是一个宏伟壮丽、离群索居的处所，直到今天依然屹立。

乔治深受失眠、抑郁、便秘和性欲难以满足的折磨。当他好不容易睡着后，又会做一些色调阴郁的梦。白天，他形单影只，思念家乡。他在城堡中度日是为了躲避官方追捕。当地的统治者可能是出于保护的目的精心策划了将乔治从帝国卫兵手中“绑架”的行动，之后他被送到瓦尔特堡，无限期隐藏，等待尘埃落定。“囚禁”在这座古堡中的乔治很快陷入自我哀伤中，于是他开始写作。

他只带来少量的书，他在写给朋友的信中说自己无所事事。他在这一年中为每个主日写讲道文，写作有关教会生活各领域的论文，为巴黎大学写了有关禁欲、修道制和神学讨论的小册子，他的写作主题还涉及德国和欧洲政治。他在信中也会给朋友和老同事提建议。他甚至开始翻译希腊和中东地区的文献。在城堡中度过的短短十个月中，他写满的纸相当于三本书。他在一生之中写了六十七本书，这些是欧洲新的纸时代必不可少的重要部分。当然，他真正的名字是：马丁·路德。

在纸时代到来之前，为了找到所需的几本书，乔治可能得遍寻多个图书馆。中世纪时，欧洲很多收费的图书馆藏书匮乏，难以满足读者需求，为此它们采用了一种名为“佩卡”的制度弥补不足。根据这一制度，一本书通常会被分成四个部分，这样，多名学生就可以同时借阅一本书。从牛津到佛罗伦萨，欧洲至少有十一个主要大学的图书馆采用了这种制度来提高图书的借阅率；佩卡制度是这一新型阅读方式在整个欧洲流行的产物（如今我们称这种方式为研究）。佩卡制度将复制图书这一过程从缮写室中移出，多个抄写员可以在不同场所抄写同一本书的不同部分，进而提升了世俗书商的地位。同时，大学在神学问题上发表的意见越来越受重视，最著名的就是巴黎的索邦大学。修道院抄写员（仅有的报酬是许诺神会宽恕他们的罪恶）被拿工资的员工所取代，这是向市场机制迈进的关键一步。图书馆进一步走向现代化。

欧洲的重要图书馆数百年前就已出现，这很大程度上要归功于加洛林王朝于9世纪发起的文艺复兴运动，这场运动的重要动力源自查理曼大帝8世纪末对于学术和不断发展的教育事业的资助。在法国东部、德国西部和意大利北部，人们研究古老的拉丁语文献，并实施了一项教授盎格鲁-撒克逊人拉丁语的规划。加洛林王朝最著名的图书馆分别附属于修道院、教堂和王宫，它们各有藏书五百卷。如果没有加洛林王朝为寻求保存古罗马典籍而对古典文献所做的恢复性工作，我们今天能接触到的拉丁语作家就只有维吉尔（Virgil）、泰伦提乌斯（Terence）和李维（Livy）了。[2] 中世纪的著名大学，比如博洛尼亚大学和帕多瓦大学在很大程度上也对图书的定期复制贡献良多。9世纪神学家兼作家瓦拉福里德·斯特拉博（Walafrid Strabo）首创了为图书分章节。加洛林王朝为编写图书索引、激发对早期经典手稿的兴趣和大批量抄写图书打下了基础。这一王朝有七千二百册手稿从9世纪幸存到现在。

但是，加洛林王朝的人在书写材料上受到限制。有些人在蜡板上写字，只要将板上的蜡熔掉，便可以使写在上面的字消失——这就是“历史清白”（a clean slate）一词的出处。但是，每次你想改变笔尖的方向时（甚至是在写同一个字母时），你都必须将铁笔从蜡板表面提起，而且蜡板的大小意味着它只适合用来做笔记。对于需要长久保存的内容，中世纪时欧洲的抄写员会把它们写在羊皮纸或牛皮纸上，它是用小牛皮、山羊皮或绵羊皮做的。牛皮纸比较耐用，但是也很贵，而且制作起来很费劲。只要牛皮纸和羊皮纸当道，图书就依然是捧在少数富有的精英人士手中的奢侈物件。（当时还有一些作品是写在莎草纸上的，这始于8世纪，但只有埃及和西西里岛生长莎草。）到了

14 世纪，对图书和知识的垄断在欧洲被打破了。

欧洲造纸始于穆斯林统治下的西班牙，西班牙城镇萨迪瓦（圣费利佩）于 11 世纪 50 年代建了一个碾轧作坊，用来将破布碾碎。造纸术是从阿拉伯地区传来的，靠水力驱动的杵锤作坊很可能也是阿拉伯人介绍到伊比利亚半岛的。[3] 阿拉伯人使用这种设备已经有几百年的历史。在西班牙北部的圣多明各－德锡洛斯（Santo Domingo de Silos）的修道院发现的手稿证明了这里从 10 世纪就已经开始使用纸（很可能是从中东进口的），但是在本地造纸还要再等上两个多世纪。当欧洲开始造纸时，它的工序与最初发明造纸术时并无二致。西班牙纸往往带有"之"字形的印记（这是抄纸帘滤水时形成的），而且光滑的纸面显然经过处理，这些细节都反映了阿拉伯造纸者的喜好。这些纸通常中间厚实，好像是抄纸帘中间下垂造成的。在东亚，人们用竹子或草来制作抄纸帘；欧洲造纸者则使用金属制作抄纸帘，这在纸上留下了更明显的条纹印痕和链状印痕。（纸上纵横交错的条纹印痕和链状印痕是滤水时抄纸帘上的铁丝格子留下的印记。）萨迪瓦造纸厂建立后，托莱多（Toledo）很快也效仿。后来，加泰罗尼亚（Catalonia）和毕尔巴鄂（Bilbao）出现了更多的造纸厂。[4]（1282 年，第一个水力造纸厂建在萨迪瓦，同样引发其他地方跟风模仿。）西班牙纸出口到地中海周边地区、摩洛哥、意大利、埃及和君士坦丁堡。

从 12 世纪 50 年代起，意大利南部地区就从中东地区进口纸；但是直到 13 世纪 20 年代，德国开始进口纸时，这种写作材料才得到广泛运用。1231 年，统治着意大利、德国、勃艮第（Burgundy）、那不勒斯和西西里岛的神圣罗马帝国皇帝腓特烈二世（Frederick Ⅱ），下令那不勒斯、索伦托（Sorrento）和阿马尔菲（Amalfi）不得用纸书写公告和公共档案，因为他认为纸不如牛皮纸和羊皮纸持久耐用；但是在政府内部，文书们已经发起一项运动要求使用纸来工作。

1235年，意大利北部已经有一些小规模的造纸厂在运转，但是，直到1276年第一批重要的造纸厂才在该国北部靠近亚得里亚海的法布里亚诺（Fabriano）建立起来。博洛尼亚于1293年也建立起一家小型造纸厂，那里出产的纸的价格是羊皮纸价格的六分之一。法布里亚诺造纸厂成为欧洲造纸工艺突飞猛进的跳板：到14世纪50年代，这座城市已经以纸闻名，从亚得里亚海地区到巴尔干半岛的广阔地带，还有意大利南部和西西里岛都风行它生产的纸。其实，法布里亚诺很多造纸厂是由旧的谷物磨坊改造而成的。此外，欧洲的磨坊主在利用水力方面异常高效，这要归功于他们使用上射式水轮，水流进入水车轮最高点，带动车轮向下滚动，由此带来的重力增加了水流所带来的能量。法布里亚诺的造纸厂发明了施胶工艺，这样处理过的纸表面坚韧，非常适合羽毛笔书写。

到了14世纪40年代，在法国的圣于连（Saint-Julien）地区已经有造纸厂。1390年，乌尔曼·施特勒默尔（Ulman Stromer）在纽伦堡建起德国第一家造纸厂，大大减少了德国对于意大利进口纸的依赖。15世纪初期前后，更多造纸厂在德国拉芬斯堡（Ravensburg）和开姆尼茨（Chemnitz）建立；15世纪中期，巴塞尔（Basel）和斯特拉斯堡（Strasbourg）也建起造纸厂；15世纪末期，奥地利、布拉班特（Brabant）和佛兰德（Flanders）也出现了造纸厂。波兰和英国也从15世纪晚期开始造纸，这两个国家从国外进口纸的历史已经有上百年了。一些北欧国家还在继续进口纸，因为造纸所用的原料——亚麻布不像在南欧那样容易弄到。

因为有更好的生产设备和更充足的水源，意大利造纸厂以更便宜的价格出售纸，从而将阿拉伯对手逐出欧洲。（欧洲尤其是英国向中东出口的羊毛不断增加，意味着破旧亚麻布在哈里发国家的心脏地带并不容易被大量获取。）欧洲造纸的原料也比较廉价，因为在中世纪末期，欧洲人开始大量种植大麻和亚麻，它们都是造纸的绝佳天然原料。欧洲人用木槌而不是用石杵捣碎破旧布片，他们在木槌头上套上一层铁皮以增加冲压效能。阿拉伯人曾经通过添加植物胶让纸浆更具有黏性，而欧洲人则通过添加动物胶和骨胶来提高纸浆的黏稠度。简而言之，比起中东纸，欧洲纸成本更低，质量更高。

纸在欧洲大为风行，政府官员、神职人员、商人和学者都是受益者，作家不必再雇用其他人为其书写，可以成为自己的书写员了。从 12 世纪起，纸就在欧洲一部分地区用来书写政府公文和商业文件。13 世纪时，人们用纸书写账目、私人信件和图书。到了 14 世纪晚期，在与羊皮纸和牛皮纸的竞争中，纸在整个欧洲正取得决定性胜利。在这一过程中，意大利是主要供应商。

欧洲造纸厂使用的是与中国和中东地区相似的技术，因此也需要方便的水源供应。欧洲最早的造纸厂使用破旧布料为原材料，因此它们也从靠近诸如法国孚日（Vosges）地区这样的亚麻布生产中心获益。首先，造纸工匠整理破布，将那些不易断裂的剔除，再将剩下的放入水中浸泡，任其发酵。然后工人将浸泡过的布料拿到由水力磨坊或玉米磨坊改造成的造纸厂，用一个小的木槌将布料捣成浆。有时候会事先在木槌的末端插入一些小钉子和小刀。经过捶打后，将纸浆倒入一个盛有热水的大桶，然后用装有过滤帘的抄纸器捞起纸浆进行抄纸。一层纸就可以从抄纸帘上揭下来，展开放在具有吸水性的毛毡上沥水。抄好的纸会摞在一起，上面放上重物以挤压水分，然后再悬挂在一个房间中晾干。这些纸晾干后会被涂满上光浆料，这些浆料作为填充物可以使纸光滑平坦，以免写字时它们过于具有吸水性，就像吸墨纸那样。当最后一道打磨抛光程序完成后，每二十五张会捆成被称为一刀的一小捆，然后再将共计五百张的二十刀纸捆扎在一起送往市场。欧洲的这一造纸流程，除了在细枝末节方面有一些添加外（比如头部带有铁钉的木槌)，同蔡伦所使用的方法没有本质上的变化。中国造纸工匠将他们的技术传给阿拉伯人，阿拉伯人通过他们设在西班牙的工厂又将这门技术传授给欧洲人。

回收再利用的破旧布料是14世纪欧洲阅读新时代的载体。事实上，随着造纸业的蓬勃发展，一些国家不得不禁止出口废旧布料，布料短缺令造纸厂开始寻找其他原料。(木材用作造纸原料是在数百年之后，木浆纸做成的第一本图书直到1802年才问世。)到了13世纪末期，低地国家政府机构开始使用纸，英国很快便效仿这一做法。这一时期，比利时城市蒙斯(Mons)和布鲁日(Bruges)的市政账册都是用纸做的。一些贵族宫廷早在13世纪70年代就已经拿纸做书写材料，但是直到13世纪80年代，意大利北部城邦才引领基督教欧洲将手稿有规律地誊写到纸上。

14世纪，欧洲在纸上书写的语言通常是拉丁语而不是各国语言，书写的内容往往是实用性知识，例如，天文学、医学以及词典和法律图书等参考资料。在14世纪的最后二十五年中，用各国语言写成的著作也开始使用纸，内容差不多全都与宗教相关。但是修道院中的修士依然青睐用羊皮纸抄写手稿，只是用纸写复制版本(或是练习用的版本)，它们随后会被丢掉，他们认为纸不能持久保存。

14世纪末期，在欧洲，纸的价格仅为羊皮纸的五分之一；而且，字体向草书转变提升了抄写员的写字速度，他们此时能够一天写两到三张纸(即四到六页)，相较于从前一天只能写一张来说，显著提高了书写效率。纸作为书写材料既反映了作者也反映了读者的需求；这种转变虽然并没有使书籍变得平淡无奇，但它的确使得书籍从有钱人的奢侈品变成了商人也能买得起的奢侈品。随着纸的普及和草书形式的出现，图书价格下降，用各国语言书写的图书由此逐渐变得更加平常。

1521年坐在书桌旁眺望图林根林森林的那位冒牌骑士乔治，在纸方兴未艾时还是一个儿童。他所具有的学识和掌握的语言（他会说德语和拉丁语，能够阅读希腊语和希伯来语文献），他对整个欧洲的学者和学术辩论——既包括他同时代的还包括古典的——的熟稔，他研究文献原意的高超能力，这些都是他被称为文艺复兴时期的人文主义者的原因。今天他绝对不会被授予这一头衔，因为16世纪早期的欧洲人文主义者实际上是指文献编辑。作为一名矿工的儿子，乔治受益于意大利北部的经济崛起以及追寻知识的文化氛围，这振奋了大半个欧洲，更是直接激发了欧洲北部的文艺复兴运动。

在瘟疫蹂躏了农村地区并颠覆了意大利的中世纪秩序后，意大利北部的城市在14世纪迅速崛起，佛罗伦萨和威尼斯这样的城市成为欧洲的商业和知识中心，跨越整个地中海进行商品贸易和思想交流。知识与美成为人们追求的目标，这在当时的历史研究中尤为突出：历史研究此前主要被视为宗教活动，如今人们就越来越为了历史本身而研究历史。文艺复兴为观察世界提供了不同视角，除了上帝主导一切的宗教史观，逐渐重视人作为参与者所发挥的作用。文艺复兴运动还扩展了创作主题的范围，既有绘画又有写作，人类的主体地位借此赢得了与生俱来的尊严和价值，而这与贯穿中世纪大部分时段的以宗教主题为中心的艺术形成鲜明对比。此外，文艺复兴并不仅仅是在通过雕塑、艺术和纸面展现的元叙事层面发生重大转变，它在很大程度上也是一种社会现象。印刷者、装帧者和书商以及读者不断增加的互动反映了文艺复兴运动也是一种生产文本（包括它们蕴含的思想和版式）的过程。在这个过程中，人们的世界观也在发生变化。[5]

就文艺复兴而言，虽然它的确代表了与中世纪世界观的决裂（程度如何依然存在争论），它当然也是一场自觉与古希腊和古罗马文学艺术再连接的运动，尤其是通过古代文献和遗迹等媒介。这在一些领域中明显可见，在建筑方面（我们以后还会涉及这个话题）尤其如此，它无疑是文艺复兴运动中占主导地位的艺术形式，虽然它的成品最终并不在纸面上呈现，但是它的设计过程却要依赖纸。纸的重要性在其他领域表现得更加直接，文艺复兴运动在这些领域中关注古代文化、哲学、翻译和能够对阅读及书写提供新激励的艺术形式。

1397年，拜占庭帝国学者曼纽尔·克利索罗拉斯（Manuel Chrysoloras）来到佛罗伦萨讲授古希腊文学。（其他人也步其后尘。）在这个过程中，他在欧洲最肥沃的智力土壤中坚实地播下了古希腊研究的种子。与此同时，此前被翻译成阿拉伯语的希腊文献进入南欧，进入西班牙哈里发王国具有四十万卷藏书的图书馆，进入意大利北部的城市以及欧洲大陆的一流大学——巴黎的索邦大学。这些阿拉伯语文献此时被翻译成拉丁语或欧洲各国语言。拜占庭帝国的其他流亡学者开始陆续来到意大利北部的各个城市，他们带来了更多古希腊文献。

1444年，科西莫·德·美第奇（Cosimo de Medici）建立了佛罗伦萨第一个公共图书馆，并开始在该城资助一批拉丁语学者。他相信通过研究柏拉图可以净化欧洲基督教在道德上的腐化堕落。德·美第奇资助的学者马尔西利奥·菲奇诺（Marsilio Ficino）开始将苏格拉底提升到圣徒地位，他认为像苏格拉底和毕达哥拉斯这样的人言行如此符合道德法则，必然经由耶稣基督获得救赎。

土耳其人于1453年攻陷君士坦丁堡，并将它改名为伊斯坦布尔，有更多研究古希腊的学者从那儿逃往生机勃勃的意大利北部城市。事实上，乔治相信这场征服是上帝早已注定的，以便使这些希腊语学者能够将他们的学识尤其是对古希腊的理解带到南欧。

从君士坦丁堡和中东涌入的大量图书，尤其是科学专著和希腊古典哲学著作，引发抄写在欧洲的各所大学中盛行，因为学者不仅寻求回到欧洲的古典时代，还寻求从新的科学发现和新观念中获益以支持写作在未来的发展。大量涌入的知识使得意大利北部多个著名城市的阅读和书写氛围日益浓厚。纸以人们可负担得起的价格，在创纪录的时间内促进了图书生产。事实上，如果说在图书制作方面还存在瓶颈的话，那应该来自缮写室里的抄写员，因为没有简单的办法可以提高他们的书写速度。

15世纪50年代，佛罗伦萨书商韦斯帕夏诺·达·比斯蒂奇（Vespasiano da Bisticci）需要四十五名抄写员的劳作和二十二个月的工作时间才能完成他从科西莫·德·美第奇那儿接受的一项委托，即抄写二百卷图书，这在中世纪的手稿文化中已经算是比较快的速度了。文艺复兴潮流中的意大利有一个图书市场，读者在这儿可以搜寻阐述最新思想的图书，也可以找到古希腊文献的最新版译本。重新培训文秘人员成为可能，随之而来的是书法大师的地位在整个15世纪和16世纪迅速提高。彼特拉克[6]、薄伽丘和其他早期人文主义者回头研究加洛林王朝的古典手抄本，他们不仅模仿里面的诗文进行创作，还模仿其中清晰简洁的字体风格。在这种影响下，他们发展出了新的手写字体，这种取代了“哥特体”的字体被称为“人文主义草体”。（草书或者说连笔写法当然写起来要快得多。）换句话说，这种字体的很多字母是连笔写成的，自然快得多。后来，“人文主义草体”被标准化，罗马教廷的书记官在15世纪中期采纳了这种字体：它在页面上能更好呈现一种黑白均衡的状态，而且有助于默读，这主要是因为它的字母不像哥特体的字母那样挤成一团。它被重新命名为“教廷草体”，后来演变为“意大利手写体”，最终被称为“意大利斜体”。不过，不要将它与现在文字处理软件中并非草书的“意大利斜体”相混淆。（可能最显著的是文艺复兴时期意大利用更有效率的“*a*”取代了传统的书写形式“a”。）字体在书写速度和清晰简洁方面取得的成功也表明了图书的演化趋势，即更加注重信息和作者，而不是书写员和美感。

尽管有了这些改良，书写依然是图书制作流程中最耗时的环节。因此，对纸的发展来说，最伟大的革新并非来自意大利书写员，而是德国一个金匠兼出版商。这项革新以印刷机的形式出现。从 15 世纪 20 年代起，欧洲已经运用雕版印刷技术将一整页的文字、插图或两者一起雕刻在一块木版上，然后再涂上墨印到纸上。但是，每一页都需要雕刻一块单独的木版导致图书生产过程比较缓慢，对于页数不多的文本来说，抄写员抄写的方式反而更便利。

11 世纪 40 年代，毕昇发明了活字印刷术，在这套系统中，他用胶泥为每一个汉字都单独刻出一个字模，然后再将这些字模一个挨一个排进金属框中，排满后组成一版，每一版可以印出一张书页，这就免去给每一页单独刻一块木版的麻烦。这虽然是一项别出心裁的发明，但用胶泥做的字模容易破碎，有碍重复、快速利用，实用性并不高。（朝鲜于 13 世纪发展出的金属活字，印刷效率与之相比高得多。）毕昇发明的活字印刷并不适合中国的文字体系，因为汉字有数万个之多，这使他的发明成为一套并不节省时间的装置，这项革新其实更加适合字母数量比较少的字母文字。毕昇的发明很快就被视为一种历史古玩。

与汉字相比，欧洲的文字体系全然不同。确实，如果活字印刷能够应用在任何一种字母文字中，结果必然激动人心，会推动大规模印刷以前所未有的速度进行。当约翰内斯·谷登堡（Johann Gutenberg）在德国城市美因茨建立印刷室时，这种关联最终得以实现。谷登堡是一个金匠，擅长熔炼金属并将其锻造成各种形状。活字印刷可能是他自己的主意，也有可能是从中国传到西方的（作为一种实践甚至是创意传来），例如有一种可能是伴随蒙古军队的征伐而来，因为他们曾于14世纪一路打到维也纳城下。无论是哪种情况，谷登堡无疑于15世纪中期将活字印刷术介绍到欧洲市场。然而同样关键的是谷登堡对活字印刷流程的创新，他不只采纳了活字印刷术，而且还将这项技术同油基墨和木质印刷机的使用结合起来。

谷登堡遇到的一大难题是，欧洲生产的表面粗粝的纸适合笔尖刚硬的鹅毛笔书写，而不适合在上面轻柔地印刷图片和文字。但是谷登堡又不愿请求造纸厂专门生产迎合他新技术的纸，以免他的工艺被泄露。要想在以破布为原料生产的欧洲纸上印出清晰的图案，唯一的方式就是加大印刷时的力度。对他来说，雕版印刷和染印不可行，滚筒油印机也不能满足他的需求，能满足需求的机器只能是由压榨机改良而来的压印机。

欧洲纸的特征还决定了印刷机的大小和效能。与中国纸不同，欧洲纸比较厚重，据此谷登堡采取了双面印刷，这很快成为欧洲印刷图书的标准做法。远东、中东和欧洲印刷图书所展现出的差异是它们各自的制作者以不同类型的纸作为原材料的直接结果。

从根本上说，压印和印刷并不是新事物。几百年以来，人们就将图像甚至是文字印在织物、衣服、建筑或墙面上，有时也会用私人或官方印章在蜡板或羊皮纸上盖印。至于压榨机，欧洲葡萄酒酿造者几百年前就用它造酒，人们甚至在造纸工艺中用它把刚抄出来的湿纸中的水分挤压出去。在纸面上印刷是欧洲历史上的大事，不是因为印刷术或印刷机出乎意料地被发明出来，而是因为使用了压榨技术的活字印刷术适合纸和欧洲的字母文字。

活字印刷实际上是匹配纸时代的一项技术。在欧洲主要使用牛皮纸、羊皮纸和莎草纸的时代，鉴于这些材料成本高昂，印刷术不会享受到纸所赋予它的影响力之万一。另外，制作出适应快速印刷的表面平整光滑和对油墨具有足够吸收性的牛皮纸和羊皮纸，更加困难。因此，完全由纸造就的革命开始登场。

谷登堡开始印刷各种不同的作品，包括几种教会书籍（可能还有一些教科书），但是他最著名的印刷品是拉丁文的《圣经》。除了一小部分是印在牛皮纸上的外，剩下的都是印在纸上的，这些非同寻常的纸是从法国阿尔卑斯山脉的皮德蒙特（Piedmont）地区运来的。谷登堡印刷的第一批《圣经》有一些完好无损地保存到现在，而且依然可以翻开阅读。在其他任何地方都很难找到这么经久耐用的纸了。谷登堡的贡献当然在于活字印刷，他对此项技术的关键革新是运用了一副活字，并节省了无数工时。活字是利用原模加工得来的，首先在一个青铜或黄铜立方体的末端雕刻出凸形字母，这就是原模，然后将原模冲压进一小块较软的金属（最初是铅，后来改用铜）中，得到字模，即一个压有凹形字母的小方块。为了浇铸铅字，必须将这个字模嵌进一个通常镶着木边的钢制模具中，然后从融铅器中将融化的合金（通常包括铅和锡）倒入模具中。液态合金很快就会凝固成为活字，此时就可以将活字从模具中取出待用了。

在使用之前，这些活字要放在字母盘中存放。大写字母被放在字母盘顶部，小写字母被放在底部——印刷术语“大写铅字”（upper case）和“小写铅字”（lower case）就来源于此。排字工挑选活字准备印刷，这个过程被称为排版。他将要印刷的原稿放在竖立在字母盘上的文稿夹中。然后，根据文本选取活字一排排放入排字手托——实质上是一个长度可以调节的手持托盘。当他将排字手托填满活字后，就把这些活字转移到一个长方形的活版盘上，在活版盘中将要印刷的页面的反文排列成形。

纸的尺寸要比用它印刷出来的书籍尺寸大很多，因此，书商要将全张纸折叠，直到折出恰当的尺寸。如果折叠一次，它就变成两张，这被称为对开纸；如果折叠两次就变成四张，这是四开；折叠三次就变成了八张纸，这是八开；如果折叠四次，就变成了十六张，这是十六开。（这些名字借用了相关的拉丁数字——双面印刷意味着对开纸能印四页，四开纸能印八页，以此类推。）但是，这些纸是在折叠之前就印刷的。通常，当多个填满活字的活版盘能够覆盖全张纸的一面后才能开始印刷。

谷登堡的印刷机大概高 1.8 米，最主要的部件是一个粗大的螺旋调节杆，它的下方紧连着用青铜或黄铜做的压印板，这个平底的金属板在印刷时会紧压在它下面的纸上。螺旋调节杆由一个装有木把手的铁制手柄来控制。印刷机下部的托架组件包括一个薄的木头盒子——在英语中被称为 coffin，活版盘就放在它里面。

这台印刷机要两个人一起操作。第一个人是涂墨工，用一副墨球拍打活字，墨球外表用皮革包裹，里面塞满了羊毛、马鬃和狗毛，以确保能给活字均匀涂墨。（这些精选墨很可能与后来荷兰黄金时代绘画所用的浓缩颜料是一样的。）另外一个人依次将纸放入印刷机，放到活版盘上面。接下来，他逆时针转动螺旋调节杆的手柄，使压印板向下移动，将白纸紧压到活版盘中涂墨的活字上。通过这种方式，两个人一天可以印刷两百张纸，如果用最高级的意大利印刷机，一天可以印四百张。15 世纪晚期，一台印刷机很罕见地一天印刷超过一千张纸，那是在印刷 1481 年版的但丁《神曲》时做到的。但是，在 15 世纪 70 年代和 80 年代，还有其他作品也在快速印刷：拉丁语《圣经》、其他宗教典籍、对阿维森纳的评论和拉丁语诗集。

印上文字的纸会被悬挂起来晾晒，晾干后再一折为二，这就是书脊的雏形。当然，这样的图书会经过进一步装帧，这是一个独立的流程，也是美化图书的机会。购买书稿者会收到印好（或写好）的书页，然后他们将这些书页分别装订。他们将一叠叠的书帖用结实的牛皮线或羊皮线缝在一起，这些皮线就是书脊的内侧部分。缝好的书页最终会被装上或软（牛皮或羊皮）或硬（硬纸板，一种厚重结实的纸）的封皮。在装上封面前，装帧者会通过贯穿书页的小洞穿针引线缝上内衬。书名通常不是写在书脊上，而是写在前书口（书脊对面瘦长形的切口）上。

经营一家印刷作坊是高风险、耗资大的事业，要花费成百上千弗罗林。它需要印刷设备、纸、劳动力、生产场地和销售渠道等，有时还需要一个编辑和一个翻译。相较之下，印刷机本身在总成本中所占的比重并不算大，甚至可以租赁而不必购买；但是纸的价格波动非常大，通常跟印刷工人的工资成本不相上下。除了面对很多风险（包括洪水和火灾）外，印刷作坊主基本上只能寄望于在本地市场销售产品。尽管如此，从 15 世纪 60 年代中期起，印刷厂如雨后春笋般出现，首先是在两个遥远的德国城市，然后是在罗马附近，再往后是在威尼斯。1470 年，特雷维（Trevi）建立起一家印刷厂，第二年，意大利更多城市随之效仿，这种趋势一直持续到 1472 年。到 15 世纪末期，整个意大利共有将近八十家印刷厂，比德国或者法国要多，但是它们中的大部分都经营不善。需要预付成本，必须开拓相对较大的市场，整个行业从整体上说是一种新事物（要开发与以前的手稿制作非常不同的销售模式），以上多种因素导致印刷业破产率居高不下。然而，到了 1550 年，有八分之一的意大利作家同时也是印刷商兼出版商。印刷将作者的声音和市场的需求结合得更紧密，不再需要抄写员这个中介，而且印刷量也都根据事先评估的需求来设定。图书生产终于基本上离开了缮写室——在将近一千年的时光里，它是图书的孵化室。在相当长一个时期，这种转变的受益者是妇女，有时是儿童，因为他们可能会在印刷作坊中帮助自己的丈夫或父亲干活，长此以往，就会对图书制作流程熟悉起来。最重要的是，他们会更加熟悉所印刷的文字。与缮写室不同，印刷作坊是一种家庭事务。

印刷是文艺复兴运动的产物，这项技术诞生于迷恋甚至是痴迷文本的时代。阅读再也不只是精英的游戏，缺少权势的男人甚至是女人也逐渐能够买得起图书了。人们日益从研习文章（通常是经典文章）中获取真理，而不是求助于更高级别的宗教机构。更多的图书用欧洲各国语言而不是拉丁语和希腊语写成，而且题材相当广泛。杰弗里·乔叟的《坎特伯雷故事集》（尤其是1476—1478年卡克斯顿版）和西班牙长篇小说《塞莱斯蒂娜》（*La Celestina*）都很畅销，不过世界历史方面的书籍也卖得很好。其中，先以拉丁语后又以德语出版（都是在1493年）的《纽伦堡编年史》（*Nuremberg Chronicle*）在德国印了上千本；此外，一个德国修道士所著的《世界简史》（*Fasciculus Temporum*）于1474年首次出版，在作者的有生之年印刷了将近四十版。

几乎没有迹象表明早期的人文主义者与教会有过实际对抗，但是，人文主义者追求知识的举动本身就已经是对罗马教廷心照不宣的挑战，因为他们将理性视为获取知识的手段；不过只有极少数人文主义者愿意遵循这种方法穷根究底，得出合乎逻辑的结论，他们不这么做或是出于恐惧，或只是觉得这是对他们所生活世界的颠覆性改变。但威胁就摆在那儿。学者用各国语言研习、写作和评论各种文稿。甚至《圣经》本身也可以被研究，研究对象不只是哲罗姆编订的《拉丁文通俗译本圣经》（*Jerome's Vulgate version*），还包括最初的希伯来文和希腊文版本。

文艺复兴同宗教改革一样，向权威当局长期潜藏的问题发起了攻击。文艺复兴运动也因此解开了曾维护基督教世界团结的纽带，并让人们认识到基督教世界中的一些错误观念并不合逻辑。与宗教改革的势头相比，文艺复兴进展较慢，更加微妙，没有那么勇猛，而且也不太关注理想。但是，像宗教改革者一样，它也主张新的权威来源。文艺复兴和宗教改革是同一场"回归经典"运动的重要组成部分，这场运动塑造了16世纪的欧洲。

作为“回归经典”运动的狂热追随者，乔治骑士直接参与其中。很多情况下，“回归经典”意味着要阅读拉丁语和希腊语文献，但是在涉及《圣经》时，则另当别论，必须抛弃拉丁文翻译版本，直接阅读希伯来语和希腊语的原始版本。为了让新的读者群能够接触到初始版本，便需要将它们翻译成欧洲各国语言。1521 年，坐在瓦尔特堡内的乔治骑士开始致力于将《圣经》翻译成德语，而这等于发出反对罗马教廷的宣言。他所在的可以看到图林根林山脉风景的简朴木头房间成了宗教改革的动力室，他在十周内翻译出整本《新约》。罗马教廷从装潢着大理石的厅堂中发起了反宗教改革运动，但是乔治骑士从这个既雄伟庄严又与世隔绝的城堡中发起了他的革命。这里位于欧洲中心，矗立在山巅，被防御工事所保护，被茂密的德国森林所环绕；这座城堡是一个恰当的基地，他宣扬的信息从这儿传遍欧洲大陆。

1522 年 3 月，乔治的隐居生活结束了。他离开了瓦尔特堡，留下了骑士罩袍，甚至还放弃了“乔治骑士”这个名字。他决定回家，重新作为神父回归公众视野，并因此重新启用原来的名字，那就是：马丁·路德。

路德的大名在 1522 年传遍欧洲大陆。他成为欧洲第一个大众传媒名人，与教皇齐名。对于一个德国小城镇的神父兼教授来说，这相当奇特。令他名声大噪的原因很多：从德国政治状况、《圣经》中使徒保罗的书信到他自己的文章和信念，再到纸印刷的传播。路德的故事发展就像贯穿着一场动摇和分裂欧洲的地震的断层线，这场地震合上了西欧长期存在的宗教和社会秩序之书，但是在经历了腥风血雨、巨大痛苦和四分五裂后，它使欧洲能够更好地反思它的统治者、它的制度、它的过去以及它自身。

路德出生于 1483 年，父亲是通过婚姻进入市民阶层的矿工，路德的童年记忆大都是父母如何挣扎着维持生活。当他的父母确信他具有智力上的天赋时，便决定为他的教育进行投资。他上小学时正值整个欧洲的学术研究都很薄弱，他抱怨说老师教授的拉丁语很蹩脚。数百年来，拉丁语被经院哲学所拖累；此时文艺复兴的影响还没有波及这里，但后来正是文艺复兴的影响使得他可以强有力地利用纸。

路德被送往爱尔福特大学学习法律，这儿有欧洲最好的法学教授。他后来写道，自己经常光顾当地的酒馆和妓院，但他依然在朋友中以“哲学家”的身份闻名。他还在此处读到了印刷而成的讲道文，价格便宜到连学生都能买得起。他逐步相信自己是有罪之人，需要宽恕。1505年夏的一天，在去往爱尔福特的路上，他遭遇了暴风雨，被身边电闪雷鸣的景象吓坏了，跌倒在地，大声呼喊圣安妮救他，并发誓要做一个修道士。

他的父亲汉斯·路德因此大怒。父亲认为修道士就是懒惰的寄生虫，他们在社会上臭名昭著，嫖娼，酗酒，不劳而获，鼓励别人过清贫日子，自己却生活奢靡。但是，路德却与此不同，甚至显得“过激”，他趋向禁欲主义，践行苦修，他的部分个人追求在于求得自己的罪孽获得宽恕以及与神和解。他的这些追求没有成功，令他不断遭受精神上的折磨，直到导师告诉他，他的善功永远无法使他与神和解，只有耶稣的死亡才能做到这点。他建议路德阅读《圣经》和圣奥古斯丁的作品。

在阅读1世纪圣保罗写给罗马教会的信件时，路德获得了突破。中世纪的教会已经发展出一套适用于令罪人获得宽恕的律法和手段，路德发现保罗的主张是：人类为获取救赎做什么都没有意义。相反，保罗曾经写道，救赎是上帝赐予的礼物，而不是对善男信女的报酬：

> 因为神之义正在这福音上显明出来；这义是本于信，以至于信。(《罗马书》1：17)

“义”是感受到公正，并由此不因任何罪恶而内疚的状态。按照保罗的观点，借着耶稣，上帝成为一种颠覆性宗教的创始者：耶稣在耶路撒冷城外的一个十字架上改变了人和上帝的关系。一个人仅仅因为耶稣的救赎，就可以称“义”。就像路德所写的一样：

> 你只是通过他就能与神和解，当你对自己和自己的善功绝望时……他会将你的罪恶变成他的，他会将自己的义赋予你。[7]

“因信称义”这一教义虽然逐渐广为人知，但它几乎是从欧洲数百年的宗教历史中累积形成的教会教义的粮仓中撷取的；它曾与其他教义相矛盾，被它们削弱，并在它们的重压之下差点粉身碎骨。如果人们不需要通过神父或圣事或教皇甚或教会成员就可以获得救赎，那罗马就不再是天国和地狱钥匙的掌管者。如果罗马教会不再是通往上帝的唯一中介，那遍布欧洲教堂大门上方的地狱图也会随之失去打击“反教权主义”的权力。

路德不是第一个起来反对罗马教廷的人，最近几个世纪，法国的瓦勒度派和英国信奉“威克利夫学说”的罗拉德派，都做过同样的事情。此外，和14世纪的约翰·威克利夫一样，路德只是不断扩张的宗教帝国一隅的一名神父兼神学家。他可能不认同罗马教廷，甚至在教义和实践层面公开反对它，但是他要达到什么目的？如果教会撤销他的言论或者对他进行惩戒，他的反对没有任何用处。路德没有军队，没有政治权力，在德国一个无足轻重的小镇工作；他籍籍无名，没有放大自己力量的杠杆可以借助。

不过，有一样东西可以成为这样的杠杆。路德本人对这场涉及政治、宗教、意识形态和社会的地震一无所知，但却灵巧地牵动那个杠杆引发了这场地震。

路德这一时期有一位文人朋友——德西德里乌斯·伊拉斯谟，他是北欧文艺复兴运动的荷兰挂名领袖。1511 年，伊拉斯谟写了一本名为《愚人颂》（*In Praise of Folly*）的书，尖锐地讽刺了欧洲的宗教生活。在书中，他嘲笑修道士迷恋金钱、纵情声色，调侃圣徒崇拜现象，质疑学术研究的价值，甚至还讽刺教皇。罗马教廷有雅量地允许这本书出版。1516 年，伊拉斯谟利用一些最早期的文献，整理翻译了希腊文《新约》。在出版此书的过程中，他揭示了官方钦定的拉丁文《新约》中的错误。在导论中，他甚至想象了一个所有人都能用本民族语言阅读《圣经》的世界，不仅是苏格兰人、爱尔兰人，连土耳其人和阿拉伯人都能阅读：

> 我希望每一个农夫在种田时都能吟诵《圣经》的片段，每一个纺织工都能在机杼声中哼唱几句《圣经》中的句子，每一个旅行者都能在《圣经》故事的陪伴下减轻旅途的劳顿。

伊拉斯谟和路德有很多共同之处，尤其是他们都很关注希腊语。路德所在的维滕贝格大学是欧洲第二所设有希腊语教席的大学。和伊拉斯谟一样，路德也反对免罪行为，即任何信众都能通过给教会资助金钱来赎罪，以此减少在炼狱停留受苦的时间。炼狱是人死后所进入的过渡处所，这一理论经过一段时期的演进在 12 世纪正式成为罗马教廷的教义。1515 年，教皇利奥十世（Leo X）宣布发售赎罪券，期待信徒向教会捐款在罗马建造一座新的巴西利卡式（古罗马的一种公共建筑形式）首席主教座堂。利奥十世的雄心壮志是要建造欧洲最炫目的教堂，但是他缺乏预算技巧，把筹集的大部分钱都花在个人奢华的生活上。

当名为约翰·特策尔（Johann Tetzel）的多明我会修道士于 1517 年 1 月在维滕贝格开始销售赎罪券时，路德已经就反对销售赎罪券宣传了好几个月。他最主要的担忧不是罗马教廷而是像特策尔这样的中间商，但是他也反对赎罪券背后的观念，即救赎可以买到或挣得。他将一份论题的提纲寄给了他的教士同事以发起辩论邀请，这在当时是一种常见的做法，他的提纲被简称为《九十五条论纲》（*Ninety-five Theses*）。他的形象化描述通常非常尖锐且有感染力，就像论纲中的第五十条那样：

> 基督徒须知，教皇若知道那些宣讲赎罪券者的榨取行为，他宁愿让圣彼得教堂烧成灰烬，而不会用他羊群的皮、肉和骨去建造。[8]

不出所料，什么都没有发生。没有人来应战，几个星期以来路德所得到的唯一答复就是沉默。但是维滕贝格的印刷厂打破了这种沉默，未经路德授权的各种版本的《九十五条论纲》开始在本地流传，并向外地传播。路德也将自己的著作送给他在其他城市的朋友们，这可能是激发维滕贝格以外的地区印刷《九十五条论纲》的原因。这确保了《九十五条论纲》在整个德国都为人所知，而且在数周之内传播到整个欧洲大陆。毋庸置疑，路德发表的神学辩论要点一般只能激起神学家的兴趣，但是《九十五条论纲》介于高等神学理论和受欢迎的大众宣言[9]之间。这些论述在教会精英人士以外引起共鸣，可能是由于它们对于如何应对个人罪恶和过失的强调。

伊拉斯谟写道，《九十五条论纲》在1520年已经有了三个拉丁文版本和一个德文版本。1521年，就分别有了六个拉丁文和德文版本。1523年，拉丁文版本被重印了数次，而且还出现了两个荷兰文版本。到了1525年，法语和德语版本正式出版，一个拉丁文版本在1525—1528年连续出版。1527年出版了一个西班牙语版本，1528年又出版了该语种另外两个版本。1529 年，三个新的拉丁语版本和一个法语版本出版，捷克语版本也紧随其后出版。这些版本并不是给普罗大众看的，它们也的确吸引了欧洲精英阶层的注意，在这个过程中，路德赢得了很多人文主义学者和政治家的支持。

早至 1518 年，英国资深政治家、教士兼人文主义者托马斯·莫尔爵士（Sir Thomas More）就阅读了《九十五条论纲》。（同一年，伊拉斯谟写给莫尔的信中提到了路德。）即使在当时，教皇仅仅是让路德所在教区的主教告诫路德不要再抛头露面。特策尔——他所属的多名我会会士被称为“上帝的猎犬”——扬言要将路德烧死在火刑柱上。作为回击，路德在维滕贝格的学生将特策尔反驳路德的著作公开烧掉。路德反对自己学生的这一举动，他还不厌其烦地写文章详细解释《九十五条论纲》中所蕴含的思想，并向教皇表达了顺从的态度。但他在结尾中说：“没有收回前言的任何可能。”这些言辞惹恼了特策尔，他决定逮捕路德对他进行审批和定罪；同时，也激怒了教皇。一夜之间，路德发现自己处于一场风暴的中心；如今，整个欧洲都在关注事件的走向。

路德因此名声大振，遍及欧洲的学生、学者和教士开始给他写信询问他对一系列问题的看法。他最早通过纸面传播的思想并不是依靠印刷品，而是凭借这些信件往来。印刷增加了个人对邮政系统的使用率，信件往来可以使一场运动的领导人虽远隔千里却能彼此联系，重要的改革家和文艺复兴运动人文主义者都善于利用邮政系统。1505 年，神圣罗马帝国皇帝马克西米利安一世建立了一套连通整个帝国的邮政系统，这是最杰出的新邮政系统。一个类似的系统自 13 世纪末起就已经在意大利各城邦之间运转。

对于路德来说，这是一场危险的博弈，因为这意味着他的答复将一次又一次地直面罗马教廷的正统性。在奥格斯堡（Augsburg）的一场审判中，他说他相信教皇没有权力通过收钱而赦免在炼狱受罚的罪行。事后他被朋友非法带出城外，侥幸逃脱惩罚。1519 年他被带到莱比锡，与因戈尔施塔特大学的校长约翰内斯·迈尔·冯·埃克（Johannes Maier von Eck）辩论，法官发现了一个技术性细节，他借此避免宣布谁是胜者，但是这场辩论助推了路德观点的传播：《圣经》是比教皇和他的教廷更高的权威，这一教义被称为“唯独《圣经》”。

路德被新教圣徒传记作者尊为一个坚定、强壮和直言不讳的人，而莱比锡的一个目击者将他描述为瘦得皮包骨头的人，估计他因忽然成为众人瞩目的焦点而压力倍增，精疲力尽。此外，一些人一直声称路德居心叵测，鼓吹暴力。曾经支持路德的文艺复兴运动激进分子开始退缩，他们被支持路德思想要付出的潜在个人代价吓怕了。路德现在是驰名欧洲大陆的人物，他开始让一批人的信念和雄心更加坚定。这些人公开反对罗马教廷、祭司、不受约束的权力、教廷税收以及精英主义，人们在路德反对罗马教廷的思想中自行添加了诸多内容。

1518—1526 年是欧洲宗教改革最具活力的时段，路德的印刷作品是改革的主要动力。被纸所滋养的文艺复兴运动促进了活字印刷术的推广，而宗教改革又借用了这一技术。此外，印刷与改革者的思想观念和雄心壮志有很多共同之处。

印刷这一复制方式意味着更少的机械抄写，因此也减少了抄写者作伪的可能性。这种精确复制的趋势符合文艺复兴和宗教改革钻研文本原意而不是内在寓意的精神。印刷出来的图书价格相对较低，因此这些图书内容多为常识而非阳春白雪，增强了普通读者而非学术精英的能力和信心。此外，它确认《圣经》而不是神职人员为接触宗教的中介，并因此鼓励人们起来质疑权威而不是卑躬屈膝地忍受。印刷让读者能够更加准确地理解作者，因为书籍的内容基本不会打上中间人的烙印；印刷工不会根据个人理解来美化、解释或重新阐释文本，而抄写员和修道士都曾经这么做过。印刷对于精确性的关注支持人们重视最初的希腊语版本《新约》。印刷文化培育了一个以阅读为基础而不是依赖经验的宗教。印刷业者生活在城市中，熟悉市场，认识很多顾客，而不像生活在修道院中的抄写员那样离群索居。

印刷鼓励了私人阅读。印刷品价格便宜，读者群不断扩大，人们也没必要去图书馆看书了。印刷书籍也适合休闲阅读（或非专业性阅读），因为它的尺寸比中世纪大开本的手抄本要小，很多手抄本因为太重，必须放在书桌上阅读。价格低廉使印刷品天生就不那么珍贵，减少了图书因自身成本过高而被视为社会地位象征甚至是神圣物品的概率。由于欧洲用纸印刷，由此人们更注重图书的内容而非外在的美和高额花费。阅读发生了彻底变化，以市场为导向的印刷本身就是对传统权威毫无疑问的挑战。（罗马教廷要想策划一场不会适得其反的反击是一件非常棘手的事情，这不足为奇。）

路德（或许是无意中）将印刷的潜能发挥到一个新高度，他的讲道文、图书和小册子的印刷数量之大令人震惊，甚至有过滥之嫌。在德国，小册子的出版数量在1519—1521年增长了十七倍。1519年，德国的德语书籍印刷量达到拉丁语书籍的三分之一；但到了1521年，这个比例颠倒了过来。维滕贝格、奥格斯堡、斯特拉斯堡、莱比锡和巴塞尔成为宗教改革的印刷引擎，为面向城市读者的市场供应了大量宣传册、漫画、讲道文、论文、神学著作和信件。

宣传册特别符合改革者的目标。它们很轻便，易于携带和隐藏，通常印成四开本（一种比较小型的开本），只有十六张（或者是三十二页）。最重要的是，它们价格便宜。一位名为马克·爱德华兹的学者计算出一本小册子跟一只母鸡、一磅蜡或一个干草叉的价格相同，这表明它虽然不是特别便宜，但是普通人可以负担。[10]

一项研究发现，1517—1518年，德国印刷的宣传册数量增长了五倍多，而接下来的1518—1524年，数量进一步增长了八倍。总之，在1518—1524年，德国印刷了六千多种论文，总量超过六百五十万份。在1500—1530年的三十年间，德国印刷了一万种版本（包括初版和再版）的小册子，大部分都与宗教改革有关，仅马丁·路德一人的作品就占了总量的五分之一，即初版和再版的加起来接近两千种。[11]另外，1518—1524年，德国宣传册的年平均印刷量比1518年之前猛增了五十五倍；甚至在1524年之后，印刷量依然保持在1518年之前的二十倍。

德国的图书印刷量也在增加，虽然与宣传册的增长幅度不尽相同，从1517年的416本（其中110本是德语书）增加到1524年的1331本（其中1049本是德语书）。[12]马克·爱德华兹发现路德所著书籍的印数大体上从1518年的87本增加到1523年的390本，在16世纪20年代末期又回落到200本。截至1525年，路德的著作共印刷了1800多本，其中德语书籍印数为1465本（包括初版和再版）；到1530年又印刷了500本。在1526—1546年，他所有第一版书籍平均重印了至少三次。爱德华兹估计从1518年到1546年，路德所著图书的印刷量是所有天主教政论家所著图书的五倍——即使只算路德的反天主教作品，这个比例是5∶3，他依然胜出。[13]

但是，有谁真正阅读了他的作品？毕竟识字还不是普遍现象。此外，宗教改革是一场神学运动，辩论主要发生在学者和祭司之间；至少在德国，它的领导者是王侯和神学家。最重要的是，他们中的很多人都对《圣经》的权威性怀有坚定的信念，对它深信不疑。但是宗教改革怎么会成为一场群众运动？除非它是自上而下强加给普罗大众的，但事实正相反。即使鼓动起大众参与其中，这场改革无疑依然远不是一场以广泛阅读为基础的运动。从这个角度来看，如果说存在一位16世纪的“大众传媒名人”好像在逻辑上站不住脚。历史学家A.G.狄更斯（A.G.Dickens）曾经嘲讽说，历史学家在阐释宗教改革时，过于轻信“因印称义”，即过于看重印刷的作用。难道是新教神话和圣徒传记篡改了史实？这个问题困扰了研究这一时期的历史学家长达半个世纪。

没人精确知道16世纪时德国的识字率，但是男性城市居民的识字率通常被假定为30%左右，最乐观的估计是40%，有一些研究人员认为更高；相较之下，全国的平均识字率只有5%。[14] 简而言之，虽然识字率在提高，而且文艺复兴使得阅读更加时髦，但依然没有一个普遍的读者阶层供路德去激励。虽然宗教改革对大众的宗教活动、识字率和政治生活影响巨大，但它并非是自上而下的一场运动。

如果排除宗教改革中广泛存在的城市阅读，要解释清楚16世纪新教领土的印刷规模并不容易。在一项保守的评估中，马克·爱德华兹计算出包括图书和宣传册在内，路德著作的印刷量为三百一十万册，这甚至没有把他所翻译的《圣经》的多种节选本或足本计算在内。爱德华兹认为，路德以外的德国其他福音教会信徒写作的宣传册印数还有二百五十万，而天主教徒著作的印数为六十万。换句话说，拥有一千二百万人的德国，个人宣传册的印数达到六百万之多。

考虑到欧洲的印刷业者都是受利益驱动的商人，德国福音教会印刷了如此多的出版物，不仅表明罗马教廷反应迟缓，而且表明市场决定生产。1517—1524年，宣传册印数的增长率达到40%，这使爱德华兹怀疑关于识字率的可疑设想是否准确。毕竟，路德有重大意义的书籍通常被图书馆、王公贵族和教士大量买进（通常是成批购买）。他写的宣传册更加具有平民主义论调，文风非常直白，最重要的是，它们的再版频率证明了市场需求有多么巨大。

没有数据表明究竟有多少人读了路德的作品，但有许多理由可以相信，出版水平可能并没有充分反映路德的图书和宣传册所直接和间接影响到的读者数量。当时存在一个庞大的二手读者群，作为个体阅读的默读在谷登堡发明印刷机之前的欧洲就变得越发平常，但大声阅读或把文章读给一群同僚、朋友或家人听在谷登堡去世几百年后依然很普遍。事实上，这种做法在整个欧洲一直持续到20世纪。此外，罗伯特·斯克里布纳（Robert Scribner）对16世纪阅读的研究发现，德国人印刷的辩论文章其实是供人大声阅读的。傍晚时分是聚集在一起阅读的绝妙时光，忙完一天工作的人们在柔和的烛光下，推选出一个朗读者为大家读书。人们不会在大白天阅读任何具有争议性的文章。[15]

在早就存在的教会音乐文化的强烈影响下，路德写了大量赞美诗。1524年，他的第一批德语赞美诗印刷面世。路德创作的赞美诗可能比他关于主流宗教的作品影响力广泛得多，它们无疑比他翻译的《圣经》以外的其他著作都更长久地立于宗教生活中心。正如16世纪的很多读物一样，印刷的赞美诗为会众提供了指导，但是他们不太可能认识其中的每一个字；它通常只是用来辅助会众背诵，不过这种对文字耳濡目染的熏陶也助推了识字率的上升。音乐也给路德提供了一个神学意义上的机会，因为他想带领广大信众摆脱祭司的掌控，引领亲身体验过教会音乐的平信徒更接近这种宗教仪式的实质。赞美诗提供了将有喉音的德语带入教堂的途径，使得上帝的话语更加难忘和直观。出于这个目的，路德在维滕贝格散发印有歌词和乐谱的宣传单，他希望平信徒都能通过唱赞美诗学习《圣经》以及它蕴含的真理。

他的教理问答影响虽然不同，但也很深刻，他将《圣经》的教义具体化在一些令人难忘的句子中。路德宗的教友相信受教育会使他们成为更优秀的市民。对于那些识字不多的皈依者来说，教理问答成为他们能够通过阅读获取宗教知识的唯一来源；即使他们不识字，也可以相当轻松地将其背诵下来。由此，通过印刷术也能向文盲传播知识。(直到18世纪《圣经》才取代教理问答成为德国路德宗最高效使用的文本。)

官员和教师将宗教改革的理念传递给他们的下属和学生，遍及欧洲的学者和文盲之间的日常谈话也传播了路德的思想和神学理论片断。在“星期日报”这一类报纸出现之前，欧洲大部分平信徒都是在星期日做礼拜时了解政治、获取新闻。[16] 由于印刷术的发展，教士现在可以了解来自整个欧洲的最新政治和文化事件，因此可能确实令讲道变得更有意思，涉及更多时事。宗教改革在很大程度上也是讲道的复兴，当平信徒聆听神父在讲道坛上讲道时，他们中的很多人第一次接触到宗教改革理念。这些路德写在纸面上的理念，通过神父的朗读传递给更多人。

印刷术也为肖像画实现创新性发展提供了可能。宗教改革在利用活字印刷的同时也在利用雕版印刷，这样改革者就能同时通过文字和绘画进行宣传。1518年秋，路德在纽伦堡碰到了艺术家阿尔布雷希特·杜雷尔（Albrecht Dürer）。杜雷尔是路德的崇拜者，同时也是以纽伦堡为大本营的基督教改革派团体的成员，他可能是最传神地用画作描绘了16世纪早期欧洲动荡情绪的艺术家。二人一拍即合，杜雷尔立即成为路德的插图画家，他富有感染力的反教皇肖像画和漫画装点着路德翻译的《圣经》、宣传册和图书。很多画作非常生动逼真，但也有些内容令人作呕。这些肖像画对于欧洲新教的影响力来说必不可少，它们通常嘲弄古老的教会偶像和图画，特别是有关世界末日的画作。在杜雷尔的画作中，熟悉的场景被完全颠覆，比如在他的描绘中，罗马天主教神职人员被扔进地狱，巴比伦大淫妇头戴教皇的三重冕。

杜雷尔并非与路德并肩战斗的唯一艺术家。1521年，为萨克森选帝侯效力的肖像画家老卢卡斯·克拉纳赫（Lucas Cranach the Elder）和路德共同出版了《基督受难与敌基督》（*Passional Christi und Antichristi*）。这本书里配有一系列成对的雕版画插图，通过对比的方式描绘了表现基督慈悲和圣洁生活的故事与表现教皇贪婪和淫乱生活的故事。路德说，对于平信徒来说，这是一本好书。

雕版画在宗教改革早期发挥着重要作用，哥特式大教堂这种用石头和彩色玻璃构建的宗教故事百科全书的角色，不可避免地被异军突起的平信徒阅读《圣经》现象改变。而且，新教徒的圣像破坏运动的发生与识字率的提高，尤其是翻译成各国语言的《圣经》更容易被获取有很强烈的联系，因为它们鼓励人们远离圣像和罗马教廷的宗教仪式，取而代之的是，将他们指引到印在纸面上的《圣经》中的词句。所有人都能读到《圣经》意味着通过页面上的文字这种媒介，经文中的主张能被信徒顺利消化吸收。宗教仪式、主教团以及感官体验在新秩序下地位必定降低。印在纸上的信念战胜了宗教和教会的所有传统媒介传递的信息，可见识字率对宗教改革的成功起到了关键作用。

此外，有观点认为一场阅读革命无法改变16世纪的欧洲，这种看法忽略了“识字”这个词所具有的很大误导性。识字通常指能读和会写，但很明显，路德印刷品的受众只需要简单具备这两种能力即可。16世纪，德国一个城镇中有一则教人们识字的广告，问题是当地的文盲怎么能看懂这个广告？这表明可能有相当多“文盲”城镇居民拥有最基本的大众化的读写能力，不仅认识字母表中的所有字母，而且还认识一些基础词汇。

路德的宣传册适合大众化的读者群，其中许多人可能仅仅粗通文墨，会就宣传册的内容向家人和朋友咨询，或许阅读速度比其他人慢得多，有时还会跳过不认识的字。不过，读写能力毕竟不是零和博弈，印刷也加速了文字标准化，因此，对平信徒来说，认识字母和词语比之前容易得多。印刷术在文艺复兴运动中的发展已经使得图书和宣传册变得司空见惯，宗教改革者又极大地推动了这一进程。

即使只有 5% 的人读了 1510—1530 年在德国各地印刷的图书和小册子，这一读者群也已经大大超出旧时代精英的范围。事实上，这一数据肯定远远不止 5%，因为会有更多人通过二次传播听说过这些作品的内容（以及看到装饰文字的插图）。16 世纪的德国正在经历一场印刷革命，同时该国也在上演在欧洲大陆持续了数百年的最著名的意识形态辩论，它们由同一动力激发当然不是巧合。

1520 年路德出版了他最具颠覆性的宣传册中的两本：《致德意志基督徒贵族的公开信》和《教会被囚于巴比伦》。他在第一本小册子开篇中自信地宣告：

> 沉默的时代已经过去。

小册子接下来的精彩内容与路德的这句开篇台词非常匹配，因为他继续向前颠覆了中世纪两种权威的排序，将世俗权威置于宗教权威之上（如今这一观念在欧洲已被普遍接受），并由此给了德国民族主义者和反意大利情绪的扩展以可乘之机。这是一个震撼性转变，符合使徒保罗在写给罗马教会的信中所体现的教义，但同时也是对罗马教会的傲慢冒犯。事实上，这本小册子尤其反对教士统治集团，因为路德在其中主张祭司并非凌驾于平信徒之上，不能自以为具有道德优越感。平信徒皆祭司，因此祭司并没有特别的政治权力，也无权垄断神圣真理。相反，他们必须遵守世俗世界的法律，而信众有权自己阅读《圣经》。

在第二本小册子，即《教会被囚于巴比伦》中，他出人意料地直率。如果这本小册子的写作时间再早个仅仅几十年，它绝对不会引起如此多的公众关注，路德可能会受到警告或某种形式的官方制裁，但是他不会引人关注。事后看来，罗马教廷的错误在于低估了活字印刷术已经在多大程度上改变了整个欧洲的公众面貌。严厉惩罚一个以印刷文字为媒介传播观点的公众人物，只会适得其反——增加他的名望。罗马教廷再也不能按惯常那种完全不公平的条款，私下发动对路德的战争。公开起诉他意味着将一个令人头疼的德国神父变成欧洲最著名的人物，而且还要通过他事实上也能公平获得的媒介进行正面交手。罗马教廷对路德印刷作品的回应给路德带来更多声誉，这反而是他自己无法获取的。

没有比关于弥撒的争论更加重要的神学辩论了。路德在《教会被囚于巴比伦》中认为，罗马教廷通过圣事这种枷锁将上帝的子民降格为奴隶，而祭司掌握了上帝施恩平信徒的手段。这些圣事中最重要的就是弥撒。弥撒并不单是祭司的表演，它不是远离平信徒而做的。绝大多数善男信女都不理解神父用拉丁语或说或唱的内容，但是他们可以通过自身的参与来感受：吃圣餐饼，闻焚香产生的香气，随着仪式的进行在教堂中走动，与邻人会面。最重要的是，他们现场见证了普通的饼和酒奇迹般地变成耶稣基督的肉和血。弥撒是中世纪教会生活中最重大的奇迹。

当饼和酒依然保留最初的形态，如何解释它们变成了基督的肉和血这一奇迹相当复杂。罗马教廷采纳了亚里士多德的本质与偶性的区别来解释饼和酒为什么没有显现出真正的肉和血的形态（或者说“本质”）。11 世纪时，人们用“变体论”来解释这个科学难题，1215 年罗马教廷在第四次拉特兰公会议中正式承认了“变体论”。

就像《福音书》中所说，早期基督教徒聚集在一张桌子旁分享饼和酒。但是随着饼和酒的地位提升，早期教会的厨房和餐桌被用于圣事的石头祭坛所取代，这或许是受到了异教徒的影响。因此，官方教义认为，在做弥撒时，基督当场又为信徒牺牲了一次。路德不同意这种看法，他认为，任何形式的再牺牲都动摇了基督在十字架上“只一次献上身体，就得以成圣”的教义。他攻击说利用亚里士多德的“本质”和“偶性”理论是在“玩文字游戏”，他认为弥撒的力量根植于教徒的信仰而不是祭司的行为。就像在其他领域一样，路德把他提出的两个原则——“唯独《圣经》”和“因信称义”应用于弥撒的教义。但是他这样做打击了教廷权威的核心。当这一争论在1521年相当引人注目地达到紧要关头时，他最终必须面对教廷所施加的压力，接下来事态的发展预示着西方基督教世界作为单一宗教实体的终结。

1520年，教皇发布《斥马丁·路德谕》（又称《“主兴起”通谕》）谴责了路德四十一项异端罪状，并号召焚烧路德的著作。路德的回应是公开焚烧教皇的书籍，并把这份教皇通谕扔进熊熊火舌中。他现在要直面沃尔姆斯会议（the Diet of Worms，这是对德国帝国议会所召开的此次会议的奇特英语译名，the diet of worms 也可译为吃虫子——译者注），随后他可能要被移交给罗马教廷。除了可能马上到来的惩罚外，路德现在被人们殷切的厚望所笼罩。在印刷的宣传画中路德化身为德国神话中一位远古英雄，许多人受此感染，崇敬他的爱国情怀。人文主义学者则因他鞭挞中世纪经院哲学而钦佩他。而且，路德表达出了人们的普遍精神迷惘，并成为希望的象征。早至1520年，人文主义学者乔治·斯帕塔林（George Spatalin）就写道，在法兰克福书展（目前依然是世界上规模最大的图书交易展会，它是紧随谷登堡的发明之后，才成为重要图书展的）上，没有一本书比他的朋友马丁·路德的著作卖得更好，也没有一本书能像他的大作一样吸引人们如饥似渴地阅读。当路德于1521年4月16日到达沃尔姆斯后，欢呼的民众夹道欢迎他的到来，围观者如此之多，这次会议不得不临时改到当地最大的房间举行。路德对于他生活中发生的一系列转变必定会感到惊奇，毕竟，他那年只有三十七岁。

审判本身非同寻常：审判者要求路德撤回自己的作品，而路德要求一天时间思考如何答复，审判者批准了他的要求。第二天，人们期待他干脆利索地回答同意或拒绝。但他滔滔不绝地为自己辩护以逼迫神圣罗马帝国皇帝在教皇和他之间选边站。他力陈《圣经》是他依靠的权威，因为太多事例证明教皇和宗教会议是不值得信赖的。他拒绝违背良心撤回自己的著作。路德看起来要被交付教廷发落了。但是萨克森选帝侯弗里德里克（Elector Frederick of Saxony）“绑架”了这位神学家，将他隐藏在瓦尔特堡中，路德以“乔治骑士”的头衔去往那里。

路德并非侠义骑士，他的一次狩猎尝试也并不成功。在十个月的流亡生活中，他的最大成就是将《新约》翻译成德语，这部译作对德国人生活的重要性无以复加。路德相信印刷术是上帝赐予世人的伟大礼物，通过它的魔力，上帝可以向大地上的信徒传播准确的教义。在这一点上，他具有惊人的远见卓识，如今，《圣经》被译成两千多种文字供世界各地的人阅读，正是路德所翻译《圣经》的印刷本拉开了这种百花齐放的大幕。除了路德的版本外，还有其他一些德语版《圣经》，但它们都译自《拉丁文通俗译本圣经》，保留了很多拉丁文措辞，佶屈聱牙，不受欢迎。到路德逝世时，他翻译的《圣经》被部分或全部重印了四百多次。

路德为翻译工作耗费了大量心力。虽然他能够背诵大部分《新约》，并用德语连珠炮似的发表了一系列赞美诗、专著和讲道文，但他抱怨说，在翻译中用本民族“粗俗”的语言重组希腊语原来的语序非常棘手。他的办法是将《圣经》的叙事风格转化为反映他自己特色的文风：生动有力、直击本质以及轻灵活泼。他翻译的《圣经》同他创作的圣歌一样对德国文学的影响不可估量。这恰如路德本人用栩栩如生的语言直接向读者传播福音，这在德国是首次。他仅用了三个月就翻译出了《圣经》。

《圣经》是欧洲的万典之典。在长达一千年的时间里，虽然祭司对它有过争论，但是教会禁止平信徒阅读《圣经》。即使是那些偶然得到《圣经》的人，也只有拉丁文版本可以阅读，而且会被大量学术性评论淹没。现在，很多平信徒终于能够买到每个人都希望一睹为快的《圣经》了，而且他们购买的是用自己理解和喜爱的语言翻译出的版本。印刷品相对低廉的价格带来了新的读者群，推动基督教走向本土化。

在德文版《新约》中，路德增加了自己的评论。很多评论是必要的，有助于解释不太容易翻译成德文的神学术语，让读者明白一些词语最初的希腊文或希伯来文意义并切断它们的拉丁文关联；但是，这其中也包括不折不扣的宣传攻势，通过漫画和旁注攻击教皇和他的主教团，大部分情况下都是将他们描述为敌基督。路德的一个弱点在于，从罗马教廷手中夺取对宗教出版的专有控制权后，他还想主宰其他一切。当再洗礼派和唯灵派开始用这种新的出版空间宣扬自己的理念时，路德预见到新教徒将不可避免地在整个欧洲发生分裂，他决心捍卫注经权，以确保《圣经》不能沦落到随便什么人都有权诠释的境地。这种对于解读经文主导权的担忧或许可以理解，但是《圣经》是否需要注解，读者对此存在争论，而路德从来没有缓解这一紧张局势。

尽管如此，路德至少可以宣称他将翻译成本国语言的《圣经》交到平信徒手中，如何评判他的注解取决于读者自己。毋庸置疑，这是一场革命，销售数字向我们确定无疑地展示了它飞速增长的重要性。在纸的全部发展历程中，它从未见证过一部个人著作能够如此迅速地传递到这么多读者手中。路德的第一版德语《新约》，被称为“九月《新约》”，卖出了空前的三千本。它很快被抢购一空，出版商于12月出版了第二版，这一次路德做了更多校订。同一年，在巴塞尔又有一个全新的版本问世。

路德翻译的第一版《新约》是对开本的，换句话说，它们尺寸大，价格昂贵，需要放在书桌上读。它们面向富有的客户，既有个人也有机构。1523年，它被重印了十一次或十二次，其中四开本和对开本各占一半；不过，四开本尺寸是对开本的一半，价格也便宜得多。1524年是这部译作出版的巅峰之年，重印了二十次之多，其中大部分是八开本，大小只有四开本的一半，具体尺寸取决于全张纸的大小，四开本可以只有0.2米，0.15米宽，甚至更小。保守估计，从1522年9月到1525年年底，路德翻译的《圣经》共印刷了超过八万五千本。《圣经》为大众市场量身定做，从印刷业者追加投资不断重印可以明显看出它在市场上的受欢迎程度，而且印刷商会为满足新读者的需求而缩小《圣经》的尺寸。

路德的对手很快就发现了印刷作品带来的威胁。路德的一个罗马天主教敌人约翰·科赫洛伊斯（Johann Cochlaeus）博士抱怨说，印刷术驱使路德走向成功，就算是在他的图书被禁售的地区，巡视前检查员都会事先警告书商。让科赫洛伊斯感到绝望的是，裁缝、鞋匠、女人，甚至是无知的愚人都在学习阅读德语，有时是在神父、修道士和医生的指导下学习。1529年，萨克森的乔治公爵（Duke George of Saxony，路德的保护者弗里德里克选帝侯的堂弟）哀叹“成千上万”本《新约》译本正将民众引向抗争。

快速印刷的纸本书籍的便利性在满足新阶层需求的同时，也滋生出一些问题。1522年，没有获得路德授权的八十七种版本的德语《新约》在维滕贝格以外印刷，显然每一个版本都只是根据路德的译本加以胡乱改编，以次充好。根据一项估算，1522—1530年，路德的《新约》盗版译本的印数是正版的四倍。在盗版《新约》中，有时教皇的三重冕会从敌基督的图片上去掉（或者至少改变外形让人认不出）以免触怒罗马教廷。在1524年，路德甚至设计了“路德玫瑰”这一图案作为正版的标志，但是版权的问题依然无法解决。第二年，他抱怨说自己甚至认不出自己写的书。（印刷术的普及饱受缺乏专门的版权法和大量文字错误的损害。）

印刷品激增将出版质量置于险境。早在1521年，路德就为印刷行业的业余水平而惋惜：印刷作坊混乱无序、工人粗心大意、活字污秽不堪、纸质量低劣。缺乏技能的工人、糟糕的管理和迅速增长的需求所带来的急迫性都削弱了印刷的准确性。此外，遍及整个欧洲的反复无常的审查政策导致印刷作坊频繁关闭和重新开张，这也阻碍了提高印刷质量的努力。对于确保原作内容精确的高质量印刷来说，16世纪的印刷作坊并非理想的环境。

尽管受到审查制度、知识产权窃贼（就像我们今天所称呼的那样）和粗劣工艺等诸多因素的拖累，路德翻译的《新约》依然成功抵达无数读者手中。而且，路德这位维滕贝格的神父依然在热情书写宣传册和书籍。在写于1531年的一封信中，路德加入了一场怪诞的辩论，争论枯燥的《旧约·利未记》中两节的意义。但正是这一辩论导致欧洲最有权势的国王与罗马教廷决裂，加强了路德开创的纸革命的势头。

注　释

1. Mark Edwards, *Printing, Propaganda and Martin Luther* (Minneapolis: Augsburg Fortress Publishers,2005), p.xii.
2. David Ganz, 'Carolingian manuscript culture and the making of the literary culture of the Middle Ages', in *Literary Cultures and the Material Book,* ed. Simon Eliot, Andrew Nash and Ian Willison (London: British Library Publishing,2007), pp.147-158.
3. Jonathan Bloom, *Paper before Print*, op.cit.
4. Robert Burns, 'Paper comes to the West', in Uta Lindgren, *Europäische Technik im Mittelalter:800 bis 1400.Tradition und Innovation* (Berlin: Gebr. Mann Verlag, 1996), pp.413-422.
5. Simon Eliot and Jonathan Rose, *A Companion to the History of the Book* (Oxford: Wiley-Blackwell,2009), pp.207-231.
6. 彼特拉克的私人图书馆拥有的古典书籍数量在 14 世纪无人可及。有一次，他失手将深爱的西塞罗（文艺复兴时期广大读者特别喜欢的一位作家）所著的一本书摔在地上，在将这本书放回书架最顶端前，他向其表示歉意。
7. Martin Luther, *Luther's Works,* trans. Gottfried G. Krodel, Vol.48, *Letters* (Philadelphia: Fortress Press,1963), pp.12-13.
8. Martin Luther, *Luther*'s *Works*, ed. Harold J. Grimm and Helmut T. Lehmann, Vol.31, *Career of the Reformer I* (Philadelphia: Fortress Press,1999 [first published 1957]), pp.25-33.
9. Michael Mullett, *Martin Luther* (London and New York: Routledge,2004), pp.67-74.
10. Mark Edwards, *Printing, Propaganda and Martin Luther*, op. cit., p.16.
11. Ibid., p.107.

12. Universial Short Title Catalogue, www.ustc.ac.uk, accessed 5 March 2014.

13. Mark Edwards, *Printing, Propaganda and Martin Luther*, op. cit., p.29.

14. Ibid., pp. 14-40

15. Robert Scribner, *For the Sake of Simple Folk: Popular Propaganda for the German Reformation* (Oxford and New York: Oxford University Press, 1994).

16. Elizabeth Eisenstein, *The Printing Press as an Agent of Change* (Cambridge: Cambridge University Press,1980), p.131.

第十四章

欧洲的翻译潮

我被写作的特殊欲望所驱使，尽管我不能决定题材和读者。这种欲罢不能的热望为笔、纸和墨而生，它带给我的巨大乐趣超出休息或睡眠所带来的愉悦。简而言之，当我无法写作时，我会痛苦不安、萎靡不振。

——弗朗西斯科·彼特拉克（Francesco Petrarch）

路德和英国国王亨利八世（Henry Ⅷ）曾通信表达彼此的观点，但这并不是一种友好的交流。十年之前，也就是1521年，路德在《教会被囚于巴比伦》中对教会利用七种圣事进行了批评，他主张祭司不能成为救赎的中介。针对路德的这种观点，亨利八世写了一本小册子予以回复。在助手托马斯·莫尔爵士的帮助下，这位国王写了《论七大圣事》（*Assertio Septem Sacramentorum*），为七种圣事做了辩护。为表彰亨利八世的忠诚，教皇授予他“信仰捍卫者”称号。对于亨利八世的辩护，路德尖刻地回复说：

马丁·路德，维滕贝格神父，蒙上帝恩宠……

亨利，英国国王，为上帝唾弃……

然而，亨利八世后来寻求与第一任妻子阿拉贡的凯瑟琳（Catherine of Aragon）离婚时转而求助路德。亨利八世很可能并没有像自己所宣称的那样受到有关弥撒教理的困扰，他做弥撒时所携带的《圣经》上至今清晰可见他在仪式中写给安妮·博林的调情信息。另外，《圣经》可能会为亨利八世与凯瑟琳离婚而迎娶安妮提供合法性。《旧约》中的《利未记》说，男人不能与寡嫂结婚，而凯瑟琳最初曾嫁给了亨利八世的兄长。亨利八世希望凭借这一点宣告自己的婚姻无效。

亨利八世收集了一百本与自己离婚有关的书籍，并从中挑选出三十七本赐给王室图书馆。亨利将自己的图书馆从一座收藏精美手稿的美术馆转变成一个研究中心，律师和神学家可以在这里帮他找到废止婚姻的依据。

这种研究型图书馆在英国越来越普及。在16世纪上半叶，英国至少有二百四十四家重要图书馆，其中差不多一半由私人开办。虽然位于里士满的王室图书馆在1535年只有一百五十本书，但是，位于政治和宗教中心威斯敏斯特宫的上层图书馆，在十年后却收藏有创纪录的1450本书。（位于牛津和剑桥的各个大学也都设立了小型图书馆，牛津于14世纪、剑桥于15世纪开始扩展地盘，虽然剑桥的重要发展是在16世纪。）16世纪中期，英国图书馆的藏书量依然有限，相较之下，位于巴黎郊外枫丹白露的法国王室图书馆有三千卷藏书。

当亨利八世无法让罗马教廷改变想法、同意自己废止婚姻时，他转而求助于路德。亨利八世期待路德从《圣经》中寻找答案。未料，路德经过研究后否定了亨利八世的要求。事实上，他将亨利八世视为不虔诚的自私者。在向教皇和路德获取离婚的正当理由失败后，亨利八世于1533年否定了教皇解释《圣经》的权力。第二年他颁布《至尊法案》(*The Act of Supremacy*),宣布与罗马教廷决裂。然而,是印刷而不是政治在整个英国社会给这一运动提供了动力。

1520—1540年,推动印刷业发展的最大激励因素是宗教。英国所有的主要改革家,如威廉·廷代尔(William Tyndale)、罗伯特·巴恩斯(Robert Barnes)、托马斯·克兰默(Thomas Cranmer),都信奉路德主义,而且其中几位还和路德保持着联系。15世纪末,有一些英国学者到欧洲大陆旅行,到佛罗伦萨的尤其多。回国后,他们的希腊语都有很大提高,而且书架上都摆上了新近出版的包括译作在内的一些书籍;此外,他们还学到了阅读文献的新方法。一些早期的宗教人文主义者,像约翰·克利特(John Colet),赞成回归最初的《圣经》文本,但他们依然心向天主教。这个时期的改革者认识到罗马教廷缺乏进行学术研究的方法,而且存在多种形式的腐化堕落;这种腐化被视为背弃《圣经》主张的根本性错误,必须清除出教义。这种坚定的信念激励他们走向一条与罗马教廷冲突的危险路线。

威廉·廷代尔出身于科茨沃尔德(Cotswolds)的一个富裕家庭,这个继承了威克里夫派分支罗拉德派激进传统的地区,通过羊毛贸易与欧洲大陆保持着牢固关系。1515年,廷代尔获得牛津大学文学学士学位。他成绩优异,会七种语言,而且每一种都像母语一样纯熟。在牛津大学,他被大家称为“布道者”,可能是因为他正接受培训准备做教士,或是因为他在写布道文时,使用的是最初版本的希腊语《新约》,而不是《拉丁文通俗译本圣经》。也是在这儿,他开始明白,理解《圣经》要屈从于罗马教廷的过滤。1531年,他不满地写道:

> 我们的教皇通过他的教令证实了《圣经》的权威性,不是因为《圣经》可靠,而是教皇的教令承认它。

1517年，廷代尔搬到了剑桥，在这里他碰到了一些未来的改革家，例如托马斯·克兰默、迈尔斯·科弗代尔（Miles Coverdale）和休·拉蒂默（Hugh Latimer）。与牛津相比，剑桥的神学家会更加公开地谈论路德的思想，但也有些人将廷代尔的研究视为威胁。当地的新教历史学家理查德·韦布（Richard Webb）描述说，1551—1553年，在廷代尔大学毕业后做私人家庭教师的格洛斯特郡（Gloucestershire）教区，有九个教士不知道上帝颁予摩西几条诫命，三十三个教士不知道在《圣经》的哪个章节能找到这些诫命（有人认为是在《马太福音》中）；一百六十八个教士无法复述摩西十诫，正如有十个教士甚至不能复述信经，二百一十六个教士无法论证它，他们中的一些人声称相信罗马教廷和国王赋予了信经合法性。此外，三十九个教士找不到《主祷文》在《圣经》的哪个部分，三十四人甚至不知道它的作者，十个人背不出具体内容。

对于平信徒来说，情况还要糟糕得多，因为他们甚至不懂拉丁文，更不用说阅读《圣经》了。在西欧，数百年来，拉丁语是教会活动使用的唯一合法语言。在英国，如果父母用英语给子女讲授《主祷文》，他们要因使用本民族语言而面临烧死在火刑柱上的风险。廷代尔比大多数人更强烈地认识到这个问题，他曾经告诉一个祭司，他的雄心壮志是让“扶犁小童”比祭司更加通晓《圣经》。在当时的情况下，对于常去做礼拜的民众来说，他们最容易接受的是《四福音书合参》，即精选出福音书中的故事而舍弃其他内容，将这些故事加以扩展编辑在一起，并增添浓烈的叙事色彩。威克利夫于14世纪翻译的《圣经》用的是晦涩难懂的中古英语，而且高级教士对于帮助平信徒理解《圣经》基本没有兴趣。廷代尔翻译《圣经》的工程在伦敦没有找到官方资助者。他在自己翻译的英文版《圣经》序言中写道：“在整个英国”都找不到资助者。

这种不情愿的态度背后的一个原因是英国教会高层担忧路德的影响持续蔓延。截至1520年，路德的图书和小册子从国外大量涌入伦敦，廷代尔于1523年搬到伦敦后肯定看过路德的著作，甚至还有书商信奉路德宗。伦敦的主教，卡思伯特·滕斯托尔（Cuthbert Tunstall）在写给托马斯·莫尔爵士的信中警告说："路德宗这个异端是威克利夫的养女。"公开的禁令和政府的突击搜查随之而来，但是罗拉德派之前建立起来的网络依然在帮助传播路德的著作。纺织工、裁缝和其他各行各业的手工艺者都加入到读者队伍中，热切期望阅读路德的作品。诸多手工艺者被控告拥有、阅读和听人阅读本地语言书写的《圣经》，其中一些人因此被烧死在火刑柱上。

廷代尔离开英国，于1524年到了德国，在汉堡待了一年后前往科隆。他在科隆找到一个印刷商彼得·昆特尔（Peter Quentell），在他的帮助下，他翻译的英文《圣经》得以付印。当印到《马太福音》第二十二章时，印刷作坊的一名工人酒后夸口泄露了此事令政府警觉，政府随即签发了针对廷代尔的逮捕令。廷代尔和一名同伴带着印刷出的作品沿着莱茵河逃到沃尔姆斯。这部《新约》以四开本大小印刷，开篇是一幅圣马太将笔伸入墨水池的画像。廷代尔一定感觉印刷自己译作的事业进展微不足道。不过，部分内容剽窃自路德的这部《新约》的序言已经开始在英国流传，这成为英国宗教改革的第一份宣传册。

1521年，马丁·路德在沃尔姆斯为自己做无罪辩护。仅仅五年后，在此地，由廷代尔翻译成英语的全本《新约》开始被印刷作坊逐页剽窃来印刷。它被印成小型的八开本，风格极为平实，印量在3000—6000本。1534年，廷代尔当时二十多岁，他翻译的《新约》出了修订版，修改的地方达五千处。这一次书中配了形形色色的木版画。廷代尔在1534年的版本上首次署上自己的名字，尽管他不得不在序言中警告读者说他的同伴乔治·茹瓦（George Joye）在书中匿名做了多处不太专业以及存有偏见的校订。廷代尔后来将茹瓦所做的工作比喻为“狐狸向獾住的洞穴里撒尿”。在安特卫普（Antwerp）也出现了几种盗版版本。

廷代尔的书面英语，美在清晰流畅。他给书面语增添了新的词语、语序和词组，这种书面语从那以后成为全世界讲英语者的第二天性。他选用的词语是如此惹人喜爱、清晰明确和激动人心，它们在五百年后，依然深深铭刻在以英语为母语的人的头脑中：替罪羊（scapegoat）；我是我兄弟的守护人吗（Am I my brother’s keeper）；自己就是自己的律法（A law unto themselves）；人不单是为食物而活（Man shall not live by bread alone）；一仆难侍二主（No man can serve two masters）；你们祈求，就给你们（Ask and it shall be given you）；如同羊没有牧人一般（as sheep having no shepherd）；这是万万不可的（God forbid）；这时候的神迹（signs of the times）；心有余而力不足（the spirit is willing）；为信仰而战（fight the good fight）。他的文风有时也会直截了当，通俗易懂，例如当蛇告诉夏娃她可以吃伊甸园里的苹果时，他的译文如下：

> Then the serpent said unto the woman: ‘Tush, ye shall not die.’
> （蛇对女人说：“你们不一定死。”）

廷代尔考虑的首要因素是清晰明确：使徒保罗的教义、欧洲宗教改革的关键以及福音都必须得让普通读者理解。他这么做的结果就是向读者传播了通俗英语。

当然，他当时的作品还没有能够广泛传播，因为他和他翻译的《新约》依然还在沃尔姆斯。他翻译的《新约》被印成袖珍型八开本，序言因此非常简短，但是这个篇幅对于廷代尔表述使徒保罗的教义

（通往救赎的道路是忏悔和信仰而不是善功）来说足够了。他的翻译要言不烦、妙笔生花，可以放入口袋随身携带，这些优点使得这本英语《圣经》很快就传入英国，而且因信称义的观念也随之传播。

1526年3月，廷代尔翻译的英语《新约》源源不断进入英国，很快官方就将它列入禁书，并在伦敦公开焚烧路德的书，但这并没有阻止《新约》的流传。它们被放进油桶和酒桶中，装进盛谷物、面粉和小麦的袋子中，被藏在运送家具零部件的车厢中走私进入英国。据历史学家迪尔梅德·麦卡洛克（Diarmaid MacCulloch）估算，在廷代尔有生之年，他翻译的《新约》有一万六千册被运进英国，进入了拥有二百五十万人口的早期图书市场。[1]这些《新约》，有些被烧掉，有些被人阅读，根据现存被翻旧的版本来推断，有些很可能在多人间传阅一直被翻阅到散架为止。廷代尔曾经期望他的《新约》连扶犁小童都能看懂，在1537年，赫里福德的主教爱德华·福克斯（Edward Foxe）警告他的英国同事说：

> 不要让自己成为这个世界的笑柄；初现的光芒正在驱散乌云。平信徒比我们中的很多人都要通晓《圣经》。

1529年，迫害运动在托马斯·莫尔热切的期待中开始了，教会对新教徒嫌疑人展开了秘密监视和调查。如果出版商和经销商的库存中有新教书籍或英语《圣经》，他们就会成为迫害对象。迫害运动在莫尔和廷代尔之间激发了一场论战，他们分别出版文章驳斥对方。对廷代尔来说，始于1527年的焚书运动最具破坏性。伦敦主教卡斯伯特·滕斯托尔（Cuthbert Tunstall）焚烧了他翻译的《新约》，并指责书中有三千处错误。教会也因此陷入尴尬境地，因为这是烧掉了上帝的话语。

在被英国教会确定为通缉犯后，廷代尔在欧洲大陆多地流亡以躲避追捕。在流亡中，他学习了希伯来语并着手翻译《旧约》，在翻译过程中一直将路德的德语版《圣经》作为参考。他可能在汉堡、安特卫普、科隆或法兰克福居住过。他甚至可能在维滕贝格生活过，在那儿他可以轻易地与路德会面。维滕贝格不仅是欧洲宗教改革的发动机房，而且总体上还是自由思想的发动机房。威廉·莎士比亚笔下的哈姆雷特和朋友赫瑞修、罗生克兰以及盖登思邓在维滕贝格大学（创建于 1502 年）求学，克里斯托弗·马洛（Christopher Marlowe）所创作的人物浮士德博士是这座城市的居民。不管廷代尔身处何地，他肯定是在路德宗的心脏地带——16 世纪 20 年代欧洲新思想的熔炉。

1532 年，托马斯·莫尔写评论谴责了十七本异端书籍，其中有七本是廷代尔的作品，包括他翻译的《新约》和他对保罗的“罗马书”（对宗教改革来说意义最重大的《圣经》中的章节）的解析。1530 年时，据说有三千本廷代尔所著的《教士的行径》（包含大量批判教士和英国国教会的内容）在英国流传。[2] 在接下来的两年中，他写的一本评论和一本专著也广为流传，廷代尔在他的家乡名声大噪。

1530 年，英国收到了一批新鲜出炉的罗马字体写就的袖珍型印刷品，这是廷代尔翻译的《五经》即《圣经》的开头五卷。威克利夫翻译的英文《五经》母本是《拉丁文通俗译本圣经》，与此不同，廷代尔是从初始的希伯来文本直接翻译的。例如，同样一句话“神说，要有光，就有了光”，威克利夫使用的是中世纪语言风格的“Be made light ,and made is light”，廷代尔提供给读者的译文是：

Let there be light, and there was light.

伦敦大学学院莎士比亚研究中心主任、廷代尔传记作者戴维·丹尼尔（David Daniell）指出，廷代尔从希伯来语直接翻译过来的《圣经》对英语存在多方面的影响，例如从“逾越节”（Passover）这样的单词到“要有光”（Let there be light）这样的词组再到语序式样再到叙事技巧。廷代尔写道，他发现将希伯来语翻译成英语比将拉丁语翻译成英语强上一千倍，他通常只需要将希伯来语逐字逐句翻译，就能成为流畅的英语。[3]

他相继翻译了《旧约》中的《约书亚记》《士师记》《路得记》《列王记》《历代志》和《约拿书》。他对于英语的把握与对希伯来语的领会珠联璧合，造就了他非同寻常的译文。如果廷代尔不是被自己雇用的帮手亨利·菲利普（Henry Phillips）出卖，《圣经》中的《诗篇》将会成为他翻译生涯的巅峰之作。菲利普于1535年引诱他离开安特卫普的安全处所，将他交给了教会。没有人知道是谁背后指使了菲利普。廷代尔被裁决为异端后，在布鲁塞尔城外的小镇维尔福德（Vilvoorde）被绑到了火刑柱上，在焚烧之前，他就已经被勒死。他死前最后一句话是：“主啊，打开英国国王的双眼吧。”

廷代尔已经没有机会看到上帝多么快就满足了他的愿望。1537年，亨利八世宣布所有教义要来自《圣经》。大法官托马斯·克伦威尔（Thomas Cromwell）和坎特伯雷大主教托马斯·克兰默都认为亨利八世的意见首次为批准在全国出版英语《圣经》提供了充分依据。他们带着使命感迅速行动。同一年，被认为由亨利·马修（Henry Matthew）翻译的英语《圣经》在安特卫普印刷，这一版本被称为“马修的《圣经》”。克兰默写信给克伦威尔称赞这一版本翻译得最好，克伦威尔很快就说服亨利八世批准出版。1539年，被称为《大圣经》（*Great Bible*）的版本，从伦敦的方济各会中信奉新教的理查德·格拉夫顿（Richard Grafton）和爱德华·惠特彻奇（Edward Whitchurch）开办的印刷所中源源不断地印出。在1540年的版本（被误称为“克兰默的《圣经》”）中，卷首插图表现了亨利八世将《圣经》分别递给位于他右边的克伦威尔和位于他左边的克兰默，他们两人分别象征着世俗和宗教。克兰默为这一版本写的序言中声称《圣经》既不应该被胡乱翻译也不应该向人们隐瞒，他还承认罗拉德派对英国宗教生活所做出的贡献。在英国的每一所教堂的讲道坛上都放着一本用绳子系上的《大圣经》，而且在每一个堂区都挑选出一名朗读者向不识字的教民朗读《圣经》。

这个决定的影响异常强烈而且不可逆转。1530年，祭司开始用英语将教义传播给平信徒。弥撒及其所蕴含的力量通过祭司（以圣饼的形式）传递给坐在教堂中的信众。教堂中举行的其他圣事也能起到同样的作用。在中世纪晚期，除了一些本国语言的讲道文和“混合体”（拉丁文与本国语言相混合）讲道文以外，宗教仪式都使用拉丁语：从做弥撒的语言到阅读《圣经》经文。平信徒一般既讲不了也理解不了拉丁语（除了极少数常见的宗教术语外），祭司提供了通向上帝或救赎的唯一道路。祭司掌握了解释《圣经》的权力，而他们的信众基本无处核对他所说的话是对是错。能够看到读得懂的《圣经》扫清了平信徒和他们应该理解的这本经典之间的最大障碍。

教堂里面放着的英语《圣经》印本已经动摇了教皇自称的最高权威，1520—1649年，英国市场上的英语《圣经》和《新约》印本的总数保守估计有134万，比全国的家庭数还要多。[4]它们也已经开始侵蚀不受约束的教士精英的无上权威，使得平信徒比之前远为直接地参与宗教生活，理解信仰的真谛。这种转变也给政治领域造成巨变，因为如果《圣经》地位高于教士，它也应当高于国王。

以上并非全部。1611年，钦定版《圣经》（又被称为“詹姆斯国王译本”）成为英国官方认可的版本，这一版本维持这种至高无上的地位长达三个世纪。钦定本中《新约》译文的90%和《旧约》译文的前半部分是直接从“马修的《圣经》”移植而来的。结果，这种早期翻译中的单词、短语、句法结构和文风为统一的英语口语和书面语提供了共享的词库，成为团结英国人的凝聚力量，在英国人的头脑中打下深深的烙印，是英国民族认同中不可分割的部分。这一版《圣经》在英语图书中的影响力首屈一指，其译者使用了不为人知的化名亨利·马修，很可能因为其本名威廉·廷代尔对官方来说太有挑衅意味。

钦定版《圣经》无与伦比的重要性早已广为人知，它对以下诸多领域的影响有翔实可靠的证据加以佐证：英国的议会制政体，奴隶贸易，17世纪英语文学的繁荣以及这些作品中所蕴含的自由理念：诸如弥尔顿的名作《失乐园》。《圣经》的注释学原则和大众及私人阅读《圣经》所鼓励的独立探寻精神，也跟英国经验主义的发展相关联，所有这些都注定了科学探究的繁荣：研究“上帝的另一个知识宝库”。

与数百年前中国的经历相似，造纸术在欧洲的出现并没有自动促进阅读的兴盛。即使是活字印刷术的发明让图书价格便宜不少，也没有简单地造就一个更加广泛的读者群。纸和印刷已经给阅读的迅速扩展提供了可能，只是等待需求或欲望来临。正是基于这个原因，造纸术最初到达欧洲（不论是在12世纪穆斯林统治下的西班牙还是在13世纪的天主教意大利）时，远不是纸在欧洲旅程中最精彩的部分，甚至连转折点都算不上。确切地说，是文艺复兴和宗教改革为学者和神学家回归原始文献提供了动力，而他们将这些文献用自己的语言传递给广大读者的决定，则打开了即将淹没欧洲的纸洪流的闸门。

当然，宗教改革之前的三百年中，已经有一些用本地语言翻译的《圣经》版本问世。15世纪，不仅罗马天主教会将印刷品用于日常目的——礼拜书、灵修文书和讲道礼仪书，而且《圣经》的各个语种译本在全欧洲都大量印刷：德国（1466）、意大利（1471）、荷兰（1477）、捷克（1478）、加泰罗尼亚（1492）、法国节略本（1474）、西班牙和葡萄牙（都是在1500年之前）。此外，1517年，西班牙天主教徒完成了一个宏大工程：用原始语言出版《圣经》；这个版本被称为《康普鲁顿合参本圣经》（*Complutensian Polyglot*，在埃纳雷斯堡印刷，此地的拉丁语拼法为*complutum*）。

尽管15世纪时《圣经》的翻译版本可谓汗牛充栋，然而这些译本并不能像其16世纪的继任者那样激发欧洲产生变革。首先，它们翻译自圣哲罗姆的《拉丁文通俗译本圣经》，使用的语言大多难以理解。另外一个与之相关的问题是这些译本是专供教士、廷臣、教授和大学生阅读的；翻译的目的并不是让平信徒能够掌握《圣经》，因此这些译本的语言含混模糊；相比之下，16世纪的《圣经》翻译工作，是在《圣经》研究取得一定成果的基础上进行的。

伊拉斯谟1516年翻译的希腊语《新约》是宗教改革的基础文本，它引导了新教学者回到《圣经》的初始语言。路德确实也阅读过其他新教改革者的作品，他正是读到早期宗教改革先驱、捷克人扬·胡斯（Jan Hus）的著作，受到震动，才高呼"我们一直都是异端"。但是，正是伊拉斯谟翻译的希腊文《圣经》使得路德和其他志同道合者达到了他们的目标：翻译出适合普通信众阅读的《圣经》，《圣经》也得以摆脱此前冗赘和晦涩的拉丁文风。

这些新的翻译很快出现。波罗的海地区很快转向路德宗：路德《新约》的丹麦语版本出版于1524年，翻译自初始语言的瑞典语《圣经》出版于1540—1541年。（此时丹麦和瑞典都已经将路德宗作为它们的国教。）翻译《圣经》的工作开始以各种语言在整个欧洲如火如荼：16世纪20年代（荷兰语），30年代（法语、德语、意大利语和英语），40 年代（芬兰语、冰岛语）。第二波翻译高潮出现在 16 世纪 60—90 年代之间（波兰语、捷克语、威尔士语、立陶宛语、斯洛文尼亚语和匈牙利语）。1602 年，出现了爱尔兰语版本。欧洲的万典之典正在吸引各民族的读者。

此外，在路德去世后数年，随着日内瓦成为宗教改革的神经中枢（在法国改革家约翰·加尔文［John Calvin］领导下），新教著作也开始大量涌入法国，有启发性的希腊语和英语《新约》也开始在日内瓦进行印刷，在 16 世纪 50 年代，日内瓦有一个很重要的英国流亡新教徒社区。众所周知，《牛津莎士比亚词典》将"日内瓦《圣经》"称为莎士比亚的"主要《圣经》文本"，因为在他的戏剧中引用的《圣经》文字和运用的《圣经》典故大都来自这个版本的《圣经》。

加尔文可以在几天之内创作出一百页的八开本图书（大概有一万七千个单词），但作为教士，他继续通过讲道来传播自己的思想，仅仅在日内瓦一地，他就讲道两千多场。他认为印刷商不可靠。（在图书出版过程中还存在其他风险：加尔文对于使徒保罗所作《哥林多后书》的评论，于 1546 年在交付斯特拉斯堡印刷商文德林·赖希尔［Wendelin Rihel］途中丢失，但是他的手稿只有这一份，没有做备份主要是因为需要花费的时间和金钱成本比较高。）我们知道，加尔文写出和收到了 1247 封信，和其他宗教改革者一样，他将书信往来作为传播自己思想的手段。路德的朋友兼盟友菲利普·梅兰克森（Philipp Melancthon）终其一生共写出和收到超过 9000 封信，而路德本人的记录是超过 3600 封。如果说加尔文的通信数量与其他宗教改革者不能相提并论，他总体上的作品产量却算得上异常惊人。

加尔文最著名的作品是《基督教要义》（*The Institutes of the Christian Religion*），1560 年的最终版本共计 45 万字，他写的对保罗《罗马书》的评论达到 107000 字。仅仅是评注性的作品，他平均每年都要写 6.5 万字。他所有作品的印数累加起来接近 400 万。[5] 这个数字甚至还不包括他的讲道文、演讲语录和信件。

加尔文通过纸展现的影响力即使是在法国也无比巨大，虽然他于 1536 年离开该国。他重塑了法语，而且常常在文章中证明自己具有独创性，而同侪的文章则冗长乏味。他的思想被法国教会视为威胁。1551 年，法国切断了国民同日内瓦的联系，并宣布拥有任何在日内瓦出版的图书都会被视为异端信仰。（当然，加尔文统治下的日内瓦，对待反对思想也同样残酷无情。）

大行其道的印刷和宗教改革活动，在整个大陆范围引领欧洲走向分裂之路，而日益加深的政治断层线又加剧了这种分裂。到 1545 年，欧洲大陆的三分之一都在改革后信奉了新教。甚至法国也一度看起来要转向新教。路德主义将《圣经》和宗教书籍提供给平信徒，罗马长久以来的最高权威不再稳固，并且遭公开质疑。

此外，在后来的生活中，路德更加直接评论教会制度，将矛头直指教皇，甚至质疑赋予教皇最高权威的文件是否真实。1440 年，文艺复兴学者罗伦佐·伐拉（Lorenzo Valla）证明了罗马教廷声称其有权领导全欧洲教会的历史文献是伪造的。教皇格列高利四世（Gregory Ⅳ）于 9 世纪 30 年代颁布《君士坦丁赠礼》（*Donation of Constantine*）这份文件时宣称了罗马的最高领导权。根据格列高利伪造的这份文件，罗马帝国的皇帝君士坦丁宣布罗马教皇具有最高权威。312 年，君士坦丁大帝在一场关键的战役之前看到幻象，预示自己将成为胜者，之后他皈依了基督教并停止在整个罗马帝国迫害基督教的行为。330 年，他将罗马帝国首都迁往东部新建的城市君士坦丁堡，他发布的《君士坦丁赠礼》显示，他授予罗马主教对意大利和西欧享有精神上的统治权。

伐拉论证了这份文件是 9 世纪的伪造品。此外，他还力证收录

《君士坦丁赠礼》的《伊西多尔教令集》也是9世纪的伪造品，这份教令集被视为早期教皇所书写的信件和发布的命令，它增加了罗马宣称其为最高权威的分量。简而言之，罗马教廷声称其在教会中享有最高地位的历史支柱遭到侵蚀；它实际仰仗的是逐渐集权化的组织机构和教会的政治权力。教皇权力在圣额我略一世在位期间（590—604年）得到第一次提振。罗马对权力的索求在1302年达到巅峰，时任教皇的卜尼法斯八世（Boniface Ⅷ）颁布了名为“神圣一体敕谕”（Extra Ecclesiam nulla salus，意为“要得救必须通过教会”）的教皇通谕，当然，他所指的教会不是说随便哪一个教会，而是罗马教廷。

1537年，路德也开始攻击《君士坦丁赠礼》，并不是因为需要对它进行攻击，它在几十年前就已经名声扫地了，而是他希望教皇能够向前迈出符合情理的一步，确定自己在教会中的合适地位。路德发起这一挑战的雄心非同寻常，也表明欧洲已经发生了多么迅速而又深刻的变革。

路德主义为史无前例的争论和反对锻造了一个印刷空间。之前也有对罗马教廷的批判，但是那大部分集中在教会内部，批评者并没有在教会之外建起布道坛。罗马教廷对路德实施惩罚后，却没能将德意志各邦国的子民重新聚拢在自己的精神领导下。一个新的理性空间出现了，路德成了其中的善辩者、反叛者和宣传家先驱。

路德运用这种空间向罗马对早期基督教进行的一项又一项改造发起进攻：教皇的最高权威、圣餐“变体论”、修道制、赎罪券、炼狱。从根本上讲，他运用这些空间批判如下信条：信众凭借善功或通过参与教会活动就能够免罪与得救。根据路德的逻辑，平信徒不需要将教会作为得救的中介；此外，他们也不需要将教会作为获取真理的中介。

路德争取到的言论自由，不久后找到了其他表达渠道。

注　释

1. Diarmaid MacCulloch, *Reformation: Europe's House Divided,* 1490-1700(London: Penguin,2004), p.198.

2. *Venice: December 1530, Calendar of State Papers Relating to English Affairs in the Archives of Venice,* Volume 4:1527—1533(1871), pp.265-273, http://www.british-history.ac.uk/report.aspx?compid=94613,accessed 20 June 2013.

3. David Daniell, *William Tyndale: A Biography* (New Haven, Conn.: Yale University Press,2001).

4. Kari Konkola and Diarmaid MacCulloch, 'People of the Book: the Success of the Reformation', *History Today*, October 2003, 53(10).

5. Jean-François Gilmont, ed., *The Reformation and the Book* (Aldershot: Ashgate,1998).

第十五章

人文主义的基石

第二场　亚登森林

奥兰多携纸上。

奥兰多

悬在这里吧，我的诗，证明我的爱情；

你三重王冠的夜间的女王，请临视，

从苍白的昊天，用你那贞洁的眼睛，

那支配我生命的，你那猎伴的名字。

啊，罗瑟琳！这些树林将是我的书册，

我要在一片片树皮上镂刻下相思，

好让每一个来到此间的林中游客，

任何处见得到颂赞她美德的言辞。

走，走，奥兰多；去在每株树上刻着她，

那美好的、幽娴的、无可比拟的人儿。

——选自《皆大欢喜》（*As You Like It*）第三幕

格奥尔格·约阿希姆·雷蒂库斯（Georg Joachim Rheticus）是一位人文学者兼数学家，他的母校是维滕贝格大学，路德的重要盟友菲利普·梅兰克森也在该校为他提供了教授职位。

雷蒂库斯跟印刷商之间的友谊帮助他认识到新教给印刷业带来了大量商机。他同时也多才多艺（他在大学中讲授数学），他一直留心能带给他金钱和声誉的新著作。16世纪40年代，他发现了一个机会。维滕贝格印刷的图书和宣传册在整个欧洲都很畅销，但是雷蒂库斯也意识到路德的读者群已经从之前遍布欧洲逐渐收缩到只局限于德国一地；宗教改革是一场从德国蔓延到欧洲的著名运动，但是一旦它遍地开花，就开始在当地扎根，走向本土化。因此，路德的作品虽然在欧洲读者中空前受欢迎，但这种局面不会永远持续。

1539年，雷蒂库斯从纽伦堡向东北穿越643公里来到波兰城市弗龙堡（Frauenburg），在著名数学家兼天文学家尼古拉·哥白尼（Nicolaus Copernicus）门下学习。梅兰克森穿针引线促成了此事，虽然他像其他一些新教领军人物一样，也写过文章严厉批判哥白尼的伟大理论。这一被称为日心说的理论公然挑战现存真理，主张地球绕着静止不动的太阳转动。它驳斥了“地心说”——这种当时公认的理论主张太阳绕着位于宇宙中心的地球转。罗马教廷反对哥白尼的这种思想，但从1514年起，日心说就通过哥白尼的手稿四处传播。雷蒂库斯1540年写了对哥白尼理论的简短介绍并加以出版，在这一投石问路之举后，他希望全文出版这一理论。他说服哥白尼将自己的著作先尝试性地出版一个简化版本，然后再出版全本。雷蒂库斯在纽伦堡找到一个出版商和一个名叫安德烈亚斯·奥西扬德（Andreas Osiander）的校对员，他是属于路德宗的圣洛伦茨教堂的牧师。奥西扬德给这本书匿名加上了自己写的序言，声称哥白尼的意图不是维护“确凿的真理”，相反他只是在展示自己的研究方法。他还将原来的标题《地球运行论》（*De Revolutionibus Mundi*）简化为《运行论》（*De Revolutionibus*），模糊了哥白尼的日心说。哥白尼作品的全本印刷于1543年，名字也更清楚地反映了书的内容：《天体运行论》（*De*

Revolutionibus Orbium Coelestium）。

罗马天主教廷原则上并不反对科学，在实践中它通常也是这么做的；但与中国和阿拔斯王朝相比，欧洲科学数百年来发展极其迟缓。数十年来，教廷一直在鼓励天文学发展，并且支持亚里士多德学派在科学方面的主张。（然而，教廷确实反对当时广为人们接受的亚里士多德学派的这一观点——宇宙是永恒的。）在这个特殊领域，教廷对亚里士多德的忠诚与对2世纪古罗马帝国的希腊天文学家托勒密的忠诚并无二致，托勒密通过写作论证了地心说。教廷在传统上一直将《圣经》中关于太阳的各种富有诗意的描述阐释为对“地心说”的支持，路德也认同这一点。的确，新教的主流看法也不认同“日心说”。

哥白尼作品的印刷基本上没有掀起什么波澜，教廷甚至还批准了该书在伊比利亚半岛印刷。《天体运行论》第一次印刷了四五百本，对于一本科学著作来说，这一数字令人刮目相看。第二次印刷是在纽伦堡进行的，印数跟第一次一样，第三次印刷是在巴塞尔。这本书甚至进入图书馆，到了天文学教授手中，还到了几位国王、一位选帝侯和一位伯爵手中。更严重的问题来自伽利略·伽利雷（Galileo Galilei），这位意大利科学家因为支持哥白尼的天文学说在1633年被罗马异端裁判所判刑。伽利略的思想在路德发起的宗教改革余波中以及“三十年战争”期间被广泛传播，这对他来说非常不幸。这一时期，处于战争和挫败中的罗马教廷对伽利略思想的传播气急败坏。最初新教徒对“日心说”也较为冷淡，但是他们的态度不久后就发生了转变。约翰·弥尔顿所信奉的新教教义不仅延伸到反对罗马教廷，更进一步反对制度化教会和礼拜仪式的存在。弥尔顿曾拜访过被软禁的伽利略。此外，伽利略的著作在信奉新教的尼德兰（Netherlands）得以印刷，因为那里对出版的限制更为宽松。新教教义将《圣经》而不是制度化的教会奉为最高权威，就对《圣经》经文的理解来说，在新教徒各种嘈杂的声音中蕴含着他们不同的观点。从总体上看，辩论和异议大为增加，这也为独立思考造就了更广阔的空间。

当英国皇家学会（全称“伦敦促进自然知识皇家协会”）于1660年成立时，一位演讲者在成立仪式中说，就像新教徒净化了《圣经》一样（除了研究初始的希伯来语和希腊语文本，路德还将各种外传从天主教正典中清除出去[1]），哥白尼和伽利略净化了科学。两大研究领域的图书屡屡被人提及：一种是与《圣经》相关的著作，另一种是与自然相关的图书，正是实证的方法指引各项研究在这两个领域取得丰硕成果。艾萨克·牛顿（Isaac Newton）的个人图书馆尤其清晰地体现了这种关系：在他的两千册藏书中神学和科学书籍占了绝大多数。

哥白尼书籍的印刷数量无法与路德的小册子以及其他受欢迎的文艺复兴作家的作品相媲美，不过这也在意料之中。宗教改革在欧洲激发了广泛的兴趣，吸引大量民众参与其中，而被印刷术所激励的其他领域却有着不同目标。学术科研团体在整个欧洲开始崭露头角，他们可以轻松阅读彼此的著作，这是纸本印刷送给学术辩论和科学发现的最重要的礼物。印刷术带来了一场交流革命。随着罗马统领欧洲基督教的局面日渐瓦解，欧洲的思想家和发明家正发现一个新欧洲智力团体，而他们隶属于该团体。在欧洲科学界，一直到20世纪初期，科学家仍然将印刷在纸上的一些书籍的出版视作欧洲科学史上最重要的日子，因为这些出版物很快就被全欧洲的学者和科学家阅读。历史学家阿德里安·约翰斯（Adrian Johns）将哥白尼的《天体运行论》（1543年）和伽利略的《关于托勒密和哥白尼两大世界体系的对话》（*Dialogue on the Two Principal Systems of the World*，1632）列在这些书籍的前两位。他只进一步列出四部作品——作者分别是牛顿、拉瓦锡、达尔文和爱因斯坦。[2] 当时主要的科学突破都是在纸上宣布的。

赢得更多专业学科（例如科学）的青睐，是文艺复兴时期欧洲持续繁荣的纸文化的一部分，但市场小众的专业学科无法凭一己之力打造出纸时代；相反，关键性的基础工作是在15世纪由遍布欧洲的印刷商网络完成的；到1500年，全欧洲诸多国家的两百多个城市都出现了印刷作坊，它们开动机器共印刷出两千多万本书籍。大部分印刷作坊后来都经营不善，致使印刷业逐渐向一些重要城市的市中心集中，但是印刷业最初的蓬勃发展至少表明印刷时代的图书出版商具有空前雄心，换句话说，他们相信图书市场会以风驰电掣般的速度发展。[3]

这些印刷厂的出现也反映了文艺复兴运动对图书的青睐。文艺复兴初期生产的图书通常是精美绝伦的艺术品，因此文艺复兴期间的作家和出版商甚至在采纳活字印刷术以后依然最大限度地挖掘图书和纸的视觉潜力。外观能够使人联想起内容，高雅、和谐、学识、进步和对典籍甚至是经典版式的喜爱，都可以通过图书本身的外观和质感体现出来。15世纪，威尼斯成为出版业的动力室，这里印刷的书籍比主要竞争对手——巴黎要多四分之一。当时，威尼斯版的图书超过一半采取了更大的对开本版式。威尼斯图书尝试用最精美的纸做原料，采用最炫目的设计，创新性地使用插图和索引，然而，这么令人赏心悦目的图书却比其他地方的对手印刷的书还便宜。威尼斯非常适合发展图书业，因为印刷业的运转需要相当可观的启动经费（还有相伴而生的风险）。对于将图书出口到整个欧洲来说，它还具有得天独厚的地理优势。

同时，北方的文艺复兴运动刺激了法国的纸张生产。阿维尼翁（Avignon）是北方最早的造纸中心之一，这儿也从1309年到1378年成为教廷所在地。（意大利和法国的枢机主教产生分裂，他们在选举教皇的枢机会议中对峙，1305年法国的克雷芒五世［Clement V］以微弱优势当选为教皇，他选择于1309年将教廷从罗马迁往法国的阿维尼翁，鉴于他能够在选举中胜出完全是依靠法国枢机主教的支持，这可能也是明智之举。）阿维尼翁的历任人文主义教皇对学术的兴趣要大于虔诚的信仰，他们给法国带去了彼特拉克和薄伽丘的作品，这二位都是文艺复兴运动的先驱。到了15世纪末期，巴黎和里昂（Lyons）成为法国乃至整个欧洲的印刷中心，它们印刷的出版物数量超过除威尼斯以外的任何欧洲城市。

如果说文艺复兴运动刺激了图书生产，使得人们更容易获取知识和思想，那么可以说是欧洲的宗教改革者首先将印刷术作为能将书籍传递给每一位读者的手段，甚至包括文盲都受惠于此：他们可以通过图画直接接触这些书籍，还可以通过听他人阅读或引用图书的内容等间接方式接触。鉴于文艺复兴运动聚焦于装帧精美、价格昂贵的经典文献的研究，这将图书限制在相对较小的精英圈子中流通。欧洲人普遍信仰宗教，和印刷结盟后宗教开始充分发挥潜力，培养出一个庞大的读者群。此外，一旦宗教改革根基牢固，印刷的成本开始下降，新的发行网络被构建出来，阅读会进一步从社会地位高的阶层向低阶层扩展；从经济层面上讲，这也使其他学科从印刷术中获益更具可行性。

我们即将看到，纸能够俘获之前与它关系密切的其他学科，并为这些学科培养了遍布大半个欧洲的作者和读者群体。在这种小众市场中的学者通常并不志在像路德那样写书供普罗大众阅读，但是他们的目标读者群也非常重要。新的阅读网络和市场出现，它们面向以下人群：作曲家和音乐家、剧作家和艺术家、科学家和工程师、散文家和诗人。结果，以交流思想为主题的潮流兴起，在这种潮流中，取得重大突破的事件会非常频繁地在人们之间分享。

在早期文艺复兴运动中，诸多艺术形式与纸之间的联系看起来并不直接，至少给人的第一印象是这样。在早期文艺复兴艺术中，占主导地位的是连环画，这其中又以祭坛装饰画为主。即使是装潢私人住宅，画作通常也是刻画在嵌板上的。而且，祭坛装饰画以外的作品，也不是画在纸上的，主要的艺术形式是湿壁画和镶板绘画。文艺复兴绘画的革新包括使用油画颜料、采纳“异教徒”题材和对光线的新理解。与这些发展相比，以纸为材质在文艺复兴绘画中看起来并不显眼。其实，纸的重要性体现在画草图的构思阶段，因为人们通常用纸和羊皮纸打草稿。

切尼诺·琴尼尼（Cennino Cennini）在不晚于15世纪初期（甚至更早）写道，画图是艺术的根基，他建议画家在纸、羊皮纸和木板上画草图作为每天训练的基本功。他的著作《艺匠手册》（*Craftsman's Handbook*）是关于艺术创作技巧和建议的精髓。这种在构思阶段打草稿的做法对于形象艺术来说尤为重要。此外，打草稿的想法并不是全新的；早在14世纪40年代，彼特拉克就将画草图描述为雕塑和绘画的常见源头。对于画草图来说，很难评估纸是否比羊皮纸和木板运用得更广泛，虽然纸因价格便宜在14世纪的意大利很容易得到，从节约金钱的角度来看，它是首选，但是艺术家通常认为草图没有保存价值，因此无从判断。不过，也有一些文艺复兴运动名士认为画在纸上的草图具有很高的价值，不仅是我们今天所熟知的艺术家（尤其是列奥纳多·达·芬奇），甚至还包括16世纪艺术史之父乔治奥·瓦萨里（Giorgio Vasari），他是这种草图的最早收集者之一。

相比画家，或许纸对建筑师来说有更重要的用处，至少在文艺复兴初期是这样的。随着印刷成本和纸成本的降低，他们越来越能买得起带有最新设计图的建筑手册。一些建筑师将他们的设计画在我们今天所称的硬纸板（意大利语为cartone）上；漫画（cartoon）这个词就源自使用这种厚重的纸为创作壁画、油画、织锦和彩色玻璃窗画草图。这些技术制图，并不仅是艺术家的作品，而且还是具有艺术秉性的工程师的作品，它们不仅对于建筑的发展，而且对于文艺复兴向更广阔的领域拓展都是至关重要的。这一点在菲利波·布鲁内列斯基（Filippo Brunelleschi）的作品中表现得淋漓尽致，无人能出其右。布鲁内列斯基最初是佛罗伦萨的雕塑家，但是他很快就改行成为建筑师。瓦萨里在《艺苑名人传》中写道，布鲁内列斯基总是孜孜不倦地将他看到的建筑画在纸上，他不仅勾勒它们的轮廓，而且还描绘它们的细节部分；他通过在纸上的模仿不断完成学习和实验的过程，由此提高了技艺。在建筑师中，布鲁内列斯基在画草图时开创了运用直线透视法的先河，据此在二维的纸面上可以令人信服地呈现三维物体。这种实践背后的理念，似乎应该是11世纪一位巴格达数学家的智慧结晶。[4]数百年来一直有人使用这种方法，但是布鲁内列斯基用镜子进行实验发展出一套更加精准的方法，能够使在视平线上交汇的线条看起来消失在远方。在此基础上，他做到了在一个二维的表面上栩栩如生地描绘物体的纵深。布鲁内列斯基的这一突破很快就风靡整个佛罗伦萨，确实，连同他在纸面上展示技术流程的能力，透视画法在接下来的数百年中广泛运用于建筑和工程领域。

如果说纸是建筑师投入实验熔炉的燃料，那么印刷术则使得他们更容易接触到外国设计，并引领他们凭借自己的才能进入整个欧洲范围的广阔市场。瓦萨里1550年出版了《艺苑名人传》，书中包括文艺复兴运动中几位重要建筑师的简略传记，毫无疑问，这有助于提升他们的地位。印刷术使他们声名远播，甚至遥远的异国他乡都有人知道他们。因为国外的建筑师和文人能够买得起他们写的书了。跟路德不同，他们的目标读者不是广大民众，而是数量少得多的潜在资助者和有权势者。在文艺复兴时期的建筑师中，没有人像安德烈亚·帕拉第奥（Andrea Palladio）那样通过纸和印刷术声名远播，并享有巨大的影响力。

他本名是“磨坊主彼得罗的儿子安德烈亚”，人文主义诗人吉安·乔治·特里西诺（Gian Giorgio Trissino）给他取名帕拉第奥，以反映其古典建筑风格，因为他崇拜古罗马建筑大师维特鲁威（Vitruvius），并将古典风格作为他设计生涯的起点。帕拉第奥的设计草稿现存大概有三百张，覆盖了他漫长的职业生涯。帕拉第奥所绘制的草稿图所用纸虽然大小不一，但它们都是由长约 0.5 米、宽约 0.4 米大小的纸裁剪而成，他有时将这种纸裁成两份，有时裁成四份。他先在纸上用铁笔刻出构造线，然后再用墨水笔（通常是用鹅毛制作）描画上颜色。木头尺子和黄铜罗盘是他日常不离手的文具，这样才能确保线条笔直、方位准确。据他主要的继任者温琴佐·斯卡莫齐（Vincenzo Scamozzi）记载，帕拉第奥最初的草稿图是用黑色粉笔或铅笔画的。如果他在纸的正面画了古建筑的设计图，他可能会在背面写下一些与该设计相关的想法。

纸不仅帮助帕拉第奥规划建筑，还让他的声望和影响力超出欧洲，到达大西洋彼岸。他的代表作《建筑四书》（*I Quattro Libri dell'Architettura*）于 1570 年在威尼斯出版。帕拉第奥没有墨守成规，他在《第二书》中描绘了自己的作品。这本建筑专著体现了诸多创新之处，并配有帕拉第奥所绘的木版插图，但它并不是为了吸引庞大的读者群，而且也没有这个必要。《建筑四书》的目标读者是精英人士，尤其是依靠富裕资助人豢养的文艺复兴艺术家。有一些证据显示，意大利版《建筑四书》在整个欧洲范围内广为传播，英国建筑师伊尼戈·琼斯（Inigo Jones）在 1614 年赴威尼托（Veneto）前就拥有一本 1601 年版的《建筑四书》。但是，建筑草图本身并没有使帕拉第奥在国外声名鹊起。相反，几十年后，对他的著作进行的翻译塑造了他在国外的影响力。

1645年，巴黎出版了删减版的《建筑四书》，它翻译自意大利语版本，接着在1650年出版了全本。1663年英文版《第一书》面世，英文全本最终出版于1715—1720年。后来，各种各样的版本层出不穷，但是没有一本内容完全准确，很多还更改了原书的插图，直到1737年的定本成为英语权威版本。1734年，《伦敦的帕拉第奥》（*Palladio Londinensis*）出现在英国市场，很快就成为公认的建筑师手册。《建筑四书》还跨越大西洋到了北美，托马斯·杰弗逊就是读者之一，他在1816年写给朋友的信中说："帕拉第奥的大作是我的《圣经》。"

装帧精美的《建筑四书》在美洲并没有像以图片形式展示帕拉第奥设计的诸多图文书那样引起轰动。图文书用更低价的版式向读者展现了设计图样，这些书的畅销要归功于雕版印刷而不是铅字印刷，在铅字印刷革新为活字印刷的地方，雕版印刷术因工匠技艺水平（尤其是在木版上雕刻图案的技法）提高而获益。

展示帕拉第奥设计和草稿的图文书在伦敦出版后，帕拉第奥在美洲绅士、建筑师和工匠中广受欢迎。同时1734年版的《伦敦的帕拉第奥》成为英国各殖民地建筑业中最受欢迎的图书。（事实上，该书并没有忠实继承帕拉第奥的传统，但是在当时，比起精确展示他的思想和设计图，很多出版商对借这位著名威尼斯人之名搞营销更感兴趣。）伊尼戈·琼斯和理查德·博伊尔（Richard Boyle）、伯林顿勋爵（Lord Burlington，被称为"艺术界阿波罗"的富有英国勋爵）将帕拉第奥的设计图纸购买到英国，也由此培养了一批威尼斯的信徒，他们中就有克里斯托弗·雷恩（Christopher Wren）和尼古拉斯·霍克斯莫尔（Nicholas Hawksmoor）。

但是，帕拉第奥在美国的影响力持续的时间更长也更深远。托马斯·杰弗逊草拟了自己在弗吉尼亚种植园中古典风格的别墅"蒙蒂塞洛”的设计图，他对帕拉第奥著作的透彻研读奠定了他这一设计的基础。（“蒙蒂塞洛”在意大利语中是“小山”的意思，这可能是他在向这位意大利人致敬。）18—19 世纪，美国境内有不计其数的种植园宅邸和诸多大学建筑都是按帕拉第奥的设计建造的。帕拉第奥的影响力通过爱尔兰裔帕拉第奥风格建筑师詹姆斯·霍本（James Hoban）进一步扩展，霍本提交的方案在华盛顿特区一幢政府建筑的设计大赛中脱颖而出，他也由此成为白宫的建筑师。

帕拉第奥将纸用作艺术形式的起点，这是文艺复兴建筑师的典型做法。借助纸，他们可以检验自己的想法，可以在不垒起一块石头的情况下设计新的转移重量的方式或调整采光的办法。这主要应该归功于布鲁内列斯基对透视画法的发展。纸给建筑师提供了手段，供他们不受任何束缚地频繁地在纸上练兵，毕竟通过真实的建筑过程提升技术的机会要少很多。此外，建筑学著作越来越容易买到，建筑师的声名也借此远播，这为文艺复兴建筑师的职业发展提供了全新的可能。古建筑当然是见证历史的遗产，但没有纸，这些建筑当年也不会拔地而起。

文艺复兴时期的建筑师得到幸运之神垂青，因为他们可以通过研究屹立多年的古典建筑和相关专著来提升自己。在寻求复兴美轮美奂的古典建筑时，他们发现其中很多确实都可以修复。但是对于作曲家和音乐家来说，他们无法精确知晓古典先贤的作品原貌。许多音乐家渴望重现他们听说过并酷爱的古典音乐，但是还原这些音乐已经不可能，因为流传下来的痕迹太少，已经无法获知它们的曲调，也无法推断出它们是如何被演奏的。

在中世纪的欧洲，音乐家没有详细的乐谱，直到 11 世纪开始发展出了线谱，我们熟悉的五线谱 13 世纪时出现在意大利。除了吟游乐师以外，数百年来，中世纪欧洲音乐以宗教音乐为主，大都在主教座堂和礼拜堂中演奏。印刷乐谱的传播在整个欧洲范围内将作曲家和唱诗班指挥联系起来，从而可以在不必出门旅行或者花大价钱购买手稿的前提下，阅读和演奏彼此的作品。印刷乐谱始于15世纪下半叶，但是从16世纪开始，才开始大量印刷并产生重要影响。不过，与印刷文字不同，印刷乐谱面临现实挑战。

最主要的问题是如何将音符印在谱线上。起初，印刷商只是在纸上印出谱线，然后再以手写的方式在谱线上添加音符。印刷于1457年的《美因茨诗篇》（*The Mainz Psalter*）就是这样操作的。这样做比完全手抄当然节省了一些时间，但是将最艰巨的任务留给了抄写员。不过，在谱线上添加音符要求极高的准确性，何况教会乐谱的标准形式是红色谱线配黑色音符，这使得添加音符的工作更加复杂。为了克服这一挑战，印刷工人先印上谱线，然后再印音符，这种两步法始于15世纪70年代的罗马。威尼斯印刷商奥塔维亚诺·彼得鲁奇（Ottaviano Petrucci）在此基础上又加了一个步骤，这第三步是印上相关文字和其他细节（比如页码），他在1501年、1502年和1504年出版的歌曲选集是这种印刷方法的得意之作。

虽然彼得鲁奇的印刷技艺相对娴熟，而且是第一个使用活字印刷术印制复调音乐，但他这种印刷方法成本比较高，因此被谷登堡在印刷字母文字方面所取得的明显技术优势所掩盖。后来出现的技术突破是将乐谱的谱线跟音符浇铸在一起，将每一个带谱线的音符做成一个活字，通过这种方式，印刷完整的乐谱就能够做到毕其功于一役，而不必先后多次印刷了。虽然意大利和法国是16世纪欧洲的音乐作品出版中心，这项技术突破应该是大律师约翰·拉斯泰尔（John Rastell）在伦敦首先取得的。到了1528年，巴黎的印刷商皮埃尔·阿坦尼昂（Pierre Attaingnant）使用了相同的方法，他是第一个使用这种方法大量印制乐谱的人。威尼斯印刷商亦步亦趋地加以效仿，最终巴黎和威尼斯而不是伦敦成为乐谱的印刷中心，因为16世纪的欧洲发展出一个独特的音乐地理学，乐谱印刷业初始阶段集中在神圣罗马帝国各邦国、意大利北部多个城市以及西边的巴黎和里昂。随着历史在16世纪向前演进，威尼斯逐渐一家独大，主导了欧洲的乐谱印刷业，这当然是建立在威尼斯长期存在的文艺复兴运动营造的爱书氛围基础上的。

早至1468年，罗马教廷枢机主教比萨林（Bessarion）称威尼斯为“第二个拜占庭”，他认为这要归功于该城的文献研究潮流，他也是早期文艺复兴运动的著名学者。同一年，他将自己收藏的大约七百五十本拉丁语和希腊语手抄本以及大约二百五十份手稿都捐给了威尼斯的圣马可图书馆。比萨林的捐赠也表明威尼斯学者对于文献的需求不断扩大。在图书领域，供应和需求都在不断增长，这意味着许多读者都有闲暇更加专注地追求自己的兴趣。威尼斯的印刷商敏锐地注意到了这种专业化趋势，并开始模仿。

威尼斯的斯科托出版社在16世纪下半叶大放异彩，它的出版物涉猎领域广泛，但拳头产品是音乐书籍，因为这一市场也已得到拓展。威尼斯的音乐书籍出版数量持续增长对作曲家来说是好事，因为这有助于扩大他们的资助人圈子。确实，资助人可能只是为他们提供出版音乐作品的费用，然而这种举动增加了作曲家的潜在资助者，将那些可能请不起音乐家进家表演的阶层囊括在内。作曲家也可以为自己的音乐书籍做宣传并销售。威尼斯的全球贸易网络令这一切变得可行，有些音乐书籍被卖往国外，至少在其中一宗交易中远销至哥伦比亚。

随着音符排版技术在频繁的实践中不断改进，音乐书籍在市场上随处可见，音乐也不断走向标准化，乐谱的质量也在提高。[5]这有助于演奏者忠实于作曲家的原作，他们自由发挥的余地大大减少（虽然这种趋势由音乐界内其他运动合力促成)。纸印刷对音乐最大的贡献在于促进其传播，人们可以很容易接触到来自外界的迥异的音乐传统，这促成了关系亲密的欧洲作曲家和音乐家团体崛起。随着他们在整个欧洲大陆范围内互相提供养分、汲取灵感，音乐流行的区域更加广袤，同行间竞争更加激烈，作曲家也因此获益良多。

文艺复兴时期音乐艺术的发展也显示出纸印刷在有限的专业领域中所享有的影响力。音乐读物出版与印刷的宗教小册子相比，材料成本并不是那么要紧。使用单次印刷技术印制的乐谱，对印刷商来说，如果要改掉印刷中出现的错误，成本要比重新换一张新纸高得多（因为印刷乐谱所需的活字字形复杂多样)。从 15 世纪开始，出版商开始使用修正液，而乐谱是最早的使用对象。[6]

16—17 世纪，欧洲音乐艺术陡然间繁盛起来，这是纸印刷在其所涉及的领域中取得的最引人注目的成就之一。文艺复兴和宗教改革都是由研究各种古典文献（古希伯来、古希腊和古罗马）派生出的自觉运动。16—17 世纪，作曲家也在回望古典时期，追溯当时的音乐源泉和音乐哲学，但是他们没有古代的乐谱，无法在现实中演奏古典音乐。不管怎样，文艺复兴期间的音乐艺术的发展受到宗教力量的强烈驱动。宗教分裂确实是欧洲音乐在印刷时代创造出伟大奇迹的原因之一。

当时音乐也是宣传神学主张和在竞争中展示神学观点的手段。路德会弹奏琉特琴，吹奏长笛，而且用德语写了许多圣歌供会众演唱，并向他们提供歌集。这标志着他背离了弥撒的拉丁传统，因为该传统中最重要的因素是使用拉丁语和对于团体的强调。路德将音乐用于神学愿景：所有信众在精神上都是平等的。他被文艺复兴时期著名的作曲家若斯坎·德·普雷（Josquin des Pres）的音乐所征服。他相信音乐那非同寻常的力量能够打动听众的内心：

除了神学以外，没有任何一种艺术形式的地位能与音乐并驾齐驱，因为只有音乐能够起到像神学一样的作用，也就是，令人内心宁静，了然欢喜。[7]

当教皇下令召开会议讨论如何应对路德主义时，音乐成为一个特殊的焦点。为应对路德主义在包括音乐在内的诸领域的影响力，罗马教廷召开了特兰托公会议（1545—1563年）。以此为开始标志的罗马天主教的反宗教改革运动，是音乐艺术在欧洲历经16世纪下半叶进入17世纪走向繁盛的基础。最优秀的作曲家分列两大对立阵营。天主教的反宗教改革运动明确了大部分应该遵循的制度性基础，有关音乐政策的早期草案包括一些细致的规定和限制，但特兰托公会议于1562年出版的具体指导方针比草案的内容要少得多，只是提纲挈领地规定教会音乐要保持纯洁性，并提出曲调清晰、直白的要求。在指明发展方向后，特兰托公会议鼓励音乐创新，支持内容宏大、追求美感的创作。会议还规定，弥撒曲应该清晰有序，易于理解。主教奇里洛·佛朗哥（Cirillo Franco）于1549年在一封信中总结了这些问题：

简言之，我喜欢的情形是：当教堂中唱响弥撒曲时，它的音乐应该符合祷文的基本主题，与之协调一致，其节奏能将我们的真挚感情转向对宗教信仰的虔诚，在唱颂《诗篇》和赞美诗以及其他对上帝的溢美之词时也是一样……

在我们所处的这个时代，作曲家已经将所有的勤勉和努力投入到赋格曲的创作中，因此我们在教堂中听到的都是这种风格：当一个声音以“圣哉”起头开始唱诗时，另一方会和以“万有的天主”，接着是咆哮喧闹的哀号之声：“你的荣光充满天地。”它们更像1月的小猫，而不像是5月的鲜花。[8]

这些规则的出台不仅没有导致音乐发展停滞，相反还促进其进入繁荣时期。此外，特兰托公会议将音乐政策的解释权和执行权留给了地方教会。这种宽松的氛围促进音乐界革故鼎新，百家争鸣。在音乐新政下，天主教作曲家帕勒斯特里那（Palestrina）成为最耀眼的明星。

1525 年，乔瓦尼·皮耶路易吉（Giovanni Pierluigi）出生于离罗马不远的小镇帕勒斯特里那。自他去世后，人们就一直以他家乡的名字来称呼他。他最大的长处在于将复杂的乐曲清晰明快地表达出来，而这可以说是特兰托公会议所制定的规则（让平信徒听到明晰易解的音乐）所带来的最严峻挑战。帕勒斯特里那是文艺复兴时期的复调音乐大师，或许他最著名的《马尔切里教皇弥撒曲》（*Missa Papae Marcelli*，写给教皇玛赛的弥撒曲）最能体现他的才艺。在大部分的人生时光中，他一直生活拮据，他的私人信件反映了作曲家在缺乏富裕的金主时是如何勉强维持生计的。1588 年，他在信中向教皇西斯克特五世（Sixtus V）抱怨说，虽然他已经出版了很多作品，但是他还有好多作品因为资金短缺而无法出版。他还写道："出版音乐作品耗资巨大，尤其是在印刷中使用大号的字母和音符，而这无疑是教会音乐所需要的。"可见，在当时出版音乐作品要有大量金钱做后盾，而帕勒斯特里那就时常为此愁苦，尽管他在教廷中很受欢迎。他晚年与一个富有的寡妇喜结连理才得以摆脱窘迫的生活。终其一生，他出版了数百首曲子，而且在有生之年声名远播。

尽管出版音乐作品需要雄厚的财力，但还是有一些作曲家通过出版自己的作品推动音乐艺术向前发展。音乐家安东尼奥·德·卡贝松（Antonio de Cabezón）1566 年去世，他儿子于 1578 年出版了父亲的作品，印数达到一千二百本。而且，印刷商也在探索使用不同的方式进行印刷，例如定居法国的意大利人雅克·莫德尔纳

(Jacques Moderne) 于 16 世纪 60 年代去世，他是最早在法国使用一次成型印刷法的人之一。他在里昂建起一个音乐出版社，该出版社似乎最早出版供相对而坐的唱诗班员同时唱歌所用的二声部唱诗班歌本。鉴于印刷乐谱的成本相对较高，这种创新看起来令人惊讶。但是，如同非音乐书籍可以供多人反复阅读一样，乐谱的创作者也一直都希望他们的作品能够在不同场合多次阅读或使用。(确实，虽然乐谱最初的目标读者群是专业人士，但是音乐出版物在 16 世纪也开始进入家庭，出版的宗教和世俗歌曲达数千本。[9]) 流传至今的文艺复兴时期的音乐出版物非常罕见[10]，它们被频繁重复使用可能是造成这一局面的原因之一。

帕勒斯特里那是 16 世纪一位不寻常的音乐出版明星，他被数位教皇所钟爱，他的作品由教皇礼拜堂的抄写员约翰内斯·帕武斯 (Johannes Parvus) 抄写。教皇礼拜堂完全依赖手写稿件，一直到特兰托公会议时，都没有确凿证据表明教廷礼拜堂使用印刷品。教廷不寻常的青睐带给帕勒斯特里那超强的权力和影响力，同时也反映出权力影响下的图书生产的面貌，即图书出版不是被市场需求而是被来自上层的指导方针所驱动。帕武斯抄写了帕勒斯特里那的一些作品，这位作曲家既受到王公贵族也受到教皇的资助。帕勒斯特里那的大量作品证明了天主教反宗教改革运动是为音乐发展提供机会而非束缚其发展。

帕勒斯特里那在有生之年所取得的成功意味着他的作品在当时广为传播并流传后世，他的影响力在去世后依然存在并超过生前，这鼓励了更多富有创造力的音乐家向他学习，既有天主教音乐家也有新教音乐家，其中就包括伟大的巴洛克音乐作曲家约翰·塞巴斯蒂安·巴赫 (Johann Sebastian Bach)，他于帕勒斯特里那去世九十一年后的 1685 年出生在爱森纳赫。

巴赫虽然是马丁·路德神学理论的继承人，但他深受帕勒斯特里那所作《无名弥撒曲》的影响，他在创作《b小调弥撒曲》时反复研究和演奏这一曲子。作为莱比锡的圣托马斯教堂唱诗班领唱和教堂音乐学校的乐监，巴赫有一个馆藏丰富的音乐作品图书馆可以利用；音乐学校的图书馆藏有15—17世纪丰富的多声部复调音乐作品集。[11] 由此，尽管帕勒斯特里那生前一直为生计奔忙，但是他在音乐领域的继承人却能够轻松获取他的作品，甚至在他去世一个多世纪后依然如此。

与帕勒斯特里那不同，巴赫在世时主要是作为管风琴演奏家而享有盛誉。在巴赫1750年去世时以及那以后的几十年中，他的作品依然在更广泛的音乐界内籍籍无名。他在世时只出版了极少数作品，一个例外是《平均律钢琴曲集》，这部作品最初汇编于1722年，1742年修订时添加了前奏曲和赋格曲。根据现在的定义，这两次都不能算是出版；相反，它们是作为手稿四处流传，一直到这位作曲家去世五十一年后的1801年才得以出版。这恰恰是印刷文化成功的一个例证，因为在作曲家去世多年后，印刷术为其作品重见天日提供了机会，甚至使他在世界范围内享有持久的盛誉，而这正是他在世时所缺乏的。帕勒斯特里那的作品在19世纪浪漫主义潮流中复兴，而巴赫的世界声誉也发端于这个时期。

印刷的音乐作品为巴赫音乐生涯的开启和发展提供了养分，同时为世人在他去世五十年后重新发现他提供了途径。他的音乐视野和深度可能与纸和印刷没有太大关系。他所赢得的身后功名却要拜印刷时代所赐。因为只有在印刷时代，作曲家才能在去世数十年乃至数百年后突如其来暴得大名，他们的作品伫立在全球数以百万计的崇拜者家中的书柜中、琴谱架上。

公共信息运动是纸印刷时代一个关键性发展，以纸为基础的运动很快成为城市图景的一部分。确实，有时纸被视为解决公共危机的唯一手段；从16世纪70年代起，英格兰的瘟疫问题通过在公共空间印刷和分发预防及治疗指南指导市民得以平息，政府很快又印发了《死亡率公报》。在詹姆斯一世（James Ⅰ）登基当年（1603年）就出版了瘟疫防治指南，建议市民何时会面，有何注意事项，要避免什么以及服用哪些药物、接受何种治疗。（连烟草都被作为药物向公众推荐。）

当1603年的瘟疫疫情得到遏制后，纸又回到它喜庆的角色中去，更多向人们传播乐事而不是为消弭灾祸服务。伦敦1603年的瘟疫爆发于萨瑟克（Southwark），这里是伦敦著名剧院的大本营。作为控制瘟疫蔓延的措施之一，詹姆斯一世效仿之前的做法，于当年夏天关闭了剧院。然而，到了1604年，首都的生活平复如常，大街上有关瘟疫的警告消失了，取而代之的是一个又一个剧院的演出广告。

剧院从16世纪初开始就是伦敦人生活中不同寻常的别样景致。这个时代最伟大的剧作家威廉·莎士比亚自己就是伦敦一家剧院（很久以前就被称为“环球剧院”）的主要股东之一。莎士比亚的戏剧使得来自社会各阶层的角色出现在同一个舞台上，比如国王和主教、掘墓人和乡巴佬。剧院舞台也因此向观众展现了整个社会的缩影，而坐席上经历和背景迥异的观众总能与其中至少一个角色产生共鸣。站在剧院正厅后座区域的观众被认为“缺乏鉴赏品位”，他们的站票票款只需一便士。

莎士比亚浸泡于纸文化中并从中受益。纸通常在他的戏剧作品中多次登台（也多次退场）并显著影响着剧情发展，但是纸对于莎士比亚的戏剧作品来说，最重要的作用是拓宽了他的资料来源。在莎士比亚生活的时代，一种新的阅读装置出现了：阅读转轮。这是一种别出心裁的装置，其主体结构是一个硕大的转轮（可能 1.5 米高），转轮内部装有多个书架。一名意大利军队工程师 1588 年发明了这种装置，读者使用它可以同时在面前摊开好几本书，当读者转动转轮时，这些书籍甚至可以保持在固定的角度。

这是一项生逢其时的发明（基本停留在设计层面，几乎没有真正投入生产和使用），因为文艺复兴时有文化的读者喜欢在阅读时将几篇文章同时在眼前摊开并相互对照。对照阅读法是文艺复兴时期最基本的学习方法之一。没有特殊的原因能够推断莎士比亚曾经使用过阅读转轮，但他确实身处阅读转轮所为之效力的阅读文化中，这一文化喜爱多种层次的知识来源，哪怕是为了查阅一个神话，一件事或一个隐喻。（甚至在一台电脑屏幕同时打开多个窗口也不能复制这种体验：多篇文章同时在你眼前显现。阅读转轮的使用体验更像如今金融操盘手工作时面对多块显示器的感觉。）这种对于文化多样性的颂扬当然在低价图书快速增加的基础上才能实现。古希腊和古罗马的著作在文艺复兴运动中变得容易得到，它们成为晚期文艺复兴作家的关键性文献来源。

同时阅读多本书籍并从一口气涉猎多种资料中获益的文化，也为莎士比亚的作品输送了养分。他并非简单地凭空创作；他的一个特点是善于从前人的作品中剽窃故事然后加以改良，或者只是从中盗窃思想、信条和隐喻。这种贪婪的文学剽窃数量之大令人触目惊心。莎士比亚将包括图书和学术界在内的世界浓缩到舞台上。例如，他创作于 1599—1600 年的喜剧《皆大欢喜》的情节源自托马斯·洛奇（Thomas Lodge）1590 年所著的散文体传奇故事《罗莎琳德》（*Rosalynde*）。甚至连《皆大欢喜》这一剧名也取自洛奇开篇的一个短语：if you like it,so。然而，在这出戏中，他借鉴的资料是如此之多，以至于不可能逐字逐句地追溯其确定无疑的源头。杰奎斯在第二幕第七场中说的一段话，一直是莎士比亚最喜爱的隐喻。他是这样说的：

> 世界是一个大舞台，
> 所有的男男女女不过是演员而已；
> 他们都有下场的时候，也都有上场的时候。
> 一个人的一生中扮演着好几个角色，
> 他的表演可以分为七个时期。

这个隐喻当然不是莎士比亚的发明。这种描绘模仿了索尔兹伯里的约翰（John of Salisbury）写于1159年的著作《论政府原理》（*Policraticus*）。他在书中写道，人在世上的生活就像一出喜剧，每个人都扮演着其他人的角色，而数字7的选择表明莎士比亚熟悉《圣经》中这一数字的宗教寓意和中世纪人们对它的象征性用法。文艺复兴运动也有着强劲的影响，伊拉斯谟的《愚人颂》也提及，生活就像戏剧，每个演员都等待导演示意他走下舞台，而佩林纽斯初版于16世纪30年代的书籍《生命之黄道十二宫》（*Zodiacus Vitae*）更进一步称世界就是一个舞台。1570年，安特卫普初版的一本名为《寰宇概观》（*Theatrum Orbis Terrarum*）的世界地图集（通常被认定为世界上第一本现代地图集，当然也被视为当时的佳作），很有可能为莎士比亚的那几段台词提供灵感，因为书名的意思是“世界剧场”（字面意思为“地球剧场”）。这个书名体现了大航海时代人们的兴奋之情，而地图也是莎士比亚戏剧中的重要元素。追溯到古典时代，莎士比亚可能也熟悉奥维德（Ovid）的《变形记》（*Metamorphoses*，这是他经常模仿的一篇作品），这位古罗马诗人在这首长诗中将人生划分为四个阶段。到了16世纪末期，拜印刷术所赐，以上这些文献来源唾手可得。

此外，这些书籍唾手可得有助于莎士比亚将人间百态搬上舞台，同时也有助于莎士比亚将舞台送进千家万户。1623 年出版的“第一对开本”(the first folio) 是第一部莎士比亚戏剧全集，但早在 16 世纪 90 年代就出版了第一本莎士比亚戏剧选集。“第一对开本”的印数与莎士比亚戏剧所拥有的观众数量相比微不足道（此书印刷不超过 1500 本，而环球剧院一场演出就能够容纳 3000 名观众)，但是按当时的标准来看，印数达到 1500 本并非无足轻重。第一版四开本的《哈姆雷特》出版于 1603 年，仅仅一年后，就出了第二版。第一版共有 2221 行文字，而第二版则增加到 4056 行，这使得文章页码大量增加，也超出了戏剧演出一般的两个半小时的时长，搬上舞台后票价也更贵。但这并不要紧，因为这种版本的销售目标并非演员及其资助人，甚至也不是剧场中的观众，而是读者。[12] 莎士比亚这个名字，对当时的剧作家来说是非同寻常的，是剧本畅销的保证，出版商很快就意识到了这一点。

普遍来说，文艺复兴时期的戏剧在出版方面并不成功，很多作品在剧作家去世后才得以出版。莎士比亚那对浪漫爱情充满个人浓烈表达的十四行诗，也表明印刷鼓励私人写作向公众开放。莎士比亚的朋友弗朗西斯·米尔斯（Francis Meres）表扬了他写的“感情洋溢的十四行诗”，但同时，他提到它们只是在“私人朋友”间流传(而不是面向大众)。但到了 1609 年，出版商托马斯·索普（Thomas Thorpe）就公开出版了《莎士比亚十四行诗》，或许没有经过莎士比亚授权。

这种聚焦个性的特色在散文领域会赢得更大的出版动力。人们通常喜好背诵和表演精练的诗歌，散文创作在图书市场中造成了一个问题，即普通读者买不起用羊皮纸做的（篇幅很长）书，尤其是在他或她只打算看一次的情况下。但是在16世纪的欧洲，纸本书籍逐渐发展出标准化的版式（以及由此带来的相对较低的价格），这使为一次性阅读而进行的购买行为逐渐变得具有可操作性。在人们通常青睐表演或至少是大声朗读诗歌的欧洲，纸本书籍鼓励了个人阅读和默读。大量印刷散文的时代随之而来。

小说具有一种特殊的能力，它能够迅速赢得广大读者的芳心，这一点在有第一本现代小说之称的《拉曼却的机敏堂吉诃德传》（*The Ingenious Gentleman Don Quixote de la Mancha*，简称《堂吉诃德》）中体现得淋漓尽致。弄清楚小说的性质是一项危险的任务，多半是因为它以多种形式呈现，与很多不同的文学形式又有类似之处，但是到头来看上去与你可能赋予它的任何定义都不相符。亨利·詹姆斯（Henry James）称小说为“不受拘束的膨胀怪物”，这种特征可能事实上是关于小说的最准确的定义，研究塞万提斯的学者安东尼·J. 卡斯卡尔迪（Anthony J.Cascardi）认为，小说“兼具能够吸收似乎无限的要素以及呈现不可预测、变化无穷形式的能力”[13]。正是因为这个原因，卡斯卡尔迪认为可以将《堂吉诃德》称为第一部小说。这是一部塞万提斯于1605年书写的结构松散的传奇式流浪冒险小说，讲述了自命为英雄的堂吉诃德和他的忠实仆从桑乔·潘萨的故事。这部小说分成独立的两卷间隔十年出版（分别出版于1605年和1615年），很快就跨越国界赢得大批读者。到1620年，《堂吉诃德》的各种译本在西欧和美洲的一部分市场上出现。

对《堂吉诃德》来说可能最准确的定位是原始小说，因为它“展示了当浪漫理念与现实世界冲突时，小说是如何产生的”[14]。这点明了小说异军突起的时机，它与现代科学的崛起以及对正统权威不断增长的怀疑同步出现。小说以世俗题材为主，并且与印刷时代中产阶级崛起这一新的社会经济现象紧密相连。

出版小说要比出版小册子或报纸成本高得多，因此会面临很大的财务风险。这种风险只有在愿意出钱购买小说的读者群足够庞大时才能得以规避，这就意味着首先需要大量有余钱买小说的非专业读者，即中产阶级。但是小说要想普及还需要更多条件。它需要一种可以共享的语言，既包括能够读写同一种语言，还包括一系列共享的文化经验和默契，以便使得数以千计从未谋面的人能够理解同一部小说。正是由于对成千上万人之间共享语言、读写能力和文化认同的需要，小说通常被描述为与民族（大量各不相同的人组合成的一个群体，他们在某种程度上共享民族经验）联系最紧密的文学形式。法国和英国经历了小说的早期繁荣。

小说读者群的广泛性标志着纸的受众在历史上进入了一个重要时刻。不仅因为小说同中产阶级或民族意识相联系，更重要的原因在于它比之前任何一种严肃的文学形式都更果断地跨越了性别鸿沟。文艺复兴运动为女性识字提供了理由，宗教改革走得更远，马丁·路德曾经表达过他渴望女性能够阅读本民族语言的《圣经》。为实现这一目标，他写道，除了男校以外，还应该建立女校。小说为女性作者独立于男性写作提供了一种重要途径，而且还培养了由形形色色的人组成的读者群。

在法国，女性作者的出现受惠于以下因素：印刷术的发展（使图书进入中产阶级家庭），宗教改革（鼓励了个人阅读《圣经》），尤其是在西南部，在意大利的辐射下文艺复兴运动中倡导的人文主义理念不仅影响了男人也影响了女人（特别是在国王弗朗索瓦一世［Francis Ⅰ］统治时期［1515—1547年］）。弗朗索瓦一世的姐姐玛格丽特·德·纳瓦尔（Marguerite de Navarre）非常博学，她所拥有的王室关系和对新教的支持让她的写作领域异常广博。她同自己所钦佩的伊拉斯谟通信，并写下了《七日谈》（*Heptaméron*），这是一本由七十二个故事组成的文集，其中包含一个讲述孽缘的故事《阿马杜尔和佛洛里德》（*Amadour et Floride*），它被称为微型小说。[15]17 世纪，玛丽·德·古尔奈（Marie de Gournay）出版了主张所有人都有权接受教育的《男女平等》（*The Equality of Men and Women*，1622）一书以及《女士的委屈》（*The Ladies' Grievance*，1626），女性作者受到更大的鼓励。

意大利人创设的文化沙龙，在 17—18 世纪的法国作为图书和思想讨论中心达到鼎盛。这种供特定阶层专享的聚会方式尤其欢迎女性，因为人们认为女性比男性更善于交谈，在社交方面比男性更加游刃有余。同时，17 世纪法国文学的焦点是戏剧，在这种具有经典形式的严谨艺术中，大部分剧作家是男性，而女性越来越多地转向通过写作讲故事，这为更多个性化风格的出现和更多题材的引入开辟了一条新路。小说水到渠成地成了女性讲故事时首选的文学形式，它尤其明显地预示着女性在印刷时代的角色变化，而这种变化还是女性所致力于追求的。

《克莱芙王妃》（*La Princesse de Clèves*）一书匿名出版于 1678 年，它的作者被认为是拉法耶特夫人（Madame de Lafayette），她于 1634 年出生在巴黎一个小贵族家庭。《克莱芙王妃》被认为是第一部现代法语小说，这部心理小说讲述了 17 世纪法国一个大胆到令人难以置信的故事，除了主角外的每一个人物都以王室成员为原型，它出版后激起了广泛的争议。讨论集中在主角夏德小姐身上，她嫁给了克莱芙亲王，但是后来爱上了另一个男人。（在接下来的两个世纪中最著名的英语和法语小说中，书名中的女性名字采用什么形式反映了主人公的社会独立程度；与《包法利夫人》一样，拉法耶特夫人所著的小说也是用女主角的夫姓做书名，这与《爱玛》不同。）她努力避免对婚姻不忠，但是向她丈夫坦承了自己的内心感受。她丈夫因过于悲伤郁郁而终，去世前请求她不要追随自己的真爱而去，她因此决定拒绝心爱之人的公开求爱，选择生活在女修道院中，最终在那儿年纪轻轻便香消玉殒。她确信自己的心爱之人终有一天会厌倦并抛弃她去追求别的女人。这部小说让读者感到惊奇的一点是，主角的行为并不符合既有的社会规范，这一点来自一位女性可能更加具有冲击力。拉法耶特夫人向世人呈现了与法国上流社会所展示的理想人物迥异的文学女主角形象。

《克莱芙王妃》描写了一个大部分读者从来没有见识过的高高在上的社交界，并由此证实了小说是一种基本不受限制的文学类型。这种用流行语言写作的小说也是第一种用“强烈的认真态度”对待普罗大众的欧洲文学样式。[16] 尤其是在英国，小说描绘了各行各业的人生百态。此外，小说不仅借鉴了其他文学形式中各式各样的角色，而且还借鉴了大量其他作品（虽然在 19 世纪中期，随着写实小说的出现，这种现象有所减少）。其中，小说与出现在完全不同社会背景下的一种文学形式紧密关联：福音书。《新约》福音书是一种文学上的混血儿，剽窃了为数众多的古代和古典文学形式用来叙事：历史书、启示文学、诗歌、抚慰人心的故事以及寓言等。此外，福音书将芸芸众生作为重要的人类主体来对待，这一点也同样独特，因为在古典视角中，这样做是很奇怪的。有观点认为，日常生活是值得珍视的这一理念源于福音书。[17]

小说更具有民主精神的元素也是它通常被有身份有教养的人士所轻视的原因之一。许多 18 世纪的评论家对于小说这种被他们视为平民主义和庸俗的文学形式印象并不深刻，他们认为小说只能让那些缺乏适当正统教育者所中意。换言之，他们认为它适合女性写作和阅读。这种最初的鄙视反而让女性作者和读者获益，她们腾出手来相对无拘束地创作小说。况且，小说重点关注人的内心世界，这点越发让人们认定它是“女人的写作”，因为内心的问题被广泛视为女人的问题。

紧随其后的是女性写作的数量空前剧增，尤其是在英国。既然正统教育对于创作供别人阅读的作品来说并不是必要的，那么这一点也将小说从老套的戏剧情节限制中解放出来。这些情节通常设定在王室、教会、战场或是一些古典场景中。现在主人公不仅可能进入客厅、餐厅、厨房或是集市，而且这些场所还会被设定为严肃文学的背景，甚至是核心背景。对于社会关系的特殊强调将小说带进日常世界，这个世界中居住着没有接受过正规历史、古典、神学或诗歌教育的人（通常是指女性和低社会经济阶层），当然还有那些接受过这些教育的人。

这无疑不仅对女性作者有意义，而且对女性读者也一样。早在17世纪，在英国城市中产阶层中女性读者不断增加，因为以她们为目标读者群的书籍越来越多。[18]而且这些书籍大小适中，易于携带，读者方便把它们带回家。事实上，小说可以被很好地隐藏起来。19世纪，美国新英格兰地区的工厂女工上班时就把小说藏在身上。[19]小说在女性中广受欢迎鼓励了阅读通俗化；确实，小说通常被视为女性文学形式这一事实为小说进入女性手中铺平了道路。

维多利亚时代，小说在英国变得广为流行，这部分要归功于简·奥斯汀（Jane Austen）的作品。19世纪初期小说在英国赢得了值得尊敬的声誉，紧接着出现了出版繁荣。1830—1900年，英国共出版了近3500名不同作者的40000—50000部小说。[20]这也是出版业的一个关键时期；图书出版不再是印刷业者和书商的工作，到了19世纪，出版已经成为独立从业者的专业工作。

在现代读者所接触到的所有印刷品中，小说可能算得上是最私人和最个性化的主流读物，它力图吸引特别广泛的读者群。小说不像报纸，它是一个你愿意保存并且会形成拥有意识的东西。它不会向你发号施令应该什么时候阅读它（不像报纸或工作文件或信件那样）。小说的创作经常以真实事件为蓝本，但是它的主要任务并不是谋求让你了解世界上所发生事情的进程、结果或者是你身边的人（像历史学或科学那样）；相反，它请求你将故事吸收内化，并自己去解读，不仅是角色，通常还有地点以及更多元素。小说凭借自身的创造力，用构思的故事满足读者的想象。

易于携带、价格适中、便于理解（至少原则上是这样）、独特、时髦、受中产阶级欢迎，小说是纸这一载体最适宜搭载的乘客。如果纸质书籍有一天走到尽头，我认为小说将最后一个消亡。

注　释

1．贯穿教会历史存在的各种外传的地位从来都无法与《圣经》的其他篇章相提并论。
2．Adrian Johns, *The Nature of the Book: Print and Knowledge in the Making* (Chicago: University of Chicago Press,2000), p.42.
3．Lucien Febvre and Henri-Jean Martin, *The Coming of the Book: The Impact of Printing, 1450-1800* (London Verso,2010), pp.167-215.
4．Hans Belting, *Florence and Baghdad: Renaissance Art and Arab Science* (Cambridge, Mass.: Harvard University Press,2011), esp.pp.90-99.
5．Gerald P. Tyson and Sylvia Stoler Wagenheim, *Print and Culture in the Renaissance: Essays on the Advent of Printing in Europe* (Newark, NJ: University of Delaware Press,1986), pp.222-245.
6．歌剧和管弦乐的兴起需要复杂的五线谱；18 世纪钢琴的发明也使得单次印刷乐谱变得不太实用。下一个关键的革新是镶嵌印刷，这项技术是18世纪50年代由位于维也纳的世界最古老音乐出版商布赖特科普夫发明的。该技术极其复杂，需要五百种不同的活字——单独的活字头用来印制每一个音符的符头、符干和谱线。

7. Martin Luther, *Luther's Works,* ed. J. J. Pelikan, H. C. Oswald and H. T. Lehmann, Vol.49(Philadelphia: Fortress Press,1972), pp.427-428.

8. Piero Weiss and Richard Taruskin, *Music in the Western World: A History in Documents* (New York: Collier-Macmillan,1984), pp.135-137.

9. Andrew Pettegree, *The Book in the Renaissance* (New Haven, Conn. and London: Yale University Press,2010), pp.172-173.

10. Iain Fenlon, 'Music, print and society', in *European Music 1520-1640*, ed. James Haar (Woodbridge: The Boydell Press,2006), p.287.

11. Christoph Wolff, *Bach: Essays on his Life and Music* (Cambridge, Mass.: Harvard University Press,1991), p.93.

12. Terri Bourus, *Shakespeare and the London Publishing Environment: The Publisher and Printers of Q1 and Q2 Hamlet,* AEB, Analytical & Enumerative Bibliography 12(Dekalb, Ill.: Bibliographical Society of Northern Illinois,2001), pp.206-222.

13. Anthony J. Cascardi, *The Cambridge Companion to Cervantes* (Cambridge: Cambridge University Press, 2002), p.59.

14. Terry Eagleton, *The English Novel: An Introduction* (Oxford: Black-well,2005), p.3.

15. Catherine M. Bauschatz, 'To choose ink and pen: French Renaissance women's writing', in *A History of Women's Writing in France*, ed. Sonya Stephens (Cambridge: Cambridge University Press,2000), p.47.

16. Terry Eagleton, *The English Novel*, op. cit., p.8.

17. Charles Taylor, *The Sources of the Self* (Cambridge, Mass.: Harvard University Press,2009), p.287.

18. S. Hull, *Chaste, Silent and Obedient: English Books for Women 1475-1640* (San Marino, Calif.: Huntingdon Library, 1982).

19. Belinda Elizabeth Jack, *The Woman Reader* (New Haven, Conn.: Yale University Press, 2012), p.265.

20. Peter L. Shillingsburg, *From Gutenberg to Google: Electronic Representations*

of Literary Texts (Cambridge: Cambridge University Press, 2006), p.128, citing Gordon N. Ray, *Bibliographical Resource for the Study of Nineteenth Century Fiction* (Los Angeles: Clark Library, 1964) and John Sutherland, 'Victorian novelists: who were they?' in *Victorian Writers, Publishers, Readers* (New York: St Martin's Press,1995).

第十六章

自由的媒介

让我凭着良知自由地认识，自由地发言，自由地讨论吧。因为这种自由高踞于一切自由之上。

——约翰·弥尔顿（John Milton），1644 年

意大利的城邦在 15 世纪改变了欧洲人使用书面语的方式。造纸术虽然从 13 世纪起就出现在这个半岛上，但是文艺复兴运动的开启才鼓励了意大利各城邦的统治家族大力推广欧洲的新技术。纸数百年来被用在政府公文、法律文书和其他管理性文件等领域。在此基础上，写作所具备的能量通过多种方式不断扩展，但是它最超乎寻常的影响是在政治领域。我们如今依然生活在官僚政治的世界中，而这一体制的先驱就是意大利的这些城邦。纸在助推集权政治的同时，还将其笼罩在广泛的监督之下。随着官僚机构的增加，政治领域的通信也随之增多，从这种新的政治函件文化中衍生出了新闻媒体。随着建立在纸基础上的政治对话越来越走向公开，从意大利兴起的这种新事

物在欧洲（后来在美国）发展成为一项运动。虽然这一运动在整个欧洲大陆的发生过程并不是整齐划一的，但是它存在一个取得彻底突破的时刻，而这个时刻恰好成为政治和有关政治的信息如何逐步让渡所有权的象征。纸，就像我们将要看到的那样，处于这场转变的中心。

在15世纪的意大利，这种新写作文化的早期驱动因素是文艺复兴运动催生出的求知欲。学者渴求从细节上研究经典文本，以理解并记住它们。科学家对自然界也持同样的态度。在这一时期，总有一千种个人喜好在学者中蓬勃发展。这是纸而不是印刷术的功劳。意大利文艺复兴时的学者有馆藏丰富的图书馆可以利用，他们开始非常认真地在纸上做笔记。

其中一些学者力图以善于做笔记的经典先贤为榜样，其中的佼佼者就是生活在1世纪的老普林尼，他给自己的外甥留下了多达一百六十卷的私人笔记。尽管做笔记在古希腊和古罗马时代是非常普遍的行为，但是没有任何证据留存于世（考虑到当时的写作材料，这一点不足为奇）。由于羊皮纸经久耐用，中世纪的作品比之前的时代保存得好很多，但保存到如今的羊皮纸笔记数量极少，以此推断中世纪人们所做的笔记应该非常少。然而15世纪经历了一场迅速的转变，此时人们对各种学科都产生了兴致高昂的求知欲，以列奥纳多·达·芬奇为例，他流传下来的笔记多达6500页。15世纪的意大利以及后来整个欧洲的读者和学者都随身携带小型笔记本，并用它随时记录学到或留意到的东西。16世纪，在英语中出现了新词语用来描述这种记录和理解新学问的新方式，即“备忘札记”（commonplacing）和“摘录”（excerpting）。[1]

如果说私人笔记是文艺复兴时期的一种学术嗜好，那么保持纸质政治记录对那些参与15世纪意大利政治生活的人来说是必不可少的。1448年，摩德纳（Modena）的主教贾科莫·安东尼奥·德拉托雷（Giacomo Antonio della Torre）将意大利各个城邦互派的使节所写的大量书面文件描述为“纸的汪洋大海”[2]。这是一种绝望的呼号，因为谷登堡的发明不久前已经问世，而德拉托雷所指的纸依然是手写的。这些文件出现于14世纪，此后逐渐增多，15世纪到达了一个新巅峰。

这种增长的一部分动力来源于新出现的政治集权，此外还有与更加复杂的政府需求相伴生的城市文化的崛起，但是对此同样意义重大的是意大利城邦之间重要的外交关系，这种关系是在1454年签订《洛迪和约》和1455年成立了意大利联盟后形成的，确保了北方城邦之间的和平。统治者开始向其他城邦派驻外交使节，后来发展到向国外派驻。早在1497年，斯福尔扎家族（米兰公国的统治家族）派驻英国的大使向国内写报告称，英国国王知晓如此多有关意大利的事务，“我甚至觉得自己身处罗马”。

这些驻外使节会定期收到国内统治者的来信，并且要将日常手写报告发送回国。此外，在意大利城邦，寄出的信件要登记，收到的信件要归档，而且新的任命会发布书面命令。一项研究发现，15世纪贡扎加家族档案室中3719盒档案中超过1600盒（这些盒子通常都装得满满的）都是外文文件。同样，意大利政治家、佛罗伦萨共和国的实际统治者洛伦佐·德·美第奇（Lorenzo de Medici，1449—1492年）流传下来的信件至少有十一卷，其中有一半跟外交政策相关。尽管这种新的文档文化提高了档案室、掌管它的大臣和归档程序的重要性（尤其是随着对管理质资的期望逐渐增加），但是却没能带来与当时大量存在的以纸为运作基础的官僚体系相称的高水准机制。好几个世纪后才发展出有序管理档案的制度。[3]

随着佛罗伦萨和威尼斯互派大使，15世纪50年代在《洛迪和约》签订后开始形成的制度在15世纪80年代得到强化。随着权力集中，统治者认定外交信函属于政府财产，开始要求抄写外交信件和其他文件，并复制所有外交档案。因此，这两个城邦和它们的外交官保留了大致相同的使节通信档案。确实有一些大使抱怨无法履行职责，因为写报告占用了他们太多时间。

这种对信息的需求导致“公报”（*avviso*）的兴起，威尼斯于16世纪发行自己的“公报”用来向上层读者通报（也可能会造成误导）有关政治、军事和经济领域的动态。罗马很快就效仿了这一举动，威尼斯和罗马开始向外地定期发布新闻报告。对于外交使节来说，这是他们撰写发送给国内的政治报告的关键信息来源。它们并不完全算得上是报纸的始祖，它们是围绕意大利政治阴谋而产生的，然而它们却是一种新文化开始出现的征兆。从16世纪起，“公报”开始吸引更加广泛的公开读者，以德国为中心的西欧邮政系统也不断完善，这种新文化格外清晰地显现出来。17世纪开始，威尼斯已可提供大部分欧洲新闻，并将“公报”发行到远至伦敦、巴黎和法兰克福等的城市。

16世纪的欧洲商业也越来越依赖贸易伙伴之间的通信，因为他们需要收集任何影响汇率、商品价格、运输成本、贸易风险以及新市场的相关新闻，他们还互相交流有关可能阻碍贸易的战争或法律的新闻，可以说交流新闻的书面信件日益滋养着政治实践和商业活动。在便宜纸张和不断完善的邮政系统的推动下，周报变得越来越平常，旅行的商人可以在旅馆和集市中大声阅读信件，彼此分享新闻。

新闻文化正在整个欧洲蔓延，这不仅得益于人们对外国新闻不断增长的兴趣，也得益于印刷文化。16世纪末期，德国和英国的读者密切关注法国和尼德兰的政治事件。伦敦的英语出版物介绍了法国宗教战争期间发生的围攻巴黎（1590年）和鲁昂（1591—1592年）的事件。广大读者读到后会不可避免地对此更感兴趣并会持续关注，而这就会产生巨大的政治后果。[4]

虽然欧洲主要城市在16世纪就开始出版一些印刷的新闻书和新闻“小册子”（尤其是在德国），但是到了17世纪，报纸（两页或四页的新闻纸，最初只有两栏，至少每周出版一次）才开始出现。新闻小册子出版数十年后，德国于1605年出版了《通告报》（*Relation*），它是第一份报道当前事件的定期的公开出版物，从这个意义上而不是从版面编排角度来讲它被认为是第一份报纸，因为它只是印在小的四开纸上的一栏文本。

后来到了1618年6月，当荷兰的阿姆斯特丹发行《来自意大利、荷兰等地的新闻》（*Courante uyt Italien,Duytslandt，&c.*）时，这种报纸才出现适合自己的版面形式——双栏。这份荷兰报纸是单面印刷的，是将一张对开纸折叠一次（形成四面）并从中间折痕处打开阅读，它也由此成为第一份大幅报纸。日期和刊号出现在1619年的版本中，从1620年起，它的正反面都印有文章，此时它才能被称为一份真正的报纸。1620年，它还在阿姆斯特丹发行了英文版，不过从版式上来说，它只能被称为新闻“书”，直到17世纪60年代英文报纸才突破图书的形式。法语报纸出现于1631年，最初被称为《法兰西公报》（*Gazette de France*）。“公报”（Gazette）成为第一批被创造出来用作报名的新词，这个词起源于1556年出版的一份威尼斯月刊，它的售价为1“格塞塔”（Gazetta，当地一种小面额硬币）。美国的第一份报纸是1690年在波士顿出版的《国内外公共事件报》（*Publick Occurrences Both Forreign and Domestick*），但是它只出版了一期就被殖民地政府查封。1704年开始出版的《波士顿新闻通讯》，持续出版到1776年美国宣布独立。

一个荷兰人在开创英国印刷业方面发挥了重要作用，正是他开创了伦敦的哪个地区应该主导新闻业的先例。虽然威廉·卡克斯顿（William Caxton）于1486年在威斯敏斯特建立了第一家印刷厂（从低地国家进口纸），而享有更大印刷遗产的是荷兰人温金·德·沃德（Wynkyn de Worde）。确实，有些纸产自英国第一家造纸厂（非常短命），它由约翰·泰特（John Tate）于1494年建在赫福德（Hertford），人们可以在流传至今的德·沃德所印刷的图书中窥见这些纸的真面目。

15世纪末，德·沃德来到伦敦，他很快就发现了舰队街和那儿聚集的修士们——加尔默罗会白衣修士、多明我会黑衣修士和圣殿骑士团成员，并将此地作为开办业务的地点。作为修道院的抄写中心，舰队街也成为一条法律街，因为律师需要在此找代书人给他们写合同。德·沃德接管了舰队街上紧挨着太阳酒馆的两栋房子，其中一所供他居住，另一所用来开办印刷厂。德·沃德的举动很快就吸引同行来此地开印刷厂，这个地方发展成为一个小的印刷中心。舰队街后来被证明是英国大众传媒革命的熔炉，但是它早期是被德·沃德所主导的。他在四十年间印刷了超过八百种出版物，超过英国在1557年之前所有印刷品数量的七分之一。

1513年，英国出版了第一份有记载的新闻"图书"（虽然并不是由德·沃德印刷的），它报道了弗洛登战役，报道是这样开头的：

> 今后我们会持续追踪不久前发生在英格兰和苏格兰之间战争的真实状况。

英语印刷媒体中大部分著名的开创先河的事件都发生在17世纪而不是16世纪，原因同推动1513年新闻"图书"出版的因素相似，即欧洲的战争与和平。1618年开始的"三十年战争"影响了伦敦商人在欧洲做生意。此外，1586 年制定的一项禁止英语新闻报道的法令依然有效。因此，第一份公认的英语报纸出版于 1621 年，名为《来自意大利、德国、匈牙利、西班牙和法国的新闻》（*Newes from Italy, Germany, Hungarie, Spaine and France*），它是由荷兰语报纸翻译而来的，但是印刷于英国；如报名所示，它不包含英国本地的新闻。英国新闻直到 1641 年星法院被废除以及英国开始内战后才开始流行。

《议会每日纪闻》（*Perfect Diurnall*）是英国第一份官方许可的报道议会事务的新闻“图书”，出版于 1657 年的《公共广告》（*Publick Advisor*）是第一份只刊登广告的报纸，它为英国最古老的咖啡馆之一刊登过广告。这些是最初受欢迎的一批报纸，舰队街当然是它们的制作中心。传播速度变得越来越重要，这种发展趋势甚至反映到一些日渐受欢迎的报纸名字上，例如《快报》（*Express*）和《电讯报》（*Dispatch*）。英国人已经发展出对最新信息的渴求，而咖啡馆成了体现这种新闻饥渴的中心。

咖啡馆尤其适宜报纸文化。不像酒馆或旅馆那样总是与色情业相关，咖啡馆给人们提供了讨论新闻或政治的场所。从 17 世纪下半叶起，英国和法国都出现了咖啡馆，特别是英国的咖啡馆允许顾客讨论新闻，发表观点，就像民间议会一般。在咖啡馆中，人们可以同其他人自由交谈，畅所欲言，充分享受报纸带来的越来越多的言论自由。早在 1712 年，《布里斯托尔信使报》（*Bristol Mercury*）对咖啡馆大受欢迎颇有微词：

> 1695 年前后，报业开始复兴，对这种新奇事物强烈的渴望已经成为一种传染的瘟热病。事实证明，这对很多家庭是毁灭性的，卑贱的店主和手艺人在咖啡馆里从早泡到晚，听人谈论新闻和政治，而此时他们的老婆孩子在家无米下锅，

他们的生意也被扔到一旁，他们最终的结局不是进监狱就是被迫参军避难。[5]

到伦敦来的访客都对这种新事物的影响力之大感到惊奇。瑞士人塞萨尔·德·索叙尔（César de Saussure）在18世纪20年代访问了伦敦，他在日记中写道，咖啡馆中拥挤不堪，烟雾缭绕，人们阅读新闻，大谈政治。这种对重大事项的狂热兴趣有助于确立报纸在城市生活的中心地位。温金·德·沃德最初开办印刷厂的舰队街一直是英国报业的地理中心，直到最近几十年媒体纷纷从这儿迁走。

17世纪70年代，“时报”“报纸”和“日报”都成为印刷词语。第一份杂志出现在1731年，杂志（magazinc）来源于阿拉伯语“makhazin”，原意是指储存各种武器的军火库。杂志使用这个词是因为它的内容也是五花八门。只有在识字率提高的前提下才可能产生现代报纸；英国到了18世纪早期才出现日报，报纸在美国大量发行开始于19世纪中期。获取新闻的权利并不需要任何力量去塑造，但是如果没有接触信息的适当权利，就压根儿不可能参与政治事务，而无论距离多远，有获取信息的权利就意味着至少能够参与其中。对读者来说这蕴含着巨大的机会，对报纸来说也一样。

到16世纪末，尼德兰联省共和国与威尼斯竞争欧洲的知识印刷中心。1620年，安特卫普处在将信件送往英国、法国、西班牙、葡萄牙、德国和意大利的两个国际邮政系统的中心。尼德兰革命也为印刷行业创造了机会。尼德兰的十七个省揭竿而起反抗腓力二世（Philip Ⅱ）——他从1568年（有时也将他统治的起始年份定为1566年）起就统治着西班牙和尼德兰，很多人从信奉天主教的南部迁徙到北部，他们的队伍中就有印刷业者和书商。

尼德兰印刷业的发源地安特卫普在16世纪主导了荷兰语图书

的生产，荷兰语出版行业很兴盛，这要归功于良好的经济状况（资金利率低并且容易获取）以及高效的贸易运输系统。此外，联省共和国对于出版业的限制不像欧洲其他地区那样严苛，同时却异乎寻常地重视版权保护。辩论和出版在尼德兰都茁壮成长，很多有争议的外国作家在尼德兰讲求自由原则的市场上找到了出版者。荷兰语报纸的发展还得益于造纸术在一千年中最伟大的一项技术进步：打浆机。尼德兰人 1680 年发明的这种机器使用螺旋桨而不是木制捣碎机来搅碎纸浆，它一个小时生产的纸浆，用老式锤式捣碎机至少需要一天才可以捣碎。打浆机生产出来的纸纤维强度更小，但是生产效率却大大提高。

1705 年前后，阿姆斯特丹、海牙（Hague）、莱顿（Leiden）、乌德勒支（Utrecht）和格罗宁根（Groningen）等城市都已经拥有了自己的报纸，甚至还出版了法语报纸供 17 世纪来到联省共和国的大量法国胡格诺派教徒阅读。[6] 虽然普及教育直到 19 世纪才成为广泛的政治目标，但 18 世纪的西欧民众已更多地成为阅读者，而不仅是听众，欧洲报纸的出版数量既促进了这种转变又对其有所回应。这种转变在尼德兰比在其他任何地方都显著，到 17 世纪末期它的文盲率在整个欧洲是最低的。20 世纪 60 年代的一项研究，对比了 1630 年、1680 年和 1780 年阿姆斯特丹喜结连理的新婚夫妇有多少人会签自己的名字。在新郎中，这一比例从 57% 上升到 70% 再到 85%，而新娘的比例则分别是 32%、44% 和 64%。[7]

联省共和国逐渐成为欧洲印刷业的中心，它在技术、资金、发行网络、识字水平和政治开放等方面具有优势，甚至连带有争议的著作都能够批量生产，而且正是尼德兰的自由思想和印刷媒体给法国大革命提供了特别重要的印刷跳板。荷兰语读者虽没有享受到完全不受控制的媒体自由，但仍享有很多自由空间。他们生活在一个分裂的国家，不同的群体控制着不同地区；权力的分裂给作者和印刷商提供了现实自由，因为他们总是能够找到可以自由出版自己作品的地方。在法国加尔文主义激励下，阿姆斯特丹成为最新的新教作品中心。16世纪，荷兰的新教徒从法国加尔文主义者的书籍中借鉴了大量观点，安特卫普的媒体一直紧密追踪法国的事态。法国新教徒的作品出版高峰是在16世纪60年代，到了16世纪80年代，法国出版的宗教著作基本上全是有关罗马天主教的。

法国加尔文主义哲学家皮埃尔·培尔（Pierre Bayle）先是逃到日内瓦，后来于1675年返回法国，1681年再次出逃来到尼德兰，他在这儿一直居住到1706年去世。他在鹿特丹出版了一些作品，包括他1684—1687年创作的颇具文学性的日记《关于文坛的思考》（*Thoughts on the Republic of Letters*），此前他在法国出版了主张宗教宽容的《哲学评论》（*Philosophy Commentary*）。日内瓦和鹿特丹不仅给了他免受迫害的自由，而且还给他提供了出版作品表达观点的自由。

更说明问题的事例是《禁书目录》（*Index of Prohibited Books*），这份由罗马天主教廷编辑的名单点明了禁止欧洲天主教徒印刷和阅读的图书。（信奉天主教的各个政府对这份名单反应不一，有些政府有时会用自己的名单来替代它，但是经常会列入相同的图书。）在这种情况下，虽然有些富裕阶层可以非法弄到这些图书，但这些著作的正式出版商却会被送上法庭，以免这些书籍流传到广大读者手中。但在尼德兰，印刷商却可以逃避这些限制。一名荷兰印刷商就按照这份书单实施了自己的印刷项目，因为他相信这些禁书会特别畅销。[8]就这样，尼德兰人给心生不满的欧洲思想家提供了出版空间，令他们的呐喊能够穿越整个大陆为人所知，这种自由对于法国政治和社会领域（还有巩固这二者的理想）的思想交流尤其重要。特别是阿姆斯特丹，它开放，对宗教包容，至少在原则上专注于自由贸易，并欢迎西班牙犹太人、法国胡格诺派教徒、佛兰德商人和来自西班牙南部其他省份的宗教难民。这座城市迅速成为商品的会集地和思想的天堂：图书是其必然产物。

法国宫廷雇用历史学家亚伯拉罕－尼古拉·阿姆洛·德拉·乌赛（Abraham-Nicolas Amelot de la Houssaye，1634—1706 年）做驻阿姆斯特丹的大使，他成为利用这座城市出版自己书籍的革新者。作为人文主义写手和政论家，德拉·乌赛帮助出版了当时几部主要历史和修辞学著作。他无视出版习俗，销售秘密条约的文本和使馆书信，还出版自己的政治书籍以及揭发法国政府运作机制的书籍。德拉·乌赛通过出版带有自己评注的书籍做出大胆的政治宣言，因为评注是政治批判的一种形式。虽然他没有强烈争取革命的说辞，但他揭示了法国政府的运作机制并对其加以评论，这将法国政治暴露给了外界舆论。

在 1706 年去世前，德拉·乌赛的著作在法国印刷了至少五十九版次，在整个 18 世纪，他的书籍再次印刷了至少同样的版次。他最有声望的作品是在阿姆斯特丹出版的附带批注的法文版马基雅维利的《君主论》（*The Prince*）。在德拉·乌赛的有生之年，他的译文被修订了五次，在 18 世纪头十年间又修订了十五次。1532 年，尼可罗·马基雅维利的《君主论》第一次出版，它描述了如何控制一个国家，其中的首要原则是“为达目的，不择手段”。虽然现在的一些评论家将这部著作视为讽刺作品而非严肃的政府管理诀窍，但在当时，人们是按照它书名的字面意思来看待它的。很多年后，拿破仑和斯大林对它也有所评判：拿破仑在这本书上做过笔记，而斯大林则在这部书上写过评注。[9] 德拉·乌赛为马基雅维利辩护，他用批判的眼光来阅读历史，并播下了政治变革的种子。

像这一类的书籍被走私到了法国，成为创造地下文坛（非官方的且不受政府审查的政治和文化论坛）的手段。事实证明，改革者在这方面取得了成功。当然，他们也卷入了一场运动；事后看来，这场运动的规模和影响比他们当初所预想的都大得多。即便你不将自由民主视为历史最终的胜利，也能够理解法国大革命的象征力量对于我们现在所处时代的意义。媒体参与了扫清障碍的准备工作，他们期待创造自由的新社会。更为重要的是，1789 年清楚地说明了对于一个人们正在观察的世界来说，什么样的纸文化才是理想的。无论法兰西共和国在最初几十年中如何发展，这一答案都是：自由出版的纸文化。

17 世纪法国的出版业本质上是印刷商和图书商自己设定规则的俱乐部。1686 年路易十四将法国出版业中心——巴黎的印刷商总数限定在三十六家。18 世纪的巴黎继承了这一狭隘的体系，只有当有印刷厂关张时，新的印刷商人才能接替加入，以保持三十六这个总数不变。除了合法印刷商的遗孀外，女性被禁止从事印刷、出版和图书销售；而且印刷商都被置于审查官、警察和其他王室所任命官员的大网中。在这种结构内，作家作为个体，需要专制政府批准才能合法存在。

图书行业分别被三家组织监管，其中最重要的是图书行业管理委员会，它运作着一个负责出版许可和初始版权的特权体制。只是在 1777 年，相关法律才允许作家出版和销售自己的作品。从本质上讲，这一体制源自以下信念：所有的知识都来源于上帝，并通过国王的许可来传播。这种出版文化与政治、宗教领域的传统观点一拍即合，国王的许可体制确保了这些保守观点的合理性不会被挑战。

但是，在 18 世纪的法国还存在另外一个图书行业。由于法国政府对图书出版设置了繁杂的限制条件，印刷作坊开始在法国边界附近出现，通常是在瑞士或联省共和国。通过这种渠道，违禁书籍可以很容易通过贿赂海关官员走私进法国，除此以外，还可以采用更简单的方式：将它们隐藏在其他商品中。随着荷兰新教印刷厂为法国市场供应启蒙运动作品，法国城市鲁昂成为走私路上的重要站点。这种另类的非法图书和地下图书行业尤为重视作家，并力图宣扬启蒙运动中著名思想家的理念，包括伏尔泰（Voltaire）、让-雅克·卢梭（Jean-Jacques Rousseau）、德尼·狄德罗（Denis Diderot）和奥诺莱·米拉波（Honoré Mirabeau）。德国凯尔（Kehl）的出版商出版了伏尔泰的所有作品，日内瓦也出版了卢梭的全集。（他写于1762年的《社会契约论》[*Social Contract*]，最初是荷兰出版商雷伊［Rey］出版的，这也表明了图书市场是如何跨越国界的。雷伊也来自日内瓦，是法国胡格诺派教徒的儿子，他一直讲不了流利的荷兰语。）狄德罗具有里程碑意义的《百科全书》，最初在1750—1755年合法出版了二十八卷，后来在没有官方赞助的情况下在日内瓦和纳沙泰尔（Neuchâtel）出版。（到了1789年，它已经扩展到了三十五卷，并卖出大概25000部，其中一半是在法国售出的。）米拉波的一些小册子在阿维尼翁出版，他的其他一些作品在低地国家尤其是阿姆斯特丹得以出版，此外还在里昂、巴黎城郊和巴黎的王宫（这儿可以享有相对的豁免权，免受国王警察机构的检查）出版。启蒙运动文化通过法国内外的走私者、经销商、出版商和印刷商组成的网络在巴黎社会中高效传播。

一些印刷商和出版商既出版合法图书也印刷违禁书籍，他们甚至可能听过教士斥责他们的非法书籍或者亲眼看到它们被焚烧。但是，谴责并不能阻止印刷书籍的流入，越来越多关于政治和性的激进图书开始进入法国。新的文学体裁开始出现，但是似乎没人能够管理和合理化地改革图书市场。例如，法国书商在销售中通常出售某一类“哲学书籍”，但是这类书既包括像伏尔泰这类作家的作品，还有像“卧室哲学”一类的色情作品。追求自由和性放纵好像是有某种关联的，甚至法国启蒙运动的著名作家都写色情作品。法国大革命思想界的头面人物奥诺莱·米拉波就是既写大胆的政治宣传册，也写色情文学作品。[10]

虽然这些书籍并没有直接导致法国走向革命，他们却满足了民众对于政治、性和新闻的好奇心以及阅读需要。一种转变随即出现：随着广大读者阅读同样的书籍，包括同样的哲学作品，文学开始通过新的方式锻造大众观点。文学将自身与市场结合起来。18 世纪，对君主制进行犀利批评的作品尺度增大，数量也在增加，直到国王在他那些读书的臣民心目中失去合法性。广大读者越来越容易接触到文学和历史书籍，这一简单的事实促使读者转变为独立的个体，这种转变是通过印刷文化而不是通过国王及其政权实现的，并且还带有质疑社会保守主义的潜能。

王室并不完全反对在一定程度上开放出版业。负责监管法国图书行业的纪尧姆－克雷蒂安·德·拉穆瓦尼翁·德·马尔塞布（Guillaume-Chrétien de Lamoignon de Malesherbes）不仅通情达理，而且具有自由思想。他鼓励了狄德罗《百科全书》的出版，还抗议集权行为。1788 年，一项王室命令呼吁“有文化的人”通过出版等方式明确表达他们对于召集三级会议（法国无实质权力的合法议会）的观点。巴黎市议会甚至在同一年将自由出版的概念合法化，但是发生于 1789 年的事件意义最为重大。

1789 年年初，图书行业管理委员会面临一个问题：国王召集三级会议并要求它讨论图书行业的相关问题，但是三级会议依然期待图书行业管理委员会维持其历史角色，这意味着它应该规定和监管谁有权出版有关三级会议的作品。不管怎么说，非法印刷的书籍越来越多地涌入巴黎。尽管官方政策仍在，但遍及法国各个城市和小镇的印刷事务检查官向中央报告称，非法出版物大量扩散，已经超出他们的掌控范围。中央政府一直艰难地努力说明哪些书籍允许印刷；毕竟，政府在等待三级会议的建议和国王对这些建议的反应。（在三级会议向国王汇报之前他拒绝给出指导方针。）结果，在全国很多城市，审查制度事实上已经暂停。在巴黎，三家主要的全国性报纸可以自由地印刷任何关于三级会议的"慎重"内容。

王室在持续数个月之内保持的不明确的出版政策可能并非灾难性的，但是事实上，国王放弃了对政治事件的解释权力。随着图书行业管理委员会垮台，许多宗教检查官潜逃，他们不再撰写工作报告或干脆承认工作失败。法国图书市场的集权管理体制正在瓦解，权力从国王转向市场。

1789年7月9日，国民议会成立，它作为"人民"的代表机构成为三级会议的继任者。它正式废除了封建制度，取消了王室、贵族和教士的一批特权，并通过了《人权宣言》（*The Declaration of the Rights of Man and of the Citizen*），其中第二条写道："自由传达思想和意见是人类最宝贵的权利之一；因此各个公民都有言论、著述和出版的自由，但在法律所规定的情况下，应对滥用此项自由承担责任。"在纸的故事中，这两句话标志着一个分水岭。人们有了捍卫言论和著述的护身符，这对于法国印刷行业的影响是立竿见影的。

1789年，法国出版行业迅猛发展。印刷文化中的王室资助现象消失，这意味着印刷本身已经获取了自由和许可。到了12月，王室官员抱怨说，每一个人看上去都打算开一家印刷作坊，就连村子里的农民都这样想。但是出版活动的中心依旧在巴黎。革命者希望通过出版能够造就他们所认为的法国最需要的人群——启蒙运动的读者群体，并指望在这个群体中伏尔泰和狄德罗的作品能够广泛流传。

在巴黎这座曾经是专制主义法国最核心的城市中印刷品数量激

增，法国启蒙运动中的地下出版世界骤然走向公开。城郊出现了一批印刷商，还有一些是从地下室和监狱中走出来的。不仅是当地的印刷商，地下的印刷商也开始公开活动，1789—1790年，装载在货车上的印刷机器开始从多个城市向巴黎聚集，这些城市之前都是向巴黎提供法国大革命著作的首要印刷地。1790年，博马舍（Beaumarchais）宣布要将自己位于德国凯尔的印刷厂迁往巴黎。多年来一直都是在巴黎以外出版的《百科全书》，此时也在这座首都印刷厂里开印。此前一直在日内瓦出版的《卢梭全集》（*Rousseau's Oeuvres*），从1789年开始在其扉页上宣布巴黎成为它的出版地。法国启蒙运动中的印刷厂走出阴影，结束流亡，聚集到首都巴黎，并成为启蒙运动思想家和出版业当之无愧的中心。

1788年，在巴黎活跃着226家合法的印刷、出版和图书销售机构，在1789年后的十年间，这一数字上升到1224家。在拿破仑时代初期，这一数字下降了一些，但是1789—1793年在巴黎建起的印刷厂有大约一半坚持到了1811年。与此相似，在1788年，巴黎只有四家报纸，但是仅仅一年后，这一数字就暴涨为184家，到了1790年则又进一步增加到335家。[11] 巴黎此前就已经是智力之都，但是从1789年开始它的出版文化也开始迎头赶上。

虽然巴黎依然维持着在智力领域的优势，但是紧随1789年大革命发生的出版文化的扩张却无法保持这一势头。随着出版限制的取消，书籍价格大幅下降，小册子和短时效的印刷品大量出现。在1789年的出版革命中，站稳脚跟的巴黎出版商并没有为新生国家那些有思想的读者大批量出版启蒙运动书籍；但它带来了新的小规模印刷商的活跃，他们重点印制短时效的政治性革命读物。这一时期的登记清单和相关调查表明，1789年巴黎有47家印刷厂，1790年有200家，到了1799年增加到223家。[12] 但是在1789年出版革命中胜出的

图 11　1789 年大革命带来了出版的活力和自由，但获得解放的法国人并没有像有些人希望的那样，沉迷于伏尔泰、卢梭和孟德斯鸠的作品中。这张画印刷于 1797 年，画面中，平静的印刷流程在持续：拣选活字（右），涂墨并转动螺旋调节杆进行压印（中），从印刷机上揭下纸（左），将印好的页面悬挂晾干（顶部）（版权归属：法国国家图书馆）

并不是图书，而是宣传册和期刊——刊载的内容并非什么高深的学问，但是民众都能接触到。

这种新的出版文化持续的时间并不长。从18世纪末期一直到19世纪头十年，该文化使得很多印刷商破产，而且也没有保障作者的权益，这种出版混乱状态虽然富有创造性，但同时也极具破坏性。作为回应，政府首次开始采取措施保护市场和作者，并开始控制出版物的数量。然而，当局并没有以提供指导和庇护作为调控出版的手段（就像1789年之前那样），而是雇用了审查官和监察官。因为担心小说和其他形式的粗俗文学太过流行，政府越来越多地只为被其视为最好的文学形式提供资助，将其他形式的文学留给市场力量来调控。结果导致图书市场在19世纪早期出现收缩，而且出版的书籍从名字上看也趋于保守。在拿破仑时代，图书行业的运转注重的是家族原则，将著作权延长到作者或其配偶去世后二十年是最明确的例子。这不仅使得图书对作者来说变得更有价值，还确定了作品的所有权不会立即转移给大众，以免显得作者只是大众的仆人一样。

然而，政府依然需要捍卫自己的行动。虽然在工业化时代新技术使得纸的生产可以空前快速而又成本低廉，但出版对于纸的普及更加重要。18世纪末发明于德国的平版印刷术，可以印刷连笔字体。发明于法国的长网造纸机，于1799年获得了它的第一份专利并成为世界范围内造纸机的主力机型（直到今天依然如此），它的长处在于可以生产连续的纸，可以根据需要调节纸的厚度和长度。以蒸汽为动力的印刷机，于1810年首次由其德国发明者在伦敦开机运行，标志着印刷机再也不需要人力；1814年，《泰晤士报》第一次从弗里德里希·戈特洛布·柯尼希（Friedrich Gottlob Koenig）的印刷机上印出，宣告了报纸的新时代来临。纸的价格也在持续下降，19世纪末在荷兰降了一半，并在此后降到对人们来说微不足道的地步。今天纸已经成为你可以找到的最便宜的日用品之一。

在科技的帮助下，纸传遍整个社会，任何人都在越来越多地使用纸。近现代对识字率的追求，不仅表明纸上的文字享有尊崇地位，也证明了人们认为如果不识字就会不公平地处于劣势。纸在现代社会中无所不在不需要详细解释，在数字时代到来前，它无可匹敌。

然而，纸广泛传播信息的能力以及带给人们的图书价格下降的好处，似乎并没有达到1789年《人权宣言》所承诺的程度。这也反映了纸的特殊性，它造就的大众传播媒介主要是指报刊。报纸和杂志价格便宜，生产周期短，发行速度快，轻便易携带，因此，它们是纸特殊能力的体现。当然，纸的搭档在1789年后的数十年中为数众多，从政府机构、个人信件到小说再到票据以及思想观念不一而足。当时欧洲的出版运动在追求自由的新理想感召下，开始在数以百计的领域扩散。相较于1789年，虽然有了一些具有重要意义的法律变更（尤其是1710年通过的英国第一部版权法案，这是第一批承认作者权利的法律之一），欧洲大部分国家的文化审查制度以及优待特定群体的传统直到18世纪末才开始松动。正因法国大革命在欧洲大陆最高效地传播了这种自由思想（尽管法国自身发生的事情并非如此），因而促进了版权保护，作者在发表言论方面赢得了更多自由，对自己的出版物拥有更多权利。

1789年8月26日通过的《人权宣言》，迅速被翻译成欧洲各国语言，并成为言论自由和出版自由神圣不可侵犯的合法保护伞。（在英国，托马斯·潘恩［Thomas Paine］在他1791年的著作《人的权利》［*The Rights of Man*］中为法国大革命辩护。）

同时期的美国，在革命和确立建国原则之前，存在着一种非常不同的出版氛围。（继墨西哥1575年建起美洲第一家造纸厂后，第二家于1690年在费城开业。）美国宪法被批准前，人们在媒体上就该宪法应该涵盖哪些内容掀起了一场大辩论。这场辩论如火如荼地遍及全国，表明人们渴望将缜密的辩论作为缔造新美国的基础，并避免享有特权者对辩论造成任何可能的影响。这点在《联邦党人文集》（*The Federalist*）的出版中得到最清楚的展示，这本文集收集的文章由亚历山大·汉密尔顿（Alexander Hamilton）、詹姆斯·麦迪逊（James Madison）和约翰·杰伊（John Jay）作于1787—1788年，这三人当时在全美都大名鼎鼎，而且后来都成为美国开国元勋。《联邦党人文集》收录了一系列主张批准美国宪法的文章，它们都是由亚历山大·汉密尔顿、詹姆斯·麦迪逊和约翰·杰伊执笔。在第一篇文章中，汉密尔顿写道：

> 似乎有下面的重要问题留待我国人民用他们的行为和范例来求得解决：人类社会是否真正能够通过深思熟虑和自由选择来建立一个良好的政府，还是他们永远注定要靠机遇和强力来决定他们的政治组织。

然而，这几位作者没有在作品中署他们的真名，他们用了普布利乌斯（Publius）这个笔名，以向这位古罗马执政官致敬。他们的做法并不罕见，在围绕美国宪法进行的辩论中，匿名发表意见是一种很普遍的现象，这有助于创造一种意识：辩论不仅与公开写文章参加论战的大人物有关，而且与整个民族有关。这其中的逻辑很清楚——在关乎美国未来的辩论中理性应该受到优待。

公开辩论当然是选举前夕的重要内容。在美国，就像在英国一样，出版打造了民意这个概念。英国有一个明确的政治中心，那就是伦敦；与此不同，美国缺乏一个明显的政治中心和政治焦点，这种空缺使媒体享有比在英国更大的权力。[13] 当时，人们为发起一场全国性辩论而印刷宪法。据估计，它在六个星期内便出现在美国所有报纸上。据媒体报道，各年龄段的人都在阅读和讨论宪法。刊登在《马萨诸塞报》上的一封来自塞勒姆县的读者来信描述道：

> 不管是在公开场合还是在私下里，人们除了讨论新宪法外，不再谈论其他话题。大家都看了宪法的内容，几乎所有人都对它表示赞许。确实，人们只需要专心、无偏见地阅读它，就会认可它。[14]

1787 年制宪会议通过了这部宪法。在纸面上展开的辩论在制定该宪法过程中打下烙印。这种对自由、公开辩论的渴望也成为宪法的一大特征，比如它包括一项赋予作者对自己作品完全著作权的条款。1791 年生效、包含宪法第一修正案在内的美国《权利法案》(*Bill of Rights*) 在捍卫其他自由的同时，也捍卫出版自由。

> 禁止美国国会制定任何法律以确立国教；妨碍宗教信仰自由；剥夺言论自由；侵犯出版自由与集会自由；干扰或禁止向政府请愿的权利……

法国和美国这两份关于出版的政治文件，通过的时间只间隔两年，从那时起在它们各自的国家长久绵延，并被其他国家效仿，当然践行它们的诚挚程度和成效千差万别。法国和美国的这两份政治宣言标志着纸发展史上一个决定性的时刻。它们所表达的理想预示了媒体未来不再是政府的工具，媒体享有的自由将比政府要广泛得多。媒体不仅可以质问和动摇政府及其领导人的根基，它还拥有做这些事情的合法权力，并且公众也期待它这样做。在18世纪80—90年代结束后的一个时期，印刷媒体发现了一项新的权力，这种权力使得欧洲政府越来越致力于赢得媒体支持，而不只是期待或要求它支持。

然而，即使是在欧洲（当然还有全世界），人们1789年所奋力争取和宣扬的印刷媒体的角色转变依然在进行中，远未成功。无论人们觉得1789年有多么遥远，《人权宣言》的第二条依然是广泛探寻的目标而非全球现实。在出版能够宣告胜利之前，我们依然深处一种理想的阴影中；而这种理想最具历史意义的表达体现在18世纪80年代末的这两份宣言中。印刷业正在发现新的所有者和保护者，它所承载的辩论现在被认为并不屈从于政府，而是凌驾于政府之上。

1789年，法国的制宪会议将所有修道院收归国有；它们的很多馆藏图书被充公存放在新的公共图书馆。知识的所有权从教会转移到广大读者手中。

在19世纪，纸的运用变得如此多样，它所承载的思想如此众多，它不再是极少数发号施令者搞动员活动的玩物；相反，它成为横跨大洲的社会各阶层的媒介。

当然，印刷的图书和报纸对极权主义政府也具有非同寻常的益处，它们促进了对整个民族的大众教育以及同化，甚至还有助于统治者欺骗民众。然而，即便这种思想被支配的大众运动也体现了识字和能够接触到书面材料的价值。出版本质上在政治领域授予普通市民更为活跃的角色，这比历史上大部分时期更为明显。它也有助于为那些难以完全忍受官方信条的人提供特定机会。虽然你很难找到政治精英不强烈影响媒体的国家，然而没有哪个政府能够完全控制媒体；人们也不可能像黑客远程窃取电脑信息那样篡改或破坏地下期刊、禁书和非法报纸的内容，它们通常最终能够找到渠道进入不满者、被剥夺权利者手中。

纸所释放出的写作自由和批评自由催生了一个新欧洲。纸继续作为承载自由思想的媒介而存在，而这块大陆也已经深受自由理念的熏陶。这个事实在纸的故事中赋予1789年和1791年具有象征意义的力量。

纸的故事迄今仍然看不到完结日，但是在1789年到1791年的奋斗目标中，纸找到了一种一直保持到今天的特性。这种特性并不是与故事中的前辈而是与其后嗣，即大众读者息息相关。今天，纸无所不在、价格低廉而且坚实质优，对于纸面上会承载哪些内容，任谁都无法绝对垄断。鉴于人类两种相伴而生的欲望——自己享受自由和控制他人享有自由，无法被垄断这种特性是纸所具有的一种非同寻常的优势。万幸的是，事实也已经证明，人类难以完全控制纸。

注　释

1. Ann Blair, 'The rise of note-taking in early modern Europe', *Intellectual History Review* 20(3), 2010, pp.303-316.
2. 3. Paul Marcus Dover, 'Deciphering the archives of fifteenth-century Italy', *Archival Science*7,2007, p.299.
4. Jacob Soll, *Publishing The Prince: History, Reading, and the Birth of Political Criticism* (Ann Arbor: University of Michigan Press, 2008).
5. *Bristol Mercury,* 2 August 1712.
6. Jeroen Blaak, *Literacy in Everyday Life: Reading and Writing in Early Modern Dutch Diaries,* trans. Beverley Jackson (Leiden: Koninklijke Brill,2009), pp.222-234.
7. S. Hart, *Geschrift en Getal* (Dordrecht: Historische Vereniging,1976).
8. Elizabeth Eisenstein, *'Steal this Film'* interview, 'Steal this film'website,

Washington DC, April, 2007, http://footage.stealthisfilm.com/video/4.

9. Robert Service, *Stalin: A Biography* (London: Macmillan, 2004), p.10.

10. Robert Darnton, *The Forbidden Bestsellers of Pre-revolutionary France* (New York: Norton,1995), p.21.

11. Robert Darnton, *Revolution in Print* (Berkeley: University of California Press,1989), pp.91-93.

12. Carla Hesse, *Publishing and Cultural Politics in Revolutionary Paris, 1789-1810* (Berkeley: University of California Press,1991), p.167.

13. Albert Furtwangler, *The Authority of Publius: A Reading of the Federalist Papers* (Ithaca, NY: Cornell University Press,1984), pp.87-93.

14. *Massachusetts Gazette*, 13 November 1787, p.3.

尾　声

消逝的踪影

Epilogue: Fading Trails

1840年英国殖民者和他们的毛利人对手在新西兰北岛（North Island）东部海岸签订了《怀唐伊条约》（*The Treaty of Waitangi*）。被欧洲人称为“对跖地”（the Antipodes，或者可能更通俗的说法为“天涯海角”）的这片地区此时正逐渐认识纸。这种称呼并非没有道理，新西兰是世界上人类最晚定居的地区之一，也是纸传播的终点之一。

《怀唐伊条约》在英帝国历史上很罕见。英国并非靠强力统治了奥拉提亚罗瓦（Aotearoa，Aotearoa现为“新西兰”的毛利语名字，它最初用来指代新西兰“北岛”——译者注）、蒂怀普纳姆（Te Waipounamu，为新西兰“南岛”的毛利语名字——译者注）和拉奇欧拉（Rakiura，为新西兰“斯图尔特岛”的毛利语名字——译者注）这三个主要岛屿，而是依据用双语详细

图 12　最后阶段：中国中部地区造纸作坊中，工人将新抄造的纸紧压晾干。意大利传教士南怀谦拍摄了这张照片，他从 1904 年到 1914 年在中国传教

写成、经双方签署的文件来统治。欧洲人来到新西兰后，毛利人才开始见到写有文字的纸；1820—1840 年，二十年来新西兰文化开始从口头转向手写然后转向印刷。[1] 英国康沃尔郡（Cornwall）的新教传教士威廉·科伦索（William Colenso）在 1836 年印刷了《新西兰独立宣言》（*The Declaration of the Independence of New Zealand*），并于 1838 年印刷了第一本毛利文圣经《新约》。此时，双方正使用纸创制一种能够达成一致的政治方案。（科伦索印刷了这一条约的毛利文版本。）虽然存在瑕疵，但《怀唐伊条约》是一个非同寻常的尝试，它找到了双方都能接受的不流血的政治和解方案。最后，条约被拿到新西兰各地重要定居点传阅，五百多个毛利人族长先后签署了它。

这项条约最明显的缺点在于它的现代主义假定，这些假定属于文明时代。首先，毛利文翻译质量时好时坏，在条约最重要的部分中，译文很不专业。人们就最乐观的一面来看问题，臆断对“管理”和“统治”有着非常不同理解的英文和毛利文能够对应起来。但结果是，英文版的条约宣称英国对新西兰拥有主权，而毛利文版本则表示最终主权依然保留在土著波利尼西亚人手中。新西兰如今对自己前欧洲时代遗产的庆祝和宣扬，远超它那些从英帝国独立出来的兄弟国家。尽管如此，蹩脚的《怀唐伊条约》译文现在依然是化解毛利人和白种人分歧的障碍。

这项条约还提出了一个更加难以回答的问题。如果新西兰前欧洲时代的部落盛行口头文化，那么为什么写在纸上的一项协议分量要比口头条约重？书写纸质文件应该是白人的习惯，但是白人是作为外来者进入波利尼西亚人居住的岛屿，这些岛屿的未来应该由写在纸上的文字这种欧洲进口物来决定吗？这种脱离肉体的无声语言真的比口头言语更有价值吗？

纸到达波利尼西亚人居住的群岛标志着它的最终胜利。造纸术从中国传入东南亚、中亚和伊斯兰世界。伊斯兰世界确保了造纸文化在南亚次大陆被广泛采用（虽然那儿几百年前就已经开始使用纸）并将它传到欧洲。西班牙人（以及他们的欧洲继任者）又将造纸术传到美洲。包括伊斯兰教、基督教和全球贸易在内的诸多因素使得造纸术在非洲海岸线站稳脚跟，南太平洋的岛屿因此也成为纸在全球旅程中的终点之一。

《怀唐伊条约》本可以被视为纸最伟大的成就之一，如今却像是自揭其短。该条约假定识文断字是享有特权的交流手段，认为文字更可靠是天经地义的事情。然而，新西兰的两种历史——口头历史和书面历史——表明了其他可能性。在有文化的欧洲人将《圣经》介绍给毛利人以后，《圣经》迅速在毛利人中流行起来，这一事实显示出这两种历史的不同。《圣经》本身就是口头历史的书面版本，毛利人理解并同化了其中很多故事（尤其是《旧约》中的故事）。比起有文化的欧洲人，具备相关背景的毛利人对这些故事结构更为熟悉。这反映了讲述新西兰历史的两种方式。例如，在容戈伍卡塔部落，是女性在创作向孩子们教授家庭和部落历史的儿歌“奥里奥里歌”。这同传授历史知识的现代主义（以及男性主导的）方式截然不同；它也运用了不同的叙事结构。可见，纸既有其特殊性，也有其局限性。

后来，纸质文本的地位遭到越来越多的威胁。第一项冲击来自收音机的发明，人们可以坐在家中沙发上同步收听距离遥远的人说话。然而，与印刷版图书不同，听众不能自由选择何时收听自己喜爱的节目。第二项冲击是影像（照片，尤其是动态影像），这可能使印刷文本显得陈腐，但比起印刷的文字，摄影（它的输出越来越与纸分离）至少被证明是一种低效的交流形式。摄影和视频都在经历重大挫折，苏珊·桑塔格（Susan Sontag）在她1977年的著作《论摄影》（*On Photography*）中对此有所论述。首先，照片并不能改进拍摄目标，只是通过“美化”作用赋予它们一定价值，对于它们是否真有价值则并不关心。图书可以用言语表达写作对象没有什么价值，但是照片无法做到这一点，最多只能挣扎着不去美化拍摄目标。“美化”是照相机最显著的能力，但是同样也是它的局限。照片对于图像的作用就是，将它传送给观看者，而不用观看者去寻找图像。[2] 这至少与活字印刷术的发明对于图书的作用类似，即将图书送到读者手中（接触到图书的读者比这项技术发明前多得多）。

相较于影片观赏者来说，文字阅读者也有一项优势，因为读者能够决定自己的阅读节奏，而观众则被影片的步调所主导。读者拥有更大的自由决定是精读还是泛读，是重点品味还是匆匆浏览。而观众，尤其是在电影院中以及其他大部分并非独自一人观看影片的情况下，他的选择无非是：认真观赏或做白日梦，睡觉或离开。就交流方式来说，影片远比图书对受众具有指令性。当然，这也使得影片成为更简单的逃避现实的消遣方式，通常也是人们喜爱的娱乐项目。这的确也意味着，与影片相比，图书更青睐受众参与，它是更加具有互动性的方式。读者也更容易控制阅读地点和时段。影片可以运用视觉“事实”呈现内容，而图书只能通过印刷的文字这一抽象的媒介来运作，它需要更加努力才能说服受众。

带有文字的纸也具有很多日常但重要的形态，比如传单、票据和海报。纸也为一些特殊的娱乐项目找到了独特的表现形式，虽然有些在纸的旅程中出现得很晚，却取得了惊人的成功，例如连环漫画。在海外，作品最畅销的法国作家并非笛卡尔、伏尔泰和巴尔扎克，而是戈西尼（Goscinny）和育特若（Uderzo），他们创作了“阿斯泰里克斯”，阿斯泰里克斯系列漫画在全世界卖出 3.2 亿本。近来，这部好评如潮的连环漫画在继续赢得主流读者的同时，还收获了越来越多的敬意。

这些对纸深具特色的运用，使得纸连连制造惊喜以及意外的结果。几乎没有哪位作者能比马丁·路德的经历更生动地阐明了这一点。路德开启了欧洲的基督教改革，将基督教权威的源头转回《圣经》，但他最终不仅分裂了基督教，甚至还促成了欧洲现代主义的崛起。而路德肯定会鄙视现代主义，因为这种理念具有人文主义自信和漠视上帝的特征。纸的社会影响深远，一系列事实证明它异乎寻常地难以操纵；它以超出其早期采用者想象的诸多方式发挥作用。然而，纸的数字对手也具备这种不可预测性和多功能性。比如，数字阅读器的一个巨大优势是可以每天以读者选定的格式在线推送定制的阅读材料。

纸长久存在的形态是刊登严肃内容的大报，这点出人意料，而且现在看起来报纸正走向暮年。我从小在伦敦长大，对以下现象很容易见怪不怪：人们在火车站的月台上或者公交车候车亭下，甚至是走在街上，手持展开后像汽车挡风玻璃一样大的报纸阅读。不管是柏林版报纸还是通俗小报，实体报纸都在奋力同数字替代者竞争。报纸无法快速传递新闻，也不能通过将文字、声音和动态影像结合起来提供引人注目的内容。每日提供打包新闻的报纸依然是非常优秀的产品，但在屏幕上展示新闻也有优势，而且具有点击链接的能力使得这种新闻更加具有互动性，更容易相互对照。最终，甚至连“报纸”这个词都变得不合时宜了。

按照这个趋势，Kindle 电子阅读器、iPad 等平板电脑应该取代纸质图书，因为它们使用起来更加方便，一个阅读器可以容纳成千上万本书，拥有者可以随时往里面添加新书。这意味着不再需要逛书店，不再需要根据书店的图书分类来翻阅图书，因此书价也在下降。纸质图书并非光靠作者自己就能生产出来，它是一个网络或产业链条，其中的环节包括出版社、编辑、作者、校对工人、设计师、插图画师、印刷工人、装订工、经销商和书店。图书是非常社会化的产品，远非纯粹的作者写给读者的词句。从纸质图书转向屏幕阅读具有颠覆传统图书产业的潜质，因为它取消了很多中间环节。

目前，纸质图书依然令人感觉更加具有权威性，新媒介需要时间才能赢得读者的青睐。图书因其精美在跟电子阅读器的竞争中立于不败之地。出版商近年来很明智地在图书的外观上大做文章，但是精美并不是图书在未来能够继续幸存的原因。书店和图书馆就像可以看得到的文物一样让我们感受到图书的风采和力量。如今，它们多数运营步履维艰，大量关张。对书店的怀旧之情也难以拯救图书。

纸质图书不再是最有效的知识储存方式，或许只有在海上航行或山间远足时，书的优势才能体现出来；但是纸质书会因其独立自给和不可改变等特性继续存在。文明的一种特性是尽力保持永恒，而图书就是这样一种存在。在其他知识存储方式中（例如光盘），存储内容可以被改变和消除，而且不可能像图书那样随时阅读，至少离开电力它就无法工作。它们不能赋予我们认为值得珍视的文字和图片以实体形态，你只能在同类设备间传送文字（而且很可能你在这么做的同时，来自世界另一边的敌对方正在偷窥）。

另一方面，我们不仅通过读书获知故事、理念和论点，我们还能够切实拥有这些知识。图书赋予它们实体形态，供我们翻阅，我们能感受阳光洒在用植物锤炼出的、承载知识的纸上，我们可以为它们做注释，将它们借给别人阅读，我们可以在珍视的书架上给予它们一席之地，也可以将它们扔到布满灰尘的角落。

我在此所说的书是指册页形式的书，而不是其他形式的书，比如卷轴或竹简——在形式上属同一类型，即都可以卷起来。册页式书籍是公元前3世纪—4世纪在不熟悉纸的运用的地区发展出来的，是一种基督教产物，它被用于书写形形色色的内容；它像基督教一样，容纳了多种语言，因此，它不仅乐于接受来自希腊和罗马的知识，而且还接受其他文化传统。它对文献的重视（适合条理性的对照阅读）最终打磨出一个独立的知识权威，并在后来脱离了官方庇护。册页式书籍的起源并不是纸故事的组成部分，但是当纸传到中东后，它在册页式书籍承载的内容中找到了一个绝妙的伙伴——《圣经》。《圣经》的篇幅意味着册页式书籍不只是一个文本片段，它当之无愧是一个小型的个人图书馆。[3]

在宗教改革期间，随着册页式《圣经》在整个欧洲流传，它打破了精英人士对真理的掌控特权。这种权力更迭所带来的效应是纸故事的一个特点，这点在文艺复兴、宗教改革、科技革命、启蒙运动、法国大革命、普选权以及全民教育等诸多运动中都有所体现。所有这些运动都是纸造就的，它们寻求推翻当时的公认真理、结构性不平等或制度性权威，或者同时推翻以上三种。

图书可能是纸故事最了不起的实体表现形式。一块屏幕可能在现实的信息条件下也能起到图书的作用，汽车使用说明书也可以在屏幕上展示，但是屏幕永远无法成为更具确定性的有实体形态的表达方式，而这一点正是使得图书如此独特的重要优势。图书所传播的东西可能并非总是正确无误，但是它的确将自己打造成一种个性化和持久性的物品，由此鼓励每个读者把读过的书保留起来以后再读。

纸可能没有实现使用者的所有预期，就像马丁·路德所发现的那样，但是它仍然带来了史无前例的变革。纸或许被自己所代表的文化假定所限制，就像在《怀唐伊条约》表现的那样；但是纸也能够用这点来质疑自己，就这一条约来说，确实发生了这种情况。用纸书写文章在数字时代可能面临非常现实的威胁，但是作为一种文化产品，它依然具有多种不能被完全复制的特殊优势。这些优势中最重要的一点是它作为独立的有形实体——可以切实拥有、能够手持展开的文字作品，被读者所接纳。

从这个意义上来讲，纸扮演的最伟大角色是图书的信使，它将信息传递给拥有图书的一个个阅读者。两千多年前发明于中国的纸直到今天仍继续陪伴人们，人们拿它读写新闻、故事、诗歌和信件。纸无法承诺传递给读者的一定都是高品质的内容，也无法总是能够逃避审查或拒绝做政治宣传工具，它甚至无法承诺自己传播的都是事实。但是，它已经做了自己能够做的，那就是无数次赋予读者以力量。

注　释

1. Judith Binney, ‘Maori oral narratives and Pakeha texts: two ways of telling history’, *New Zealand Journal of History* 27(1), 2007, pp.16-28.
2. John Berger, *Ways of Seeing* (Harmondsworth: Penguin,1972).
3. Anthony Grafton and Megan Williams, *Christianity and the Transformation of the Book* (Cambridge, Mass.: Harvard University Press,2006), pp.1-21.

致　谢

非常感激企鹅出版集团承接并完成了本书的出版工作，尤其要感谢劳拉·斯蒂克尼、斯图尔特·普罗菲特、理查德·杜吉德和山·瓦西迪。另外，还要感谢充满热情的、我的出版代理人帕特里克·沃尔什，还有康维尔和沃尔什代理公司（Conville & Walsh）中的各位员工。

特别感谢皇家文学会和杰伍德基金会（Royal Society of Literature and the Jerwood Foundation）向我提供慷慨的奖学金资助《古兰经》历史和马丁·路德的生平研究，为这本同领域内的创新性图书增色不少。另外，还要感谢奖学金评审罗伯特·麦克法兰、克莱尔·阿米斯特德和特里斯特拉姆·亨特选择了《纸影寻踪》。

必须要感谢帕梅拉·克莱顿、汤姆·萨瑟兰以及巴纳比·罗杰森，他们富有亲和力的热忱和仁慈对本书的创作有着重要影响。还要感谢莱拉·穆加达姆在本书的构思初步成形时所提供的关键性帮助。此外，感谢多年以来帮助过我的一些“中国专家”：罗布·吉福德、杨辛、戴维·布雷和知识广博的乔纳森·芬比。

感谢我的父母在本书创作过程中提供的非凡支持。

一些大学教师、图书管理员和独立学者非常无私地牺牲了自己的时间，在不同领域贡献了各自的智慧：柏林自由大学的德斯蒙德·德金－迈斯特厄恩斯特在摩尼教方面、迈克尔·马克思和“《古兰经》文本”研究项目的多位学者在《古兰经》领域、英国图书馆的格雷厄姆·赫特在中国问题方面、戴维·摩根在蒙古研究方面、加里·威廉斯和基尔斯滕·伯基特在宗教改革问题上、伊丽莎白·艾森施泰因在印刷方面、罗宾·科马克在拜占庭历史研究上、柏林斯塔利榭尔博物馆的莉拉·拉塞尔－史密斯在摩尼教研究方面都给了我有益的帮助。还得感谢波士顿美术馆，还有钱存训——他关于中国写作和文章历史的优秀作品让我很受启发。我还要感谢其他一些作者，我从他们的作品中获益匪浅：钱存训、迈克尔·苏亚雷斯和亨利·伍德海森（他们著有非常出色的书籍《同伴》）、T.H. 巴雷特、乔纳森·布卢姆、马克·爱德华兹和罗伯特·达恩顿。还要感谢杰夫·爱德华兹精心制作了如此贴切的地图。

我由衷感谢三位造诣很深的学者，他们校对了本书部分章节：爱德华·肖内西、埃姆拉尼·巴达维和安德鲁·佩特格里，他们的严谨和专业性评论发挥了重要作用。另外，还要感谢很多朋友，其中的一些也为本书做了校对工作：朱利恩·巴恩斯－达西、尼克·沃斯顿、巴里·科尔和巴纳比·罗杰森。其他朋友在多个关键时刻向我慷慨提供住处，他们是：格雷·图根达特和奥德丽·图根达特，杰米·蔡尔德和苏茜·蔡尔德，罗布·吉福德和南希·吉福德，乔治·格林伍德和菲奥纳·格林伍德，阿里·基利和丽贝卡·帕斯夸利，杰斯·尼尔森和亚历克斯·麦金农。此外，克里斯·珀西瓦尔、朱利恩·巴恩斯-达西、菲尔·凯和马克斯·哈梅尔既是能够吃苦耐劳的旅行伴侣，也是我做研究过程中非常优秀（和有耐心）的同伴。

如上所述，大家给了我很大帮助。但是，最坚定、最坦诚和富于牺牲精神的支持来自我的贤妻汉娜。无比感谢你。

参考文献

我儿，还有一层，你当受劝诫：著书多，没有穷尽；读书多，身体疲倦。

——《圣经·传道书》(12：12)

Alley, Rewi, *Bai Juyi: 200 Selected Poems* (Beijing: New World Press, 1983).

Anderson, Benedict, *Imagined Communities* (London: Verso, 1991).

Asimov, M. S. and Bosworth, Clifford Edmund, *History of Civilisations of Central Asia, Vol. 4: The Age of Achievement 750 to the end of the 15th Century* (Paris: UNESCO, 1999).

Avrin, Leila, *Scribes, Scripts and Books: The Book Arts from Antiquity to the Renaissance* (London: British Library, 1991).

Awwa, Salwa Muhammad, *Textual Relations in the Qur'an: Relevance, Coherence and Structure* (London: Routledge, 2006).

Al-Azami, Muhammad Mastafa, *The History of the Qur'anic Texts: From Revelation to Compilation: A Comparative Study with the Old and New Testaments* (Leicester: UK Islamic Academy, 2003).

Bagley, Robert W., 'Anyang writing and the origins of the Chinese writing system', in *The First Writing*, ed. Stephen D. Houston (Cambridge: Cambridge University Press, 2004).

Baker, Colin F., *Qur'an Manuscripts: Calligraphy, Illumination, Design* (London: British Library, 2007).

Barnard, John, McKenzie, D. F. and Bell, Maureen, eds., *The Cambridge History of the Book in Britain, Vol. 4* (Cambridge: Cambridge University Press, 2002).

Barrass, Gordon S., *The Art of Calligraphy in Modern China* (Berkeley: University of California Press, 2002).
Barrett, T. H., *The Woman who Discovered Printing* (New Haven, Conn. and London: Yale University Press, 2008).
— 'Stupa, sutra and sarira in China c.656–706', *Buddhist Studies Review* 18 (1), 2001, pp. 1–64.
— *Singular Listlessness: A Short History of Chinese Books and British Scholars* (London: Wellsweep, 1989).
— *Japanese Papermaking: Traditions, Tools and Techniques* (New York: Weatherhill, 1983).
Basbanes, Nicholas, *A Gentle Madness: Bibliophiles, Bibliomanes and the Eternal Passion for Books* (New York: Henry Holt, 1999).
Bauschatz, Catherine M., 'To choose ink and pen: French Renaissance women's writing', in *A History of Women's Writing in France*, ed. Sonya Stephens (Cambridge: Cambridge University Press, 2000).
Bekker-Nielsen, Hans, Sorenson, Bengt Algot and Borch, Marianne, eds., *From Script to Book: A Symposium* (Odense: Odense University Press, 1986).
Belting, Hans, *Florence and Baghdad: Renaissance Art and Arab Science* (Cambridge, Mass.: Harvard University Press, 2011).
Benn, Charles, *China's Golden Age: Everyday Life in the Tang* (Oxford and New York: Oxford University Press, 2004).
Berger, John, *Ways of Seeing* (London: Penguin, 1972).
Bielenstein, Hans, 'Lo-yang in later Han times', *Bulletin of the Museum of Far Eastern Antiquities* 48, 1976.
Binney, Judith, 'Maori oral narratives and Pakeha texts: two ways of telling history', *New Zealand Journal of History* 27 (1), 2007, pp. 16–28.
Blaak, Jeroen, *Literacy in Everyday Life: Reading and Writing in Early Modern Dutch Diaries*, trans. Beverley Jackson (Leiden: Koninklijke Brill, 2009).
Blair, Ann, 'The rise of note-taking in early modern Europe', *Intellectual History Review* 20 (3), 2010, pp. 303–16.
Blair, Sheila S., *The Art and Architecture of Islam* (New Haven, Conn.: Yale University Press, 1996).
Bloom, Jonathan M., *Paper Before Print: The History and Impact of*

Paper in the Islamic World (New Haven, Conn.: Yale University Press, 2001).
— 'Revolution by the ream: a history of paper', *Saudi Aramco World* 50 (3), 1999, pp. 26–39.
— *The Art and Architecture of Islam: 1250–1800* (New Haven, Conn.: Yale University Press, 1994).
Bol, Peter K., 'Seeking common ground: Han literati under Jurchen rule', *Harvard Journal of Asiatic Studies* 47 (2), 1987, pp. 461–538.
Borges, Jorge Luis, *The Library of Babel*, trans. Andrew Hurley (Jaffrey, NH: David R. Godine, 2000).
Boureau, Alain and Chartier, Roger, *The Culture of Print* (Cambridge: Polity Press, 1989).
Bourus, Terri, *Shakespeare and the London Publishing Environment: The Publisher and Printers of Q1 and Q2 Hamlet*, AEB, Analytical & Enumerative Bibliography 12 (DeKalb, Ill.: Bibliographical Society of Northern Illinois, 2001).
Bouvier, Nicolas, *L'Usage du monde* (Paris: Payot, 1952).
Bowman, Alan K. and Woolf, Greg, eds., *Literacy and Power in the Ancient World* (Cambridge: Cambridge University Press, 1994).
Boylan, Patrick, *Thoth: The Hermes of Egypt* (Oxford: Oxford University Press, 1922).
Brokaw, Cynthia Joanne and Kai-Wing Chow, *Printing and Book Culture in Late Imperial China* (Berkeley: University of California Press, 2005).
Bronkhorst, Johannes, *Buddhist Teaching in India* (Boston: Wisdom Publications, 2009).
Brooks, Douglas A., *From Playhouse to Printing House: Drama and Authorship in Early Modern England* (Cambridge: Cambridge University Press, 2000).
Brown, Delmer M., *The Cambridge History of Japan, Volume 1: Ancient Japan* (Cambridge: Cambridge University Press, 1993).
Burns, Robert, 'Paper comes to the West', in *Europäische Technik im Mittelalter 800 bis 1400. Tradition und Innovation*, ed. Uta Lindgren (Berlin: Gebr. Mann Verlag, 1996), pp. 413–22.
Carter, Thomas Francis, *The Invention of Printing in China and its Spread Westward* (New York: Ronald Press, 1955).
Cascardi, Anthony J., *The Cambridge Companion to Cervantes*

(Cambridge: Cambridge University Press, 2002).
Cavallo, Guglielmio and Chartier, Roger, *A History of Reading in the West* (Oxford: Polity Press, 1999).
Chaffee, John William, *The Thorny Gates of Learning in Sung China: A Social History of Examinations* (Cambridge: Cambridge University Press, 1985).
Chan, Alan, 'Laozi', *Stanford Encyclopaedia of Philosophy*, 2 May 2013, accessed 20 September 2013, http://plato.stanford.edu/entries/laozi/.
Chang, Kang-i Sun and Owen, Stephen, *The Cambridge History of Chinese Literature* (Cambridge: Cambridge University Press, 2010).
Chappell, David W., 'Hermeneutical phases in Chinese Buddhism', in *Buddhist Hermeneutics*, ed. Donald Lopez (Honolulu: University of Hawaii Press, 1988).
Chartier, Roger, *Cultural History: Between Practices and Representations* (Cambridge: Polity Press, 1988).
Chen Junpu, ed. and trans., *150 Chinese–English Quatrains by Tang Poets* [bilingual edition] (Shanghai: Shanghai University Press, 2005).
Chia, Lucille and Idema, W. L., *Books in Numbers* (Cambridge, Mass.: Harvard University Press, 2007).
Chibbett, David, *The History of Japanese Printing and Book Illustration* (Tokyo and New York: Kodansha International, 1977).
Chin, Annping, *The Authentic Confucius* (New York: Scribner, 2007).
Chow Kai-wing, *Publishing, Culture and Power in Early Modern China* (Stanford, Calif.: Stanford University Press, 2004).
Chun Fang Yü, *Kuan-yin: The Chinese Transformation of Avaloikitesvara* (New York: Columbia University Press, 2001).
Chun Shin-yong, *Buddhist Culture in Korea* (Seoul: International Culture Foundation, 1974).
Clanchy, M. T., *From Memory to Written Record: England 1066–1307* (Oxford: Basil Blackwell, 1993).
Cleaves, Francis Woodman, trans., *The Secret History of the Mongols* (Cambridge, Mass.: Harvard University Press, 1982).
Cole, Richard, 'The Reformation in print: German pamphlets and propaganda', *Archiv für Reformationsgeschichte* 66, 1975, pp. 93–102.
Cook, Michael, *The Koran: A Very Short Introduction* (Oxford:

Oxford University Press, 2000).
Creel, Herrlee, *Studies in Early Chinese Culture* (London: Johnson Press, 1938).
Crone, Patricia and Hinds, Martin, *God's Caliph: Religious Authority in the First Centuries of Islam* (Cambridge: Cambridge University Press, 2003).
Daftary, Farhad, *Intellectual Traditions in Islam* (London and New York: I. B. Tauris, 2000).
Dane, Joseph, *The Myth of Print Culture* (Toronto: University of Toronto Press, 2003).
Daniell, David, *William Tyndale: A Biography* (New Haven, Conn.: Yale University Press, 2001).
Daniels, Peter, *The World's Writing Systems* (Oxford: Oxford University Press, 2010).
Darnton, Robert, *The Forbidden Bestsellers of Pre-Revolutionary France* (New York: Norton, 1995).
— *Revolution in Print* (Berkeley: University of California Press, 1989).
Dickens, A. G., *The English Reformation* (University Park, Pa.: The Pennsylvania State University Press, 1989).
Diringer, David, *The Book Before Printing: Ancient, Medieval, Oriental* (New York: Dover, 1982).
— *Writing* (London: Thames & Hudson, 1962).
Dover, Paul Marcus, 'Deciphering the archives of fifteenth century Italy', *Archival Science* 7, 2007, pp. 297–316.
Dubs, Homer, ed., *History of the Former Han Dynasty by Ban Gu* (London: Trübner, 1944).
Duffy, Eamon, *The Stripping of the Altars: Traditional Religion in England c1400–c1580* (New Haven, Conn. and London: Yale University Press, 2005).
Dumoulin, Heinrich, *Zen Buddhism: A History* (New York and London: Macmillan, 1988).
Durkin, Desmond, *Mani's Psalms: Middle Persian, Parthian and Sogdian Texts in the Turfan Collection* (Turnhout: Brepols, 2010).
— *Turfan Revisited: The First Century of Research into the Arts and Cultures of the Silk Road* (Berlin: Reimer, 2004).
Eagleton, Terry, *The English Novel: An Introduction* (Oxford: Blackwell, 2005).

Eco, Umberto and de la Carrière, Jean, *This is Not the End of the Book*, trans. Polly Mclean (London: Harvill Secker, 2011).
Edkins, Joseph, *Chinese Buddhism: A Volume of Sketches, Historical, Descriptive and Critical* (London: Routledge, 2000).
Edwards, Mark, *Printing, Propaganda and Martin Luther* (Minneapolis, Minn.: Fortress Press, 2005).
Eisenstein, Elizabeth, '*Steal this Film*' interview, 'Steal this Film' website, Washington DC, April, 2007, http://footage.stealthisfilm.com/video/4, accessed July 2013.
— *The Printing Revolution in Early Modern Europe* (Cambridge: Cambridge University Press, 1983).
— *The Printing Press as an Agent of Change: Communications and Cultural Transformations in Early Modern Europe* (Cambridge: Cambridge University Press, 1980).
Eliot, Simon and Rose, Jonathan, *A Companion to the History of the Book* (Oxford: Wiley-Blackwell, 2009).
Esack, Farid, *The Quran: A User's Guide* (Oxford: One World, 2005).
Ettinghausen, Richard, Grabar, Oleg and Jenkins-Madina, Marilyn, *Islamic Art and Architecture 650–1200* (New Haven, Conn.: Yale University Press, 2003).
Farale, Dominique, *Les batailles de la région du Talas et l'expansion musulmane en Asie Centrale* (Paris: Economica, 2006).
Febvre, Lucien and Martin, Henri-Jean, *The Coming of the Book: The Impact of Printing, 1450–1800* (London: Verso, 2010).
Fenlon, Iain, 'Music, print and society', in *European Music 1520–1640*, ed. James Haar (Woodbridge: The Boydell Press, 2006).
Fierro, Maribel, ed., *The New Cambridge History of Islam, Vol. 2: The Western Islamic World, Eleventh to Eighteenth Centuries* (Cambridge: Cambridge University Press, 2010).
Finkelstein, David, *An Introduction to Book History* (New York and London: Routledge, 2005).
Fischer, Stephen Roger, *A History of Writing* (London: Reaktion, 2001).
Flaubert, Gustave, *Madame Bovary*, trans. Eleanor Marx-Aveling (Ware: Wordsworth Editions, 1994).
Franke, Herbert, *China Under Mongol Rule* (Aldershot: Variorum, 1994).

Frishman, Martin, *The Mosque: History, Architectural Development and Regional Diversity* (London: Thames & Hudson, 2002).
Frye, Richard N., *The Golden Age of Persia* (London: Weidenfeld & Nicolson, 1975).
Furtwangler, Albert, *The Authority of Publius: A Reading of the Federalist Papers* (Ithaca, NY: Cornell University Press, 1984).
Ganz, David, *Corbie in the Carolingian Renaissance* (Sigmaringen: Thorbecke, 1990).
Gawthrop, Richard and Strauss, Gerald, 'Protestantism and literacy in early modern Germany', *Past and Present* 104, 1984, pp. 31–55.
Gee, Malcolm and Kirk, Tim, *Printed Matters: Printing, Publishing and Urban Culture in Europe in the Modern Period* (Aldershot: Ashgate, 2002).
Gernet, Jacques, *Daily Life in China on the Eve of the Mongol Invasion* 1250–1276, trans. H. M. Wright (Stanford, Calif.: Stanford University Press, 1962).
Gibb, H. A. R., *Studies on the Civilization of Islam* (Princeton, NJ: Princeton University Press, 1982).
Giles, Lionel, 'Dated Chinese manuscripts in the Stein collection', *Bulletin of the School of Oriental Studies, University of London* 10 (2), 1940, pp. 317–44.
— 'Dated Chinese manuscripts in the Stein collection', *Bulletin of the School of Oriental and African Studies* 9 (4), 1939, pp. 1023–45.
Gilmont, Jean-François, *John Calvin and the Printed Book* (Kirksville, Mo.: Truman State University Press, 2005).
— ed., *The Reformation and the Book* (Aldershot: Ashgate, 1998).
Gode, P. K., 'Migration of paper from China to India', *Studies in Indian Cultural History* 3, 1964.
Golombek, Lisa, *Timurid Art and Culture: Iran and Central Asia in the Fifteenth Century* (Leiden: Brill, 1992).
Goody, Jack, *The Power of the Written Tradition* (Washington, DC: Smithsonian Institution, 2000).
— 'The consequences of literacy', *Comparative Studies in Society and History* 5(3), 1963, pp. 304–45.
Grafton, Anthony and Williams, Megan, *Christianity and the Transformation of the Book* (Cambridge, Mass.: Harvard University Press, 2006).

Graham, William T., 'Mi Heng's "Rhapsody on a Parrot"', *Harvard Journal of Asiatic Studies* 31 (9), 1979, pp. 39–54.

Green, V. H. H., *Renaissance and Reformation: A Survey of European History between 1440 and 1660* (London: Edward Arnold, 1964).

Griffiths, Dennis, *Fleet Street: Five Hundred Years of the Press* (London: British Library Publishing, 2006).

Grousset, René , *L'Empire des Steppes* (Paris: Payot, 2001).

Grudem, Wayne and Dennis, Lane T., eds., *English Standard Version Study Bible* (Wheaton, Ill.: Crossway Bibles, 2008).

Gulacsi, Zuzsanna, *Mediaeval Manichaean Book Art: A Codicological Study of Iranian and Turkic Illuminated Book Fragments [Nag Hammadi and Manichaean Studies]* (Leiden: Brill Academic, 2005).

Habein, Yaeko Sato, *History of the Japanese Written Language* (Tokyo: Tokyo University Press, 1984).

Haldhar, S. M., *Buddhism in China and Japan* (New Delhi: Om Publications, 2005).

Hannawi, Abdul Ahad, 'The role of the Arabs in the introduction of paper into Europe', *Middle Eastern Library Association* 85, 2012, pp. 14–29.

Harris, Roy, *The Origin of Writing* (London: Duckworth, 1986).

Harris, William V., *Ancient Literacy* (Cambridge, Mass.: Harvard University Press, 1989).

Hart, S., *Geschrift en Getal* (Dordrecht: HistorischeVereniging, 1976).

Heck, Paul L., *The Construction of Knowledge in Islamic Civilization: Qudama B. Ja'Far and His Kitab Al-Kharaj Wa-Sina'at Al-Kitaba* (Leiden: Brill, 2003).

Herman, Ann. *The Spread of Buddhism* (Leiden: Brill, 2007).

Heuser, Manfred and Klimkeit, Hans-Joachim, *Studies in Manichaean Literature and Art* (Leiden: Brill, 1998).

Hillier, Jack, *The Art of the Japanese Book* (London: Philip Wilson, 2007).

Hinton, David, ed. and trans., *The Selected Poems of Po Chü-i* (London: Anvil Press, 2006).

Hoang, Michael, *Genghis Khan* (London: Saqi, 1990).

Hoberman, Barry, 'The Battle of Talas', *Saudi Aramco World* September/October, 1982, pp. 26–31.

Hodgson, Marshall G. S., *The Venture of Islam, Volume One: The Classical Age of Islam* (Chicago and London: University of Chicago Press, 1977).

Hoernle, A. F. Rudolf, 'Who was the inventor of rag paper?' *Journal of the Royal Asiatic Society of Great Britain and Northern Ireland* 1903, pp. 663–84.

Hoggart, Richard, *The Uses of Literacy* (Harmondsworth: Penguin, 1957).

Hongkyung Kim, 'The original compilation of the Laozi: a contending theory on its Qin origin', *Journal of Chinese Philosophy* 34 (4), 2007, pp. 613–30.

Houston, Stephen D., ed.,*The First Writing* (Cambridge: Cambridge University Press, 2004).

Hull, S., *Chaste, Silent and Obedient: English Books for Women 1475–1640* (San Marino, Calif.: Huntingdon Library, 1982).

Hunter, Dard, *Papermaking: The History and Technique of an Ancient Craft* (New York: Dover, 1947).

Idema, Wilt and Haft, Lloyd, *A Guide to Chinese Literature* (Ann Arbor, Mich.: Center for Chinese Studies, University of Michigan, 1997).

Imamuddin, S. M., *Arab Writing and Arab Libraries* (London: Ta-Ha Publishers, 1983).

Ivanhoe, Philip J., *The Daodejing of Laozi* (Indianapolis and Cambridge: Hackett, 2002).

Jack, Belinda Elizabeth, *The Woman Reader* (New Haven, Conn.: Yale University Press, 2012).

Jasnow, Richard and Zauzich, Karl-Theodor, *The Ancient Egyptian Book of Thoth: A Demotic Discourse on Knowledge and Pendant to the Classical Hermetica* (Wiesbaden: Harassovitz Verlag, 2005).

Jayne, Sears Reynolds, *Library Catalogues of the Renaissance* (Berkeley: University of California Press, 1956).

Jeffery, Arthur, *Materials for the History of the Text of the Qur'an: The Old Codices* (Leiden: Brill, 1937).

Johns, Adrian, *The Nature of the Book: Print and Knowledge in the Making* (Chicago: University of Chicago Press, 2000).

Juvaini, Ata-Malik, *The History of the World-Conqueror*, trans. J. A. Boyle (Manchester: Manchester University Press, 1997).

Karabacek, J. and Baker, Don, *Arab Paper* (London: Archetype, 2007).
Kennedy, Hugh, *The Court of the Caliphs: The Rise and Fall of Islam's Greatest Dynasty* (London: Weidenfeld & Nicolson, 2004).
Kessler, Konrad, *Mani: Forschungen über die manichäische Religion* (Berlin: G. Reimer, 1889).
Khoo Seow Hwa and Penrose, Nancy L., *Behind the Brushstrokes: Appreciating Chinese Calligraphy* (Hong Kong: Asia 2000 Publishing, 1993).
Kim, H. G., 'Printing in Korea and its Impact on her Culture', MA dissertation, University of Chicago, 1973.
Klimkeit, Hans-Joachim, *Gnosis on the Silk Road* (San Francisco: HarperCollins, 1992).
Knobloch, Edgar, *Monuments of Central Asia* (London and New York: I. B. Tauris, 2001).
Kohn, Livia and Lafargue, Michael, *Lao-tzu and the Tao-te-Ching* (Albany, NY: State University of New York Press, 1998).
Konkola, Kari and MacCulloch, Diarmaid, 'People of the Book: the success of the Reformation', *History Today*, 53 (10), Oct. 2003.
Kornicki, Peter F., *The Book in Japan: A Cultural History from Beginnings to the Nineteenth Century* (Leiden: Brill, 1998).
Kramer, Samuel Noah, *History Begins at Sumer* (London: Thames & Hudson, 1981).
Kraus, Richard Kurt, *Brushes With Power: Modern Politics and the Chinese Art of Calligraphy* (Berkeley and Los Angeles: University of California Press, 1991).
Lai, T. C., *Treasures of a Chinese Studio: Ink, Brush, Inkstone, Paper* (Kowloon: Swindon Book Co., 1976).
Lancaster, Lewis R., *Introduction of Buddhism to Korea* (Berkeley: Asian Humanities Press, 1989).
— *The Korean Buddhist Canon, A Descriptive Catalogue* (Berkeley and London: University of California Press, 1979).
Lawrence, Bruce B., *The Quran: A Biography* (London: Atlantic Books, 2006).
Ledderose, Lothar, *Ten Thousand Things: Module and Mass Production in Art* (Princeton, NJ: Princeton University Press, 2000).
Ledyard, Gari Keith, *The Korean Language Reform of 1446* (Seoul: UMI Dissertation Services, 1998).

Lee, Peter, *Sourcebook of Korean Civilization* (New York: Columbia University Press, 1993).

Lee, Thomas H.C., 'Life in the schools of Sung China', *Journal of Asian Studies* 37 (1), 1977, pp. 45–60.

Legge, James, trans., *A Record of Buddhistic Kingdoms; Being an account by the Chinese monk Fa-Hien of his travels in India and Ceylon (A.D. 399–414) in search of the Buddhist Books of Discipline* (Oxford: Clarendon Press, 1886).

— trans., 'Bamboo Annals', in *The Chinese Classics* (London: Trübner, 1871).

Lester, Toby, 'What is the Koran?'*Atlantic Monthly* 283 (1), 1999.

Levi, Anthony, *Renaissance and Reformation: The Intellectual Genesis* (New Haven, Conn.: Yale University Press, 2002).

Lévy, André, *Chinese Literature, Ancient and Classical* (Bloomington: Indiana University Press, 2000).

Levy, Howard S., *Translations from Po Chü-i's Collected Works* (New York: Paragon, 1971).

Lewis, Mark Edward, *China Between Empires* (Cambridge, Mass.: Belknap Press, 2009).

— *Writing and Authority in Early China* (Albany: State University of New York Press, 1999).

Li Chi, *The Beginning of Chinese Civilization; Three Lectures Illustrated with Finds at An Yang* (Seattle: University of Washington Press, 1957).

Li Feng, 'Literacy and the social contexts of writing in the Western Zhou', in *Writing and Literacy in Early China*, ed. Li Feng and David Prager Banner (Seattle: University of Washington Press, 2011), pp. 271–301.

Lieu, Samuel N. C., *Manichaeism in China and Central Asia* (Leiden: Brill, 1998).

— *The Religion of Light: An Introduction to the History of Manichaeism in China* (Hong Kong: University of Hong Kong, 1979).

Lings, Martin and Safadi, Hassin, *The Qur'an: Catalogue of an Exhibition of Qur'an Manuscripts at the British Library, 3 April–15 August* 1976 (London: World of Islam Publishing Co. for the British Library, 1976).

Lopez, Donald S. Jr., *Buddhism in Practice* (Princeton, NJ: Princeton

University Press, 1995).
Loveday, Helen, *Islamic Paper: A Study of the Ancient Craft* (London: Archetype, 2007).
Lundbaek, Knud, 'The first translation from a Confucian classic in Europe', *China Mission Studies (1550–1800) Bulletin* 1, 1979, pp. 2–11.
Luo, Shubao, *An Illustrated History of Printing in China* (Hong Kong: Hong Kong University Press, 1998).
Lurie, David, 'The subterranean archives of early Japan: recently discovered sources for the study of writing and literacy', in *Books in Numbers*, ed. Lucille Chia and W. L. Idema (Cambridge, Mass.: Harvard University Press, 2007).
Luxenberg, Christoph, *The Syro-Aramaic Reading of the Qur'an: A Contribution to the Decoding of the Language of the Koran* (Berlin: Verlag Hans Schiller, 2007).
Lyons, Jonathan, *The House of Wisdom: How the Arabs Transformed Western Civilisation* (London: Bloomsbury, 2009).
Mabie, Hamilton Wright, *Norse Mythology: Great Stories from the Eddas* (New York: Dover, 2002).
McAuliffe, Jane Dammen, *The Cambridge Companion to the Quran* (Cambridge: Cambridge University Press, 2006).
MacCulloch, Diarmaid, *A History of Christianity* (London: Penguin, 2009).
— *Reformation: Europe's House Divided* 1490–1700 (London: Penguin, 2004).
— *Thomas Cranmer: A Life* (New Haven, Conn.: Yale University Press, 1996).
McDermott, Joseph P., *A Social History of the Chinese Book: Books and Literati Culture in Late Imperial China* (Hong Kong: Hong Kong University Press, 2006).
McKenzie, Donald Francis, *Oral Culture, Literacy and Print in Early New Zealand: The Treaty of Waitangi* (Wellington, New Zealand: Victoria University Press, 1985).
McMullen, David, *State and Scholars in Tang China* (Cambridge: Cambridge University Press, 1988).
McNair, Amy, *Donors of Longmen* (Honolulu: University of Hawaii Press, 2007).

Mair, Victor H., *The Shorter Colombia Anthology of Chinese Literature* (New York: Colombia University Press, 2000).
— 'Buddhism and the rise of the written vernacular in East Asia: the making of national languages', *Journal of Asian Studies* 53 (3), 1994, pp. 707–51.
— 'Script and language in medieval vernacular Sinitic', *Journal of the American Oriental Society* 112 (2), 1992, pp. 269–78.
— *T'ang Transformation Texts: A Study of the Buddhist Contribution to the Rise of Vernacular Fiction and Drama in China* (Cambridge, Mass.: Council on East Asian Studies, Harvard University, 1989).
— *Tun-huang Popular Narratives* (Cambridge: Cambridge University Press, 1983).
Mandelstam, Osip, 'The Egyptian stamp', in *The Noise of Time* (Princeton, NJ: Princeton University Press, 1965).
Manguel, Alberto, *A History of Reading* (London: Harper Collins, 1996).
Mann, Nicholas, 'Petrarca Philobiblon: the author and his books', in *Literary Cultures and the Material Book*, ed. Simon Eliot, Andrew Nash and Ian Willison (London: British Library Publishing, 2007).
Martin, Henri-Jean and Cochrane, Lydia G., *The History and Power of Writing* (Chicago: University of Chicago Press, 1994).
Mason, Haydn T., *The Darnton Debate: Books and Revolution in the Eighteenth Century* (Oxford: Voltaire Foundation, 1998).
Melton, James van Horn, *Cultures of Communication from Reformation to Enlightenment: Constructing Publics in the Early Modern German Lands* (Aldershot: Ashgate, 2002).
— *The Rise of the Public in Enlightenment Europe* (New York and Cambridge: Cambridge University Press, 2001).
Miller, Constance R., *Technical Prerequisite for the Invention of Printing in China and the West* (San Francisco: Chinese Materials Center, 1983).
Milton, John, *Areopagitica* (Indianapolis: Liberty Fund, 1999).
Mirsky, Jeannette, *Sir Aurel Stein: Archaeological Explorer* (Chicago: University of Chicago Press, 1998).
Miyazaki, Ichisada, *China's Examination Hell: The Civil Service Examinations of Imperial China*, trans. Conrad Schirokauer (New Haven, Conn. and London: Yale University Press, 1981).

Mollier, Christine, *Buddhism and Taoism Face to Face* (Honolulu: University of Hawaii Press, 2008).
Morgan, David, *The Mongols* (Oxford: Blackwell, 1990).
Müller, F. Max *The Sacred Books of the East* (Oxford: Clarendon Press, 1879–1910).
Mullett, Michael A., *Martin Luther* (London and New York: Routledge, 2004).
Myers, Robin, *The Stationers Company Archive: An Account of the Records 1554–1984* (Winchester: St Paul's, 1990).
Narain, A. K., *Studies in the History of Buddhism* (Delhi: BR Publishing, 2000).
Nasr, Seyyed Hossein, *Science and Civilization in Islam* (Chicago: ABC/Kazi, 2001).
Nattier, Jan, *A Guide to the Earliest Chinese Buddhist Translation* (Tokyo: Soka University, 2008).
Needham, Joseph, *Science and Civilisation in China*, 27 Vols. (Cambridge: Cambridge University Press, 1954–2008).
Neuwirth, Angelika, Sinai, Nicolai and Marx, Michael, *The Qur'an in Context: Historical and Literary Investigations into the Qur'anic Milieu* (Leiden and Boston: Brill, 2010).
Noble, Richmond Samuel Howe, *Shakespeare's Biblical Knowledge: and the Use of the Book of Common Prayer as Exemplified in the Plays of the First Folio* (New York: Macmillan, 1935).
Olivelle, Patrick, trans., *The Law Code of Manu* (Oxford: Oxford University Press, 2004).
Payne, Richard Karl, *Discourse and Ideology in Medieval Japanese Buddhism* (London: Routledge, 2006).
Pelikan, Jaroslav, Oswald, H. C., Lehmann, H. T., Lundeen, Joel W. et al., eds., *Luther's Works*, 54 vols. (St Louis, Mo.: Concordia and Philadelphia: Fortress Press, 1955–86).
Peters, F. E., *The Voice, the Word, the Books: The Sacred Scriptures of the Jews, the Muslims, the Christians* (Princeton, NJ: Princeton University Press, 2007).
Pettegree, Andrew, *The Book in the Renaissance* (New Haven, Conn. and London: Yale University Press, 2011).
— *The French Book and the European World* (Leiden: Brill, 2007).
Pinto, Olga, 'The libraries of the Arabs during the time of the

Abbasids', *Islamic Culture 3* (Hyderabad: Academic and Cultural Publications Charitable Trust, 1929), pp. 210–43.

Polastron, Lucien, *Books on Fire: The Tumultuous Stories of the World's Great Libraries* (London: Thames & Hudson, 2007).

Polo, Marco, *The Travels*, trans. Ronald Latham (Harmondsworth: Penguin, 1958).

Reeve, John, ed., *Sacred: Exhibition Catalogue* (London: British Library Publishing, 2007).

Reynolds, Gabriel Said, *The Qur'an in its Historical Context* (London and New York: Routledge, 2008).

Rezvan, E. A., 'The Quran and its world. VI: Emergence of the canon: the struggle for uniformity', *Manuscripta Orientalia* 4 (2), 1998, pp. 13–54.

Richardson, Brian F., 'The diffusion of literature in Renaissance Italy: the case of Pietro Bembo', in *Literary Cultures and the Material Book*, ed. Simon Eliot, Andrew Nash and Ian Willison (London: British Library Publishing, 2007), pp. 175–89.

— *Printing, Writers and Readers in Renaissance Italy* (Cambridge: Cambridge University Press, 1999).

Robinson, Chase F., ed., *The New Cambridge History of Islam*, Vol. *1: The Formation of the Islamic World, Sixth to Eleventh Centuries* (Cambridge: Cambridge University Press, 2010).

— ed., *The New Cambridge History of Islam*, Vol. *3: The Eastern Islamic World, Eleventh to Eighteenth Centuries* (Cambridge: Cambridge University Press, 2010).

Rogerson, Barnaby, *The Heirs of the Prophet Muhammad and the Roots of the Sunni–Shia Schism* (London: Little, Brown, 2006).

— *The Prophet Muhammad* (London: Little, Brown, 2003).

Saenger, Paul, 'Reading in the later Middle Ages', in *A History of Reading in the West*, ed. Guglielmio Cavallo and Roger Chartier (Oxford: Polity Press, 1999), pp. 120–48.

— 'The history of reading', in *Literacy: An International Handbook*, ed. Daniel A. Wagner, Richard L. Vensky and Brian V. Street (Boulder, Colo.: Westview Press, 1999), pp. 11–15.

— *Space Between Words: The Origins of Silent Reading* (Stanford, Calif.: Stanford University Press, 1997).

Saheeh International, ed., *The Qur'an* (Riyadh: Abul Qaseem Publishing House, 1997).
Said, Labib, *The Recited Koran: A History of the First Recorded Version* (Princeton, NJ: Darwin, 1975).
Sanford, James H., LaFleur, William R. and Nagatomi, Masatoshi, *Flowing Traces: Buddhism in the Literary and Visual Arts of Japan* (Princeton NJ: Princeton University Press, 1992).
Sato, Masayuki, *The Confucian Quest for Order: The Origin and Formation of the Political Thought of Xunzi* (Leiden and Boston: Brill, 2003).
Schafer, Edward H., *The Golden Peaches of Samarkand: A Study of Tang Exotics* (Berkeley: University of California Press, 1963).
Schaff, Philip, *A Select Library of the Nicene and Post-Nicene Fathers of the Christian Church* (Grand Rapids, Mich.: Eerdmans, 1956).
Schimmel, Annemarie, *Calligraphy and Islamic Culture* (Albany, NY: State University of New York Press, 1984).
Schmidt, J. D., *Harmony Garden* (London: Routledge-Curzon, 2003).
Scribner, Robert, *For the Sake of Simple Folk: Popular Propaganda for the German Reformation* (Oxford and New York: Oxford University Press, 1994).
Sellman, James D., *Timing and Rulership in Master Lu's Spring and Autumn Annals* (Albany, NY: State University of New York Press, 2002).
Sells, Michael, *Approaching the Qur'an: The Early Revelations* (Ashland: White Cloud Press, 2007).
Service, Robert, *Stalin. A Biography* (London: Macmillan, 2004).
Sharpe, Kevin, *The Politics of Reading in Early Modern England* (New Haven, Conn.: Yale University Press, 2000).
Shaughnessy, Edward L., *Before Confucius: Studies in the Creation of the Chinese Classics* (Albany, NY: State University of New York Press, 1997).
— *Sources of Early Chinese History* (Berkeley, Calif.: Society for the Study of Early China and the Institute of East Asian Studies, 1997).
Sherman, William, *Used Books: Marking Readers in Renaissance England* (Philadelphia, Pa.: University of Pennsylvania Press,

2008).
Shillingsburg, Peter L., *From Gutenberg to Google: Electronic Representations of Literary Texts* (Cambridge: Cambridge University Press, 2006).
Sid, Muhammad Ata, *The Hermeneutical Problem of the Qur'an in Islamic History* (London: University Microfilms International, 1981).
Sima Qian, *Records of the Grand Historian, Han Dynasty I and II*, trans. Burton Watson (New York and Hong Kong: Columbia University Press, 1993).
Sinai, Nicolai, 'The Qur'an as process', in *The Qur'an in Context*, ed. Angelika Neuwirth, Nicolai Sinai and Michael Marx (Leiden and Boston: Brill, 2010).
Sinor, Denis, ed., *The Cambridge History of Early Inner Asia* (Cambridge: Cambridge University Press, 1990).
Slater, John Rothwell, *Printing and the Renaissance: A Paper Read before the Fortnightly Club of Rochester, New York* (New York: William Edwin Rudge, 1921).
Soll, Jacob, *Publishing* The Prince*: History, Reading, and the Birth of Political Criticism* (Ann Arbor, Mich.: University of Michigan Press, 2008).
Soucek, Svat, *A History of Inner Asia* (Cambridge: Cambridge University Press, 2000).
Spence, Jonathan D., *The Search for Modern China* (New York and London: W. W. Norton & Co., 1999).
Stein, Aurel, *On Ancient Central Asian Tracks* (London: Pantheon 1941).
Stock, Brian, *Augustine the Reader: Meditation, Self-knowledge and the Ethics of Interpretation* (Cambridge, Mass.: Harvard University Press, 1996).
Suarez, Michael F. and Woudhuysen, H. R., *The Oxford Companion to the Book, Vols. I & II* (Oxford: Oxford University Press, 2010).
Sugarman, Judith, 'Hand papermaking in China', *Hand Papermaking* 5 (1), 1990.
Sun Dayu, trans., *An Anthology of Ancient Chinese Poetry and Prose* (Shanghai: Shanghai Foreign Language Education Press, 1997).
Sutherland, John, 'Victorian novelists: who were they?' in *Victorian*

Writers, Publishers, Readers (New York: St Martin's Press, 1995).
Tanaka, Kenneth, *The Dawn of Chinese Pure Land Buddhist Doctrine* (Albany, NY: State University of New York Press, 1990).
Taylor, Charles, *The Sources of the Self* (Cambridge, Mass.: Harvard University Press, 2009).
Thien An, *Buddhism and Zen in Vietnam in Relation to the Development of Buddhism in Asia* (Tokyo: Charles & Tuttle, 1975).
Thompson, Claudia, *Recycled Papers: The Essential Guide* (Boston, Mass.: MIT Press, 1992).
Tseng Yuho, *A History of Chinese Calligraphy* (Hong Kong: Chinese University Press, 1993).
Tsien Tsuen-hsuin, *Collected Writings on Chinese Culture* (Hong Kong: The Chinese University of Hong Kong, 2011).
— *Written on Bamboo and Silk: The Beginnings of Chinese Books and Inscriptions* (Chicago and London: University of Chicago Press, 2004, rev. ed. 2013).
Tsukamoto, Zenryu, *A History of Early Chinese Buddhism: From its Introduction to the Death of Hui-yüan* (New York: Kodansha International, 1985).
Tyson, Gerald P. and Wagenheim, Sylvia Stoler, *Print and Culture in the Renaissance: Essays on the Advent of Printing in Europe* (Newark, NJ: University of Delaware Press, 1986).
Vasari, Giorgio, *Lives of the Artists, Volume 1* (Harmondsworth: Penguin, 1965).
Venice: December 1530, Calendar of State Papers Relating to English Affairs in the Archives of Venice, Vol. 4: 1527–1533, Augustino Scarpinello to Francesco Sforza, Duke of Milan, pp. 265–73, http://www.british-history.ac.uk/report.aspx?compid=94613, accessed 20 June 2013.
Waley, Arthur, ed. and trans., *Chinese Poems* (London: George Allen and Unwin, 1956).
— *The Life and Times of Po Chü-i, 772–846 AD* (London: George Allen and Unwin, 1949).
Ward, Jean Elizabeth, *Po Chu-i: A Homage* (Lulu.com, 2008).
Warraq, Ibn, *Which Koran? Variants, Manuscripts, Linguistics* (Amherst, NY: Prometheus, 2011).
— *The Origins of the Koran* (Amherst, NY: Prometheus, 1998).

Watson, Burton, *The Columbia Book of Chinese Poetry: From Early Times to the Thirteenth Century* (New York: Columbia University Press, 1984).

Watson, Peter, *The German Genius: Europe's Third Renaissance, The Second Scientific Revolution and the Twentieth Century* (London: Simon & Schuster, 2010).

Weiss, Piero and Taruskin, Richard, *Music in the Western World: A History in Documents* (New York: Collier-Macmillan, 1984).

Welch, Theodore F., *Toshokan: Libraries in Japanese Society* (London: Clive Bingley, 1976).

Wells, Stanley and Taylor, Gary, eds., *The Oxford Shakespeare: The Complete Works* (Oxford: Oxford University Press, 1988).

Wessels, Anton, *Understanding the Qur'an* (London: ACM, 2001).

Westcott, W. W., *Sepher Yetzirah* (Cambridge: Milton, 1978, first published 1887).

Whitfield, Susan, *Life Along the Silk Road* (London: John Murray, 1999).

Wiet, Gaston, *Baghdad: Metropolis of the Abbasid Caliphate* (Oklahoma: University of Oklahoma Press, 1971).

Wild, Stefan, *The Quran as Text* (Leiden: Brill, 1997).

Wilkinson, Endymion, ed., *Chinese History: A Manual* (Cambridge, Mass.: Harvard University Press, 2000).

Willes, Margaret, *Reading Matters: Five Centuries of Discovering Books* (New Haven, Conn.: Yale University Press, 2008).

Wilson, Derek, *Out of the Storm: Life and Legacy of Martin Luther* (London: Pimlico, 2007).

Wolff, Christoph, *Bach: Essays on his Life and Music* (Cambridge, Mass.: Harvard University Press, 1991).

Woolf, Greg, 'Power and the spread of writing in the West', in *Literacy and Power in the Ancient World*, ed. Alan K. Bowman and Greg Woolf (Cambridge: Cambridge University Press, 1994), pp. 84–98.

Wright, Arthur F. and Somers, Robert M., eds., *Studies in Chinese Buddhism* (New Haven, Conn.: Yale University Press, 1990).

Wright, Arthur F. and Twitchett, Denis, *Confucian Personalities* (Stanford, Calif.: Stanford University Press, 1962).

Wu, K.T., 'Chinese printing under four alien dynasties: 916–1368 AD', *Harvard Journal of Asiatic Studies* 13 (3/4), 1950, pp. 447–523.

Wu Shuling, 'The development of poetry helped by ancient postal service in the Tang dynasty', *Frontiers of Literary Studies in China* 4 (4), 2010, pp. 553–77.
Wu Wei, trans., *The I Ching* (Los Angeles: Power Press, 2005).
Xiao, Gongquan and Mote, Frederick W., *A History of Chinese Political Thought: Volume 1: From the Beginnings to the Sixth Century* BC (Princeton, NJ: Princeton University Press, 1979).
Xiong, Victor Cunrui, *Sui-Tang Chang'an: A Study in the Urban History of Medieval China* (Ann Arbor, Mich.: Center for Chinese Studies, University of Michigan, 2000).
Xueqin Li, et al., 'The earliest writing? Sign use in the seventh millennium BC at Jiahu, Henan province, China', *Antiquity* 77 (295), 2003, pp. 31–44.
Yang Xuanzhi, *A Record of Buddhist Monasteries in Luoyang*, trans. Yitung Wang (Princeton, NJ: Princeton University Press, 1984).
Yates, Robin D. S., 'Soldiers, scribes and women: literacy among the lower orders in China', in *Writing and Literacy in Early China*, ed. Li Feng and David Prader Banner (Seattle: University of Washington Press, 2011), pp. 339–69.
Yu, Pauline, Bol, Peter, Owen, Stephen and Peterson, Willard, *Ways with Words: Writing About Reading Texts from Early China* (Berkeley: University of California Press, 2000).
Zha Pingqiu, 'The substitution of paper for bamboo and the new trend of literary development in the Han, Wei and early Jin dynasties', *Frontiers of Literary Studies in China* 1 (1), 2007, pp. 26–49.
Zürcher, Erik, 'Buddhism and education in Tang times', in *Neo-Confucian Education: The Formative Stage*, ed. William Theodore de Bary and John W. Chaffee (Berkeley: University of California Press, 1989).
— *The Buddhist Conquest of China: The Spread and Adaptation of Buddhism in Early Medieval China* (Leiden: Brill, 1959).

新知
文库

01《证据：历史上最具争议的法医学案例》[美]科林·埃文斯 著　毕小青 译

02《香料传奇：一部由诱惑衍生的历史》[澳]杰克·特纳 著　周子平 译

03《查理曼大帝的桌布：一部开胃的宴会史》[英]尼科拉·弗莱彻 著　李响 译

04《改变西方世界的26个字母》[英]约翰·曼 著　江正文 译

05《破解古埃及：一场激烈的智力竞争》[英]莱斯利·罗伊·亚京斯 著　黄中宪 译

06《狗智慧：它们在想什么》[加]斯坦利·科伦 著　江天帆、马云霏 译

07《狗故事：人类历史上狗的爪印》[加]斯坦利·科伦 著　江天帆 译

08《血液的故事》[美]比尔·海斯 著　郎可华 译　张铁梅 校

09《君主制的历史》[美]布伦达·拉尔夫·刘易斯 著　荣予、方力维 译

10《人类基因的历史地图》[美]史蒂夫·奥尔森 著　霍达文 译

11《隐疾：名人与人格障碍》[德]博尔温·班德洛 著　麦湛雄 译

12《逼近的瘟疫》[美]劳里·加勒特 著　杨岐鸣、杨宁 译

13《颜色的故事》[英]维多利亚·芬利 著　姚芸竹 译

14《我不是杀人犯》[法]弗雷德里克·肖索依 著　孟晖 译

15《说谎：揭穿商业、政治与婚姻中的骗局》[美]保罗·埃克曼 著　邓伯宸 译　徐国强 校

16《蛛丝马迹：犯罪现场专家讲述的故事》[美]康妮·弗莱彻 著　毕小青 译

17《战争的果实：军事冲突如何加速科技创新》[美]迈克尔·怀特 著　卢欣渝 译

18《口述：最早发现北美洲的中国移民》[加]保罗·夏亚松 著　暴永宁 译

19《私密的神话：梦之解析》[英]安东尼·史蒂文斯 著　薛绚 译

20《生物武器：从国家赞助的研制计划到当代生物恐怖活动》[美]珍妮·吉耶曼 著　周子平 译

21《疯狂实验史》[瑞士]雷托·U. 施奈德 著　许阳 译

22《智商测试：一段闪光的历史，一个失色的点子》[美]斯蒂芬·默多克 著　卢欣渝 译

23《第三帝国的艺术博物馆：希特勒与"林茨特别任务"》[德]哈恩斯－克里斯蒂安·罗尔 著　孙书柱、刘英兰 译

24《茶：嗜好、开拓与帝国》[英]罗伊·莫克塞姆 著　毕小青 译

25《路西法效应：好人是如何变成恶魔的》[美]菲利普·津巴多 著　孙佩妏、陈雅馨 译

26《阿司匹林传奇》[英]迪尔米德·杰弗里斯 著　暴永宁、王惠 译

27《美味欺诈：食品造假与打假的历史》[英]比·威尔逊 著　周继岚 译

28《英国人的言行潜规则》[英]凯特·福克斯 著　姚芸竹 译

29《战争的文化》[以]马丁·范克勒韦尔德 著　李阳 译

30《大背叛：科学中的欺诈》[美]霍勒斯·弗里兰·贾德森 著　张铁梅、徐国强 译

31《多重宇宙：一个世界太少了？》[德] 托比阿斯·胡阿特、马克斯·劳讷 著　车云 译

32《现代医学的偶然发现》[美] 默顿·迈耶斯 著　周子平 译

33《咖啡机中的间谍：个人隐私的终结》[英] 吉隆·奥哈拉、奈杰尔·沙德博尔特 著　毕小青 译

34《洞穴奇案》[美] 彼得·萨伯 著　陈福勇、张世泰 译

35《权力的餐桌：从古希腊宴会到爱丽舍宫》[法]让－马克·阿尔贝 著　刘可有、刘惠杰 译

36《致命元素：毒药的历史》[英]约翰·埃姆斯利 著　毕小青 译

37《神祇、陵墓与学者：考古学传奇》[德]C. W. 策拉姆 著　张芸、孟薇 译

38《谋杀手段：用刑侦科学破解致命罪案》[德]马克·贝内克 著　李响 译

39《为什么不杀光？种族大屠杀的反思》[美] 丹尼尔·希罗、克拉克·麦考利 著　薛绚 译

40《伊索尔德的魔汤：春药的文化史》[德] 克劳迪娅·米勒－埃贝林、克里斯蒂安·拉奇 著

王泰智、沈惠珠 译

41《错引耶稣：〈圣经〉传抄、更改的内幕》[美] 巴特·埃尔曼 著　黄恩邻 译

42《百变小红帽：一则童话中的性、道德及演变》[美] 凯瑟琳·奥兰丝汀 著　杨淑智 译

43《穆斯林发现欧洲：天下大国的视野转换》[英] 伯纳德·刘易斯 著　李中文 译

44《烟火撩人：香烟的历史》[法] 迪迪埃·努里松 著　陈睿、李欣 译

45《菜单中的秘密：爱丽舍宫的飨宴》[日] 西川惠 著　尤可欣 译

46《气候创造历史》[瑞士] 许靖华 著　甘锡安 译

47《特权：哈佛与统治阶层的教育》[美] 罗斯·格雷戈里·多塞特 著　珍栎 译

48《死亡晚餐派对：真实医学探案故事集》[美] 乔纳森·埃德罗 著　江孟蓉 译

49《重返人类演化现场》[美] 奇普·沃尔特 著　蔡承志 译

50《破窗效应：失序世界的关键影响力》[美] 乔治·凯林、凯瑟琳·科尔斯 著　陈智文 译

51《违童之愿：冷战时期美国儿童医学实验秘史》[美] 艾伦·M. 霍恩布鲁姆、朱迪斯·L. 纽曼、

格雷戈里·J. 多贝尔 著　丁立松 译

52《活着有多久：关于死亡的科学和哲学》[加] 理查德·贝利沃、丹尼斯·金格拉斯 著　白紫阳 译

53《疯狂实验史Ⅱ》[瑞士] 雷托·U. 施奈德 著　郭鑫、姚敏多 译

54《猿形毕露：从猩猩看人类的权力、暴力、爱与性》[美] 弗朗斯·德瓦尔 著　陈信宏 译

55《正常的另一面：美貌、信任与养育的生物学》[美] 乔丹·斯莫勒 著　郑嬿 译

56《奇妙的尘埃》[美] 汉娜·霍姆斯 著　陈芝仪 译

57《卡路里与束身衣：跨越两千年的节食史》[英] 路易丝·福克斯克罗夫特 著　王以勤 译

58《哈希的故事：世界上最具暴利的毒品业内幕》[英] 温斯利·克拉克森 著　珍栎 译

59《黑色盛宴：嗜血动物的奇异生活》[美] 比尔·舒特 著　帕特里曼·J. 温 绘图　赵越 译

60《城市的故事》[美] 约翰·里德 著　郝笑丛 译

61《树荫的温柔：亘古人类激情之源》[法] 阿兰·科尔班 著　苜蓿 译

62《水果猎人：关于自然、冒险、商业与痴迷的故事》[加] 亚当·李斯·格尔纳 著　于是 译

63《囚徒、情人与间谍：古今隐形墨水的故事》[美]克里斯蒂·马克拉奇斯 著　张哲、师小涵 译

64《欧洲王室另类史》[美]迈克尔·法夸尔 著　康怡 译

65《致命药瘾：让人沉迷的食品和药物》[美]辛西娅·库恩等 著　林慧珍、关莹 译

66《拉丁文帝国》[法]弗朗索瓦·瓦克 著　陈绮文 译

67《欲望之石：权力、谎言与爱情交织的钻石梦》[美]汤姆·佐尔纳 著　麦慧芬 译

68《女人的起源》[英]伊莲·摩根 著　刘筠 译

69《蒙娜丽莎传奇：新发现破解终极谜团》[美]让-皮埃尔·伊斯鲍茨、克里斯托弗·希斯·布朗 著　陈薇薇 译

70《无人读过的书：哥白尼〈天体运行论〉追寻记》[美]欧文·金格里奇 著　王今、徐国强 译

71《人类时代：被我们改变的世界》[美]黛安娜·阿克曼 著　伍秋玉、澄影、王丹 译

72《大气：万物的起源》[英]加布里埃尔·沃克 著　蔡承志 译

73《碳时代：文明与毁灭》[美]埃里克·罗斯顿 著　吴妍仪 译

74《一念之差：关于风险的故事与数字》[英]迈克尔·布拉斯兰德、戴维·施皮格哈尔特 著　威治 译

75《脂肪：文化与物质性》[美]克里斯托弗·E.福思、艾莉森·利奇 编著　李黎、丁立松 译

76《笑的科学：解开笑与幽默感背后的大脑谜团》[美]斯科特·威姆斯 著　刘书维 译

77《黑丝路：从里海到伦敦的石油溯源之旅》[英]詹姆斯·马里奥特、米卡·米尼奥-帕卢埃洛 著　黄煜文 译

78《通向世界尽头：跨西伯利亚大铁路的故事》[英]克里斯蒂安·沃尔玛 著　李阳 译

79《生命的关键决定：从医生做主到患者赋权》[美]彼得·于贝尔 著　张琼懿 译

80《艺术侦探：找寻失踪艺术瑰宝的故事》[英]菲利普·莫尔德 著　李欣 译

81《共病时代：动物疾病与人类健康的惊人联系》[美]芭芭拉·纳特森-霍洛威茨、凯瑟琳·鲍尔斯 著　陈筱婉 译

82《巴黎浪漫吗？——关于法国人的传闻与真相》[英]皮乌·玛丽·伊特韦尔 著　李阳 译

83《时尚与恋物主义：紧身褡、束腰术及其他体形塑造法》[美]戴维·孔兹 著　珍栎 译

84《上穷碧落：热气球的故事》[英]理查德·霍姆斯 著　暴永宁 译

85《贵族：历史与传承》[法]埃里克·芒雄-里高 著　彭禄娴 译

86《纸影寻踪：旷世发明的传奇之旅》[英]亚历山大·门罗 著　史先涛 译